100% ENTRAÎNEMENT

Collection dirigée par Sylvain Rondy

MATHS APPLIQUÉES ECG-1

NOUVEAUX PROGRAMMES

Maxime Bailleul
François-Xavier Manoury
Stéphane Préteseille

ellipses

Retrouvez tous les ouvrages de la collection **100% ENTRAÎNEMENT** sur :
www.editions-ellipses.fr

Les macros de cet ouvrage ont été réalisées par Christophe Poulain en LaTeX.

ISBN 9782340-048812

8/10 rue la Quintinie 75015 Paris

www.editions-ellipses.fr

Avant-propos

La collection « 100% entraînement » est conçue pour les élèves des classes préparatoires scientifiques (préparant aux écoles d'ingénieur) et économiques (préparant aux écoles de commerce et de management). L'objectif de cette collection est de mettre l'accent sur l'acquisition d'expérience et d'autonomie, en proposant un grand nombre d'exercices de difficulté progressive, sans rappels de cours excepté dans les corrigés.

Cet ouvrage s'adresse aux élèves des classes préparatoires ECG (maths appliquées) qui souhaitent trouver un outil différent de celui proposé par les livres d'annales : en effet, chacun des 31 chapitres correspond à une partie du cours bien ciblée et tous les exercices du chapitre portent sur cette partie, ce qui procure un entraînement systématique sur chaque chapitre et permet de s'impliquer réellement dans la maîtrise des notions abordées.

Chaque chapitre est découpé en quatre parties de la façon suivante :

- **Maîtriser le cours.** Cette partie contient « Le Vrai/Faux du début » consistant en des questions de cours ou proches du cours, ainsi que des exercices d'application directe du cours.
- **Maîtriser les méthodes fondamentales.** Cette partie propose des exercices un peu plus compliqués mais proches de méthodes fondamentales qu'il faut absolument connaître et maîtriser parfaitement.
- **Pour aller plus loin.** Cette partie contient des exercices plus élaborés, pour certains difficiles, nécessitant autonomie, faculté à prendre des décisions et esprit de synthèse. Elle se termine par « Le Vrai/Faux de la fin » qui oblige à une réelle réflexion et nécessite d'avoir un bon recul sur les notions abordées.
- **Solution des exercices.** Cette partie fournit les solutions des exercices, complètes et rédigées avec le plus grand soin, au sein desquelles sont disposées des bulles et des encadrés contenant des rappels de cours, des conseils de méthode, des astuces, ou encore des mises en garde contre les erreurs à éviter.

Les auteurs de cette collection ont compilé cet abondant vivier d'exercices pour que ce livre constitue une aide efficace pour le lecteur, non seulement pendant la première année de classe préparatoire, mais aussi par la suite.

Sylvain Rondy

Sommaire

Généralités

Polynômes et algèbre linéaire

Analyse

Dénombrement et probabilités

1 Modes de raisonnement

Maîtriser le cours

Exercice 1 – Le vrai/faux du début

Soit P et Q deux propositions mathématiques.

1. P implique Q est équivalent à non(P) implique non(Q). ☐ Vrai ☐ Faux
2. P implique Q est équivalent à non(Q) implique non(P). ☐ Vrai ☐ Faux

Exercice 2 –

1. Soit $n \geq 0$. Montrer, à l'aide d'un raisonnement par contraposée, que si n^2 est un entier pair alors n aussi.
2. Montrer, à l'aide d'un raisonnement par l'absurde, que $\sqrt{2}$ est un nombre irrationnel. On commencera par écrire $\sqrt{2} = \frac{p}{q}$ où p et q sont deux entiers naturels non nuls tels que la fraction $\frac{p}{q}$ soit irréductible (c'est-à-dire non simplifiable).

Exercice 3 –

Montrer par récurrence que, pour tout entier $n \geq 1$, $2^n > n$.

Exercice 4 –

On pose $a_0 = 1$, $a_1 = 1$ et :

$$\forall n \geq 0,\ a_{n+2} = a_{n+1} + (n+1)a_n$$

Montrer par récurrence double que :

$$\forall n \geq 0,\ \frac{a_n}{n!} \leq 1$$

Maîtriser les méthodes fondamentales

Exercice 5 –

Soit $(u_n)_{n\geq 2}$ la suite définie par $u_2 = 1$ et :

$$\forall n \geq 2,\ u_{n+1} = u_n\left(1 - \frac{1}{n^2}\right)$$

Montrer que, pour tout entier naturel n supérieur à 2, on a $0 \leq u_n \leq 1$.

Exercice 6 –
Soit u la suite définie par $u_0 = 5$, $u_1 = 6$ et :

$$\forall n \geq 0,\ u_{n+2} = 6u_{n+1} - 9u_n$$

Montrer que :

$$\forall n \geq 0,\ u_n = (-3n + 5)\,3^n$$

Exercice 7 –
Soit $x \in \mathbb{R}$. Montrer :

$$\forall \varepsilon > 0,\ x^2 \leq \varepsilon \implies x = 0$$

Pour aller plus loin

Exercice 8 –
Soit $b > 0$. Déterminer le terme général de la suite $(u_n)_{n\geq 0}$ définie par $u_0 \in \mathbb{R}$ et par la relation :

$$\forall n \geq 0,\ u_{n+1} = bu_n^2$$

Exercice 9 – Le vrai/faux de la fin

1. Soit $n \in \mathbb{N}^*$. Si n est le carré d'un entier, $2n$ ne l'est pas. ☐ Vrai ☐ Faux
2. Tout entier positif est somme de trois carrés d'entiers naturels. ☐ Vrai ☐ Faux

Solution des exercices

Exercice 1 –

1. P implique Q est équivalent à non(P) implique non(Q). ☐ Vrai ☒ Faux
2. P implique Q est équivalent à non(Q) implique non(P). ☒ Vrai ☐ Faux

Exercice 2 –

1. On souhaite montrer que si n^2 est pair, alors n aussi. Supposons donc que n n'est pas pair et montrons que n^2 n'est pas pair. L'entier n est donc impair : il existe un entier $k \geq 0$ tel que $n = 2k + 1$. Alors :

$$n^2 = (2k+1)^2 = 4k^2 + 4k + 1 = 2(2k^2 + 2k) + 1$$

et $2k^2 + 2k$ est un entier donc n^2 est impair. On a ainsi montré le résultat souhaité par contraposée.

Méthode

Soit P et Q deux propositions mathématiques. Montrer que l'implication $P \Rightarrow Q$ est vraie est équivalent à montrer que l'implication $\text{non}(Q) \Rightarrow \text{non}(P)$ est vraie. Autrement dit, pour montrer $P \Rightarrow Q$, on peut supposer que Q est fausse et montrer que P est fausse.

2. Supposons par l'absurde que $\sqrt{2}$ est rationnel. Sachant que ce nombre est strictement positif, il existe donc deux entiers naturels non nuls p et q tels que :

$$\sqrt{2} = \frac{p}{q}$$

et sans perte de généralité, on peut supposer que cette fraction est irréductible. On a alors $q\sqrt{2} = p$ donc $2q^2 = p^2$. On en déduit que p^2 est un entier pair donc p aussi d'après la question 1. Ainsi, il existe un entier naturel k tel que $p = 2k$. Alors :

$$2q^2 = p^2 = (2k)^2 = 4k^2$$

ce qui implique que $q^2 = 2k^2$. Ainsi, q^2 est pair donc q aussi d'après la question 1. On en déduit que p et q sont tous les deux divisibles par 2 ce qui est absurde car $\frac{p}{q}$ est irréductible.

On vient donc de montrer par l'absurde que $\sqrt{2}$ est irrationnel.

Cours

L'ensemble des rationnels, noté $\mathbb{Q}$, est le sous-ensemble de $\mathbb{R}$ défini par :

$$\mathbb{Q} = \left\{ \frac{p}{q},\ (p, q) \in \mathbb{Z} \times \mathbb{Z}^* \right\}$$

Un réel est irrationel si il n'est pas rationnel.

Méthode

Soit P une proposition mathématique. Pour montrer que P est vraie, on peut supposer que P est fausse et obtenir une absurdité.

Exercice 3 –

On a $2^1 = 2 > 1$ donc l'inégalité souhaitée est vraie au rang 1.

Soit $n \geq 1$ tel que $2^n > n$. Montrons que $2^{n+1} > n + 1$. On a :

$$2^{n+1} = 2 \times 2^n > 2n$$

par hypothèse de récurrence. Or $n \geq 1$ donc $2n = n + n \geq n + 1$. On en déduit que :

$$2^{n+1} > 2n \geq n + 1$$

ce qui montre le résultat souhaité.

La propriété est vraie pour $n = 1$ et est héréditaire. Par principe de récurrence, elle est donc vraie pour tout entier naturel supérieur ou égal à 1.

Méthode

Soit $n_0 \in \mathbb{N}$. Pour démontrer par récurrence une propriété $\mathscr{P}(n)$ dépendant d'un entier $n \geq n_0$, on suit le raisonnement suivant :

- *Initialisation* : on montre que la propriété est vraie au rang n_0.
- On prouve l'*hérédité* : on considère un entier $n \geq n_0$ pour lequel $\mathscr{P}(n)$ est vraie et montre alors que $\mathscr{P}(n+1)$ est vraie.
- On conclut.

Exercice 4 –

On a :

$$\frac{a_0}{0!} = 1 \leq 1 \quad \text{et} \quad \frac{a_1}{1!} = 1 \leq 1$$

L'inégalité à montrer est donc vraie aux rangs 0 et 1.
Soit $n \in \mathbb{N}$ tel que :

$$\frac{a_n}{n!} \leq 1 \quad \text{et} \quad \frac{a_{n+1}}{(n+1)!} \leq 1$$

Montrons que :

$$a_{n+2} \leq (n+2)!$$

On a par hypothèse de récurrence et sachant que les termes sont positifs :

$$\begin{aligned} a_{n+2} &= a_{n+1} + (n+1)a_n \\ &\leq (n+1)! + (n+1)n! \\ &\leq 2(n+1)! \\ &\leq (n+2)(n+1)! \\ &\leq (n+2)! \end{aligned}$$

et c'est ce qu'il fallait prouver.

Par récurrence double, on vient donc de montrer l'inégalité souhaitée :

$$\forall n \geq 0, \ \frac{a_n}{n!} \leq 1$$

Méthode

Pour démontrer par récurrence double une propriété $\mathscr{P}(n)$ dépendant d'un entier $n \geq 0$, on suit le raisonnement suivant :

- *Initialisation* : on montre que la propriété est vraie aux rangs 0 et 1.
- On prouve l'*hérédité* : on considère un entier $n \geq 0$ pour lequel $\mathscr{P}(n)$ et $\mathscr{P}(n+1)$ soient vraies et montre alors que $\mathscr{P}(n+2)$ est vraie.
- On conclut.

Ce type de raisonnement est particulièrement adapté dans le cas de certaines suites dont un terme dépend des deux précédents. On adapte évidemment le raisonnement si la propriété est définie à partir d'un autre rang que 0.

Exercice 5 –

Montrons par récurrence que pour tout entier naturel $n \geq 2$, $0 \leq u_n \leq 1$.

Pour $n = 2$, $u_2 = 1$ et $0 \leq 1 \leq 1$. Ainsi la propriété est vérifiée au rang 2.

Soit n un entier supérieur ou égal à deux tel que :

$$0 \leq u_n \leq 1$$

Montrons que :

$$0 \leq u_{n+1} \leq 1$$

On sait que :

$$u_{n+1} = u_n\left(1 - \frac{1}{n^2}\right)$$

Par hypothèse de récurrence on sait que $0 \leq u_n \leq 1$. Il est clair que :

$$1 - \frac{1}{n^2} \leq 1$$

et on a :

$$1 - \frac{1}{n^2} = \frac{n^2 - 1}{n^2} = \frac{(n-1)(n+1)}{n^2} \geq 0$$

car $n \geq 2$. Ainsi, u_n et $1 - \frac{1}{n^2}$ sont deux nombres compris entre 0 et 1. Par produit, u_{n+1} appartient donc lui aussi à $[0, 1]$.

La propriété est vraie pour $n = 2$ et est héréditaire. Par principe de récurrence, elle est donc vraie pour tout entier naturel supérieur ou égal à 2.

Exercice 6 –

On a :

$$(-3 \times 0 + 5)\, 3^0 = 5 = u_0 \quad \text{et} \quad (-3 \times 1 + 5)\, 3^1 = 2 \times 3 = 6 = u_1$$

L'égalité souhaitée est donc vraie pour $n = 0$ et $n = 1$.

Soit $n \geq 0$ tel que :

$$u_n = (-3n + 5)\, 3^n \quad \text{et} \quad u_{n+1} = (-3(n+1) + 5)\, 3^{n+1} = (-3n + 2)\, 3^{n+1}$$

Montrons que :

$$u_{n+2} = (-3(n+2) + 5)\, 3^{n+2} = (-3n - 1)\, 3^{n+2}$$

Par définition de u, on sait que :

$$u_{n+2} = 6u_{n+1} - 9u_n$$

donc par hypothèse de récurrence :

$$\begin{aligned} u_{n+2} &= 6\,(-3n + 2)\, 3^{n+1} - 9\,(-3n + 5)\, 3^n \\ &= 2\,(-3n + 2)\, 3^{n+2} - (-3n + 5)\, 3^{n+2} \\ &= (-6n + 4 + 3n - 5)\, 3^{n+2} \\ &= (-3n - 1)\, 3^{n+2} \end{aligned}$$

et c'est ce que l'on voulait montrer.

Par récurrence double, on vient donc de montrer que la propriété de l'énoncé est vraie pour tout entier $n \geq 0$.

Exercice 7 –

Raisonnons par contraposée. Soit x un réel non nul.

Montrons l'existence d'un réel $\varepsilon > 0$ tel que $x^2 > \varepsilon$.

> $\text{Non}(\forall \varepsilon > 0,\ x^2 \leq \varepsilon) = (\exists \varepsilon > 0 \mid x^2 > \varepsilon)$

Posons :

$$\varepsilon = \frac{x^2}{2}$$

Sachant que x est non nul, il est clair que $\varepsilon \in \left]0, x^2\right[$ ce qui donne le résultat souhaité.

Exercice 8 –

On a :

> Il est toujours utile de calculer les premiers termes d'une suite définie par récurrence. Cela permet de conjecturer le signe, les variations, l'expression du terme général...

$$u_1 = bu_0^2$$

puis :

$$u_2 = bu_1^2 = b(bu_0^2)^2 = b^3 u_0^4$$

et :

$$u_3 = bu_2^2 = b^7 u_0^8$$

On conjecture alors :

> Attention : $u_0^{2^n}$ n'est pas $(u_0^2)^n$

$$\forall n \geq 0,\ u_n = b^{2^n - 1} u_0^{2^n}$$

On montre cette égalité par récurrence. Elle est vraie au rang 0 car :

$$b^{2^0 - 1} u_0^{2^0} = b^0 u_0^1 = u_0$$

Soit $n \geq 0$ tel que :

$$u_n = b^{2^n - 1} u_0^{2^n}$$

Montrons que :

$$u_{n+1} = b^{2^{n+1} - 1} u_0^{2^{n+1}}$$

Par définition de la suite, on a :

$$u_{n+1} = bu_n^2$$

donc par hypothèse de récurrence :

$$\begin{aligned} u_{n+1} &= b\left(b^{2^n - 1} u_0^{2^n}\right)^2 \\ &= bb^{2(2^n - 1)} u_0^{2 \times 2^n} \\ &= b^{1 + 2^{n+1} - 2} u_0^{2^{n+1}} \\ &= b^{2^{n+1} - 1} u_0^{2^{n+1}} \end{aligned}$$

et c'est ce que l'on voulait montrer.

La propriété est vraie au rang 0 et est héréditaire donc par principe de récurrence, on en déduit que :

$$\forall n \geq 0,\ u_n = b^{2^n - 1} u_0^{2^n}$$

Exercice 9 –

1. Vrai. Soit $n \geq 1$ s'écrivant comme le carré d'un entier : $n = k^2$ où $k \in \mathbb{N}^*$. Supposons par l'absurde que $2n$ est aussi le carré d'un entier : il existe $p \in \mathbb{N}^*$ tel que $2n = p^2$. On en déduit que $p^2 = 2k^2$ donc par stricte positivité de p et k :

$$\sqrt{2} = \frac{p}{k}$$

ce qui implique que $\sqrt{2}$ est rationnel ce qui est absurde. Ainsi, $2n$ n'est pas le carré d'un entier.

2. Faux. Il suffit de trouver un contre-exemple. En étudiant les premières valeurs de n, on remarque que la propriété est fausse pour $n = 7$. En effet, si il existe $a, b, c \in \mathbb{N}$ tels que :

$$7 = a^2 + b^2 + c^2$$

alors a, b et c appartiennent nécessairement à $\{0, 1, 2\}$ (sinon, la somme est supérieure ou égale à 9). On vérifie alors facilement qu'aucun triplet n'est solution.

Méthode

Pour montrer qu'une propriété dépendant d'un entier $n \geq 0$ est fausse, il suffit de donner un contre-exemple concret.

2 Ensembles et applications

Maîtriser le cours

Exercice 1 – Le vrai/faux du début

Soit A, B, C trois sous-ensembles d'un ensemble E.

1. $A = B \iff A \subset B$ et $B \subset A$	☐ Vrai	☐ Faux
2. $A \subset B \iff \forall x \in A,\ x \in B$	☐ Vrai	☐ Faux
3. $A \subset B \iff \exists x \in A,\ x \in B$	☐ Vrai	☐ Faux
4. $A \cup \emptyset = A$	☐ Vrai	☐ Faux
5. $(A \cup B) \cap C = (A \cap C) \cup (B \cap C)$	☐ Vrai	☐ Faux

Exercice 2 –

Donner l'ensemble des parties de $\{1, 2, 3\}$.

Exercice 3 –

On considère les parties de $\mathbb{R}$ suivantes : $A = [0, 2]$, $B = [1, 2]$, $C = [1, 3]$. Donner explicitement les ensembles suivants :

— $A \cup B$.

— $A \cup C$.

— $A \cap C$.

— $\overline{A} \cap C$.

Maîtriser les méthodes fondamentales

Exercice 4 –

Soit $f : \mathbb{R} \longrightarrow \mathbb{R}$ et $g : \mathbb{R} \longrightarrow \mathbb{R}$ définies par :

$$\forall x \in \mathbb{R},\ f(x) = \ln(1 + e^x) \quad \text{et} \quad g(x) = -x$$

1. $f \circ g$ est-elle une application de $\mathbb{R}$ dans $\mathbb{R}$? Si oui, donner son expression.
2. Montrer que pour tout $x \in \mathbb{R}$, $f(x) - f \circ g(x) = x$.

Exercice 5 –

Soit A, B et C trois parties d'un même ensemble telles que $A \cap C = B \cap C$ et $A \cup C = B \cup C$. Montrer que $A = B$.

Pour aller plus loin

Exercice 6 –

Soit X une partie d'un ensemble E. On définit la fonction indicatrice de X, $\mathbf{1}_X : \mathbb{R} \to \{0,1\}$, de la manière suivante :

$$\forall e \in E,\ \mathbf{1}_X(e) = \begin{cases} 1 & \text{si } e \in X \\ 0 & \text{si } e \notin X \end{cases}$$

Soit A et B deux parties de E. Montrer que :

1. $\mathbf{1}_{\overline{A}} = \mathbf{1}_E - \mathbf{1}_A$.

2. $\mathbf{1}_{A\cap B} = \mathbf{1}_A \mathbf{1}_B$.

3. $\mathbf{1}_{A\cup B} = \mathbf{1}_A + \mathbf{1}_B - \mathbf{1}_A \mathbf{1}_B$.

Exercice 7 – Le vrai/faux de la fin

Soit A et B deux parties d'un ensemble E.

1. $\mathscr{P}(A \cap B) = \mathscr{P}(A) \cap \mathscr{P}(B)$. ☐ Vrai ☐ Faux

2. $\mathscr{P}(A \cup B) = \mathscr{P}(A) \cup \mathscr{P}(B)$. ☐ Vrai ☐ Faux

Solution des exercices

Exercice 1 –

1. $A = B \iff A \subset B$ et $B \subset A$ ☒ Vrai ☐ Faux

2. $A \subset B \iff \forall x \in A,\ x \in B$ ☒ Vrai ☐ Faux

3. $A \subset B \iff \exists x \in A,\ x \in B$ ☐ Vrai ☒ Faux

4. $A \cup \emptyset = A$ ☒ Vrai ☐ Faux

5. $(A \cup B) \cap C = (A \cap C) \cup (B \cap C)$ ☒ Vrai ☐ Faux

Cours

Soit A, B et C trois sous-ensembles d'un ensemble E.

— On définit la réunion de A et B, et on note $A \cup B$, le sous-ensemble de E défini par :

$$A \cup B = \{x \in E,\ x \in A \text{ ou } x \in B\}$$

— On définit l'intersection de A et B, et on note $A \cap B$, le sous-ensemble de E défini par :

$$A \cap B = \{x \in E,\ x \in A \text{ et } x \in B\}$$

— On définit le complémentaire de A dans E, et on note $\overline{A}$, le sous-ensemble de E constitué des éléments de E qui n'appartiennent pas à A.

À retenir

Soit A, B et C trois sous-ensembles d'un ensemble E. On a les propriétés suivantes (distributivité) :

$$\begin{cases} A \cup (B \cap C) = (A \cup B) \cap (A \cup C) \\ A \cap (B \cup C) = (A \cap B) \cup (A \cap C) \end{cases}$$

Exercice 2 –

Notons E cet ensemble. Alors :

$$\mathscr{P}(E) = \{\emptyset, \{1\}, \{2\}, \{3\}, \{1,2\}, \{1,3\}, \{2,3\}, E\}$$

Cours

Soit E un ensemble. L'ensemble des parties de E, noté $\mathscr{P}(E)$, est l'ensemble des sous-ensembles de E. L'ensemble vide, noté $\emptyset$, et l'ensemble E sont des parties de E.

Exercice 3 –

— Pour tout réel x, x appartient à $A \cup B$ si et seulement si x appartient à A ou x appartient à B. Or B est inclus dans A donc $A \cup B = A = [0, 2]$.

— Pour tout réel x, x appartient à $A \cup C$ si et seulement si x appartient à A ou x appartient à C. On en déduit que $A \cup C = [0, 3]$.

— Pour tout réel x, x appartient à $A \cap C$ si et seulement si x appartient à A et x appartient à C. On en déduit que $A \cap C = [1, 2]$.

— Pour tout réel x, x appartient à $\overline{A} \cap C$ si et seulement si x n'appartient pas à A et x appartient à C donc si et seulement si $x < 0$ ou $x > 2$ et $x \in [1, 3]$. Ainsi, $\overline{A} \cap C =]2, 3]$.

Exercice 4 –

1. On a f définie sur $\mathbb{R}$ à valeurs dans $\mathbb{R}$ et de même pour g donc $f \circ g$ est une application de $\mathbb{R}$ dans $\mathbb{R}$. Pour tout réel x, on a :

$$f \circ g(x) = f(g(x)) = f(-x) = \ln(1 + \mathrm{e}^{-x})$$

Cours

Soit A, B et C trois ensembles $f : A \to B$ et $g : B \to C$ deux applications. On appelle *application composée* de f par g et on note $g \circ f$ l'application :

$$g \circ f \; : \; \begin{array}{ccc} A & \longrightarrow & C \\ x & \longmapsto & g(f(x)) \end{array}$$

Dans le cas de deux fonctions, les ensembles d'arrivées ne sont pas forcément précisés. Pour déterminer l'ensemble de définition de $g \circ f$ dans le cas de deux fonctions f et g définies sur A et B, on détermine les éléments $a \in A$ tels que $f(a) \in B$.

2. Soit $x \in \mathbb{R}$. Alors :

$$\begin{aligned} f(x) - f \circ g(x) &= \ln(1 + e^x) - \ln(1 + e^{-x}) \\ &= \ln(1 + e^x) - \ln(1 + \tfrac{1}{e^x}) \\ &= \ln(1 + e^x) - \ln(\tfrac{e^x+1}{e^x}) \\ &= \ln(1 + e^x) - (\ln(e^x + 1) - \ln(e^x)) \\ &= \ln(e^x) \\ &= x \end{aligned}$$

Exercice 5 –

Montrons le raisonnement par double inclusion. Soit $x \in A$. Alors $x \in A \cup C$ donc $x \in B \cup C$ par hypothèse. On en déduit que x appartient à B ou à C. Distinguons deux cas :

— Si x appartient à B, c'est ce que l'on voulait montrer.

— Si x appartient à C alors il appartient à $A \cap C$. Or $A \cap C = B \cap C$ donc x appartient à B.

On vient donc de montrer que pour tout $x \in A$, $x \in B$ donc A est inclus dans B.

Par un raisonnement analogue (on échange les rôles de A et de B), on montre que B est inclus dans A. Ainsi, $A = B$.

Méthode

Soit A et B deux parties d'un ensemble E. Montrer que $A = B$ est équivalent à montrer que $A \subset B$ et $B \subset A$.

Exercice 6 –

1. Soit $x \in E$. Alors $\mathbf{1}_A(x) = 0$ si et seulement si $x \notin A$ donc si et seulement si $x \in \overline{A}$. Une fonction indicatrice ne prenant que deux valeurs, on a aussi que $\mathbf{1}_A(x) = 1$ si et seulement si $x \notin \overline{A}$. On en déduit que :

$$\mathbf{1}_{\overline{A}} = \mathbf{1}_E - \mathbf{1}_A$$

2. Soit $x \in E$. Alors x appartient à $A \cap B$ si et seulement si $\mathbf{1}_A(x) = 1$ et $\mathbf{1}_B(x) = 1$ donc (sachant qu'une fonction indicatrice vaut 0 ou 1) si et seulement si $\mathbf{1}_A(x)\mathbf{1}_B(x) = 1$. On en déduit que :

$$\mathbf{1}_{A \cap B} = \mathbf{1}_A \mathbf{1}_B$$

3. La partie $A \cup B$ de E est l'union disjointe des éléments de A qui ne sont pas dans B, des éléments de B qui ne sont pas dans A et des éléments qui sont à la fois dans A et dans B. En se basant sur ceci, posons :

$$f = \mathbf{1}_A + \mathbf{1}_B - \mathbf{1}_A \mathbf{1}_B$$

Soit $x \in A \cup B$. Distinguons les trois cas précédents. Si x appartient à A mais pas à B alors :

$$f(x) = \mathbf{1}_A(x) + \mathbf{1}_B(x) - \mathbf{1}_A(x)\mathbf{1}_B(x) = 1 + 0 - 1 \times 0 = 1$$

De même, si x appartient à B mais pas à A, on obtient $f(x) = 1$. Pour finir, si $x \in A \cap B$:

$$f(x) = \mathbf{1}_A(x) + \mathbf{1}_B(x) - \mathbf{1}_A(x)\mathbf{1}_B(x) = 1 + 1 - 1 \times 1 = 1$$

Si $x \notin A \cup B$ alors il est clair que $f(x) = 0$. On en déduit que :

$$\mathbf{1}_{A\cup B} = \mathbf{1}_A + \mathbf{1}_B - \mathbf{1}_A\mathbf{1}_B$$

Exercice 7 –

1. Vrai. Raisonnons par double inclusion. Le fait que $A \cap B \subset A$ et $A \cap B \subset B$ implique que :

$$\mathscr{P}(A \cap B) \subset \mathscr{P}(A) \text{ et } \mathscr{P}(A \cap B) \subset \mathscr{P}(B)$$

donc :

$$\mathscr{P}(A \cap B) \subset \mathscr{P}(A) \cap \mathscr{P}(B)$$

Montrons l'autre inclusion. Soit $X \in \mathscr{P}(A) \cap \mathscr{P}(B)$. Alors X est une partie de A et une partie de B donc X est une partie de $A \cap B$. Ainsi :

$$\mathscr{P}(A) \cap \mathscr{P}(B) \subset \mathscr{P}(A \cap B)$$

On en déduit que $\mathscr{P}(A \cap B) = \mathscr{P}(A) \cap \mathscr{P}(B)$.

2. Faux. Donnons un contre exemple en posant $E = \mathbb{R}$, $A = [0, 2]$ et $B = [1, 3]$.
On a alors $A \cup B = [0, 3]$. Le segment $[0, 3]$ est donc une partie de $A \cup B$ mais n'est pas une partie de A, ni de B.

3 Injections, surjections, bijections

Maîtriser le cours

Exercice 1 – Le vrai/faux du début

Soit $f : \mathbb{R} \to \mathbb{R}$ et $g : \mathbb{R} \to \mathbb{R}_+$ les applications définies par :

$$\forall x \in \mathbb{R},\ f(x) = g(x) = x^2$$

1. f est injective.	☐ Vrai	☐ Faux
2. f est surjective.	☐ Vrai	☐ Faux
3. f est bijective.	☐ Vrai	☐ Faux
4. g est injective.	☐ Vrai	☐ Faux
5. g est surjective.	☐ Vrai	☐ Faux
6. g est bijective.	☐ Vrai	☐ Faux

Exercice 2 –

Soit E, F et G trois ensembles et $f : E \to F$ et $g : F \to G$ deux applications.

1. Montrer que si f et g sont injectives alors $g \circ f$ l'est aussi.

2. Montrer que si f et g sont surjectives alors $g \circ f$ l'est aussi.

Maîtriser les méthodes fondamentales

Exercice 3 –

Soit $f : \mathbb{R}_+^* \longrightarrow \left]e^2, +\infty\right[$ définie par :

$$\forall x > 0,\ f(x) = e^{2+1/x}$$

1. Montrer que f est une application.

2. Montrer que f est bijective et donner son application réciproque.

Exercice 4 –

Soit $f : \mathbb{N} \to \mathbb{Z}$ définie par :

$$\forall n \in \mathbb{N},\ \varphi(n) = \begin{cases} -\dfrac{n}{2} & \text{si } n \text{ est pair} \\ \dfrac{n+1}{2} & \text{si } n \text{ est impair} \end{cases}$$

Montrer que f est bijective.

Pour aller plus loin

Exercice 5 –

Soit E, F et G trois ensembles et $f : E \to F$, $g : F \to G$ deux applications.

1. Montrer que si $g \circ f$ est injective, f aussi.
2. Montrer que si $g \circ f$ est surjective, g aussi.
3. Montrer que si $g \circ f$ est injective et f surjective alors g est injective.
4. Montrer que si $g \circ f$ est surjective et g injective alors f est surjective.

Exercice 6 – Le vrai/faux de la fin

Soit E, F et G trois ensembles et $f : E \to F$, $g : F \to G$ deux applications bijectives.

1. $g \circ f$ est bijective et $(g \circ f)^{-1} = g^{-1} \circ f^{-1}$. ☐ Vrai ☐ Faux
2. $g \circ f$ est bijective et $(g \circ f)^{-1} = f^{-1} \circ g^{-1}$. ☐ Vrai ☐ Faux

Solution des exercices

Exercice 1 –

1. f est injective. ☐ Vrai ☒ Faux
2. f est surjective. ☐ Vrai ☒ Faux
3. f est bijective. ☐ Vrai ☒ Faux
4. g est injective. ☐ Vrai ☒ Faux
5. g est surjective. ☒ Vrai ☐ Faux
6. g est bijective. ☐ Vrai ☒ Faux

Cours

Soit E et F deux ensembles et $f : E \to F$ une application.

— On dit que f est *injective* lorsque tout élément de F admet au plus un antécédent par f. Montrer que f est injective est équivalent à vérifier :

$$\forall (x, x') \in E^2,\ f(x) = f(x') \Rightarrow x = x'$$

— On dit que f est *surjective* lorsque tout élément de F admet au moins un antécédent par f c'est-à-dire :

$$\forall y \in F,\ \exists x \in E,\ f(x) = y$$

— On dit que f est *bijective* si elle est à la fois injective et surjective ce qui revient à dire que :

$$\forall y \in F,\ \exists! x \in E,\ f(x) = y$$

Exercice 2 –

Remarquons que $g \circ f : E \to G$ est bien définie.

1. Soit $(x, x') \in E^2$ tel que $g \circ f(x) = g \circ f(x')$. Par définition, on a $g(f(x)) = g(f(x'))$. Or g est injective (et $f(x), f(x')$ sont deux éléments de F) donc $f(x) = f(x')$. Or f est injective donc $x = x'$.

   On en déduit que $g \circ f$ est injective.

   Méthode

   Soit $f : E \to F$ une application entre deux ensembles E et F.

   — Pour montrer que f est injective, on se donne deux éléments quelconques x_1 et x_2 de E tels que $f(x_1) = f(x_2)$ et on montre que $x_1 = x_2$.

   — Pour montrer que f n'est pas injective, on cherche deux éléments distincts de E ayant la même image par l'application f.

2. Soit $z \in G$. L'application $g : F \to G$ est surjective donc il existe $y \in F$ tel que $g(y) = z$. Or $f : E \to F$ est surjective donc il existe $x \in E$ tel que $f(x) = y$. On en déduit que :

$$z = g(y) = g(f(x)) = g \circ f(x)$$

   On en déduit que $g \circ f$ est surjective.

   Méthode

   Soit $f : E \to F$ une application entre deux ensembles E et F.

   — Pour montrer que f est surjective, on fixe un élément de F et on montre qu'il admet un antécédent par f.

   — Pour montrer que f n'est pas surjective, on cherche un élément de F n'admettant pas d'antécédent par f.

Exercice 3 –

1. Soit $x \in \mathbb{R}_+^*$. Alors $\frac{1}{x}$ existe donc $f(x)$ aussi. De plus, on a :

$$2 + \frac{1}{x} > 2$$

donc par stricte croissance de la fonction exponentielle sur $\mathbb{R}$, on en déduit que :

$$f(x) = \exp\left(2 + \frac{1}{x}\right) > \mathrm{e}^2$$

Ainsi, $f(x)$ appartient à $]\mathrm{e}^2, +\infty[$. On en déduit que f est une application bien définie.

2. Soit $y \in \left]\mathrm{e}^2, +\infty\right[$. Résolvons l'équation $f(x) = y$ d'inconnue $x \in \mathbb{R}_+^*$. Pour tout réel $x > 0$, on a :

$$f(x) = y \iff \exp\left(2 + \frac{1}{x}\right) = y \iff 2 + \frac{1}{x} = \ln(y)$$

car $\ln : \mathbb{R}_+^* \to \mathbb{R}$ est bijective. On en déduit que :

$$f(x) = y \iff \frac{1}{x} = \ln(y) - 2$$

Or $y > \mathrm{e}^2$ donc par stricte croissance de la fonction exponentielle sur $\mathbb{R}$, on en déduit que $\ln(y) > 2$ donc $\ln(y) - 2 > 0$. Finalement, on a :

$$f(x) = y \iff x = \frac{1}{\ln(y) - 2}$$

D'après le raisonnement suivant, on sait que le réel $\frac{1}{\ln(y)-2}$ est strictement positif. On en déduit que f est bijective et l'application $f^{-1} : \left]\mathrm{e}^2, +\infty\right[\to \mathbb{R}_+^*$ est définie par :

$$\forall y > \mathrm{e}^2, f^{-1}(y) = \frac{1}{\ln(y) - 2}$$

Méthode

Soit E et F deux ensembles et $f : E \to F$ une application. Pour montrer que f est bijective, on peut suivre la démarche suivante :

— On fixe un élément y de F.

— On résout l'équation $f(x) = y$ d'inconnue $x \in E$.

— On montre qu'il y a une unique solution x (exprimée en fonction de y) sans oublier de vérifier que celle-ci appartient bien à E.

L'application réciproque de f, notée f^{-1}, est l'application définie sur F à valeurs dans E définie de la manière suivante : pour tout $y \in F$, $f^{-1}(y)$ est l'unique antécédent de y par f (autrement dit, c'est l'élément x obtenu précédemment).

Exercice 4 –

Soit $m \in \mathbb{Z}$. On résout l'équation $f(n) = m$ d'inconnue $n \in \mathbb{N}$. Distinguons deux cas :

— Si $m > 0$: dans ce cas, si n est pair, $f(n)$ est toujours différent de m car $f(n) \leq 0$. On cherche donc n impair tel que $f(n) = m$, ou encore :

$$\frac{n+1}{2} = m$$

ce qui est équivalent à $n = 2m - 1$. Remarquons que $2m - 1$ est bien un entier naturel car $m \in \mathbb{N}^*$.

— Si $m \leq 0$: dans ce cas, si n est impair, $f(n)$ est toujours différent de m car $f(n) > 0$. On cherche donc n pair tel que $f(n) = m$, ou encore :

$$-\frac{n}{2} = m$$

ce qui est équivalent à $n = -2m$. Remarquons que $-2m$ est bien un entier naturel car $m \leq 0$.

Ainsi, pour tout $m \in \mathbb{Z}$, l'équation $f(n) = m$ d'inconnue $n \in \mathbb{N}$ admet une unique solution. On en déduit que f est bijective.

Exercice 5 –

1. Soit $(x, x') \in E^2$ tel que $f(x) = f(x')$. Alors $g(f(x)) = g(f(x'))$ donc $g \circ f(x) = g \circ f(x')$. Or $g \circ f$ est injective donc $x = x'$. Ainsi, f est injective.
2. Soit $z \in G$. On sait que $g \circ f$ est surjective donc il existe $x \in E$ tel que $g \circ f(x) = z$. On en déduit que :

$$g(f(x)) = z$$

et $f(x) \in F$. Ainsi, g est surjective.

3. D'après la question 1, f est injective donc bijective (car surjective).
On peut alors écrire :

La composition d'applications est associative

$$g = (g \circ f) \circ f^{-1}$$

Ainsi, g est la composée de deux applications injectives donc est injective (exercice 2).

4. D'après la question 2, l'application g est surjective donc bijective (car injective). On peut alors écrire :

$$f = g^{-1} \circ (g \circ f)$$

Ainsi, f est la composée de deux applications surjectives donc est surjective (exercice 2).

Exercice 6 –

1. $g \circ f$ est bijective et $(g \circ f)^{-1} = g^{-1} \circ f^{-1}$. ☐ Vrai ☒ Faux
2. $g \circ f$ est bijective et $(g \circ f)^{-1} = f^{-1} \circ g^{-1}$. ☒ Vrai ☐ Faux

4 Inégalités

Maîtriser le cours

Exercice 1 – Le vrai/faux du début

1. $\forall (x,y) \in \mathbb{R}^2,\ |x-y| \leq |x| - |y|$. ☐ Vrai ☐ Faux
2. $\forall x \in \mathbb{R},\ \lfloor x+1 \rfloor = \lfloor x \rfloor + 1$. ☐ Vrai ☐ Faux
3. $\forall (x,y) \in \mathbb{R}^2,\ \lfloor x+y \rfloor = \lfloor x \rfloor + \lfloor y \rfloor$. ☐ Vrai ☐ Faux
4. $\lfloor -1,5 \rfloor = -1$. ☐ Vrai ☐ Faux

Exercice 2 –

Soit $n \in \mathbb{N}^*$ et $(x_k)_{1\leq k\leq n}$ une famille de réels. Prouver que :

$$\sum_{k=1}^{n} \lfloor x_k \rfloor \leq \left\lfloor \sum_{k=1}^{n} x_k \right\rfloor \leq \sum_{k=1}^{n} \lfloor x_k \rfloor + n - 1$$

Exercice 3 –

Soit $n \in \mathbb{N}^*$ et $x_0, x_1, \dots, x_n$ des réels tels que :

$$0 \leq x_0 < x_1 < \cdots < x_{n-1} < x_n \leq 1$$

Prouver qu'il existe $(i,j) \in [\![1,n]\!]^2$ tel que $i \neq j$ et $|x_i - x_j| \leq \dfrac{1}{n}$.

Maîtriser les méthodes fondamentales

Exercice 4 –

Démontrer les inégalités suivantes :

1. $\forall (x,y) \in \mathbb{R}^2,\ xy \leq x^2 + y^2$.
2. $\forall (x,y,z) \in \mathbb{R}^3,\ (x+y+z)^2 \leq 4x^2 + 4y^2 + 2z^2$.

Exercice 5 –

Résoudre dans $\mathbb{R}$ les inéquations suivantes :

1. $-2x^2 + 7x - 5 \geq 0$
2. $|x-3| + |x+4| \leq 10$
3. $\sqrt{x-1} \geq x - 4$

Exercice 6 –

Démontrer les inégalités suivantes :

1. $\forall x \in \mathbb{R},\ e^x \geq 1 + x$
2. $\forall x \in \mathbb{R}_+^*,\ \dfrac{1}{x+1} \leq \ln(x+1) - \ln(x) \leq \dfrac{1}{x}$
3. $\forall x \in \mathbb{R}^+,\ \dfrac{1}{2x+1} \geq e^{-(x+1)}$

Exercice 7 –

Soient x et y deux réels strictement positifs. Démontrer que :

$$\frac{2xy}{x+y} \leq \sqrt{xy} \leq \frac{x+y}{2} \leq \sqrt{\frac{x^2+y^2}{2}}$$

Pour aller plus loin

Exercice 8 –

1. Démontrer que : $\forall x \in \mathbb{R},\ \forall n \in \mathbb{Z},\ \lfloor x+n \rfloor = \lfloor x \rfloor + n$.
2. Démontrer que : $\forall (x, y) \in \mathbb{R}^2,\ \lfloor x \rfloor + \lfloor y \rfloor + \lfloor x+y \rfloor \leq \lfloor 2x \rfloor + \lfloor 2y \rfloor$.
   On pourra remarquer que, pour tout $a \in \mathbb{R}$, $\lfloor 2a \rfloor$ est égal à $2\lfloor a \rfloor$ ou à $2\lfloor a \rfloor + 1$ puis distinguer les cas selon les valeurs de $\lfloor 2x \rfloor$ et $\lfloor 2y \rfloor$.

Exercice 9 – Le vrai/faux de la fin

Soit x et y deux réels.

1. $|x| + |y| \leq |x+y| + |x-y|$. ☐ Vrai ☐ Faux
2. $|x+y| = |x| + |y|$ si et seulement si x et y sont positifs. ☐ Vrai ☐ Faux
3. $\forall (x, y) \in \mathbb{R}^2,\ \lfloor x+y \rfloor \leq \lfloor x \rfloor + \lfloor y \rfloor$. ☐ Vrai ☐ Faux
4. Si $x \in \mathbb{R}^+$, $\lfloor x \rfloor$ est le nombre d'entiers appartenant à $]0, x]$. ☐ Vrai ☐ Faux
5. $|xy| \leq \frac{x^2+y^2}{2}$. ☐ Vrai ☐ Faux
6. $\max(x, y) = \frac{x+y+|x-y|}{2}$ et $\min(x, y) = \frac{x+y-|x-y|}{2}$ ☐ Vrai ☐ Faux

Solution des exercices

Exercice 1 –

Cours

Pour tout réel x, la partie entière de x, notée $\lfloor x \rfloor$, est le plus grand entier inférieur ou égal à x. On a donc, pour tout entier n :

$$\lfloor x \rfloor = n \iff n \leq x < n+1$$

1. Il suffit de prendre $x = 0$ et $y = 1$. ☐ Vrai ☒ Faux
2. $\forall x \in \mathbb{R},\ \lfloor x+1 \rfloor = \lfloor x \rfloor + 1$. ☒ Vrai ☐ Faux
3. Si $x = y = 1,5$ alors $\lfloor x+y \rfloor = 3$ et $\lfloor x \rfloor + \lfloor y \rfloor = 2$. ☐ Vrai ☒ Faux
4. $\lfloor -1,5 \rfloor \neq -1$ car $-2 \leq -1,5 < -1$. ☐ Vrai ☒ Faux

Exercice 2 –

À retenir

Quand on cherche à établir une relation (égalité ou inégalité) faisant intervenir la fonction partie entière d'un réel x, on utilise le plus souvent la définition, en commençant par encadrer x entre deux entiers consécutifs.

Par définition de la partie entière, on a :

$$\forall k \in [\![1, n]\!],\ \lfloor x_k \rfloor \leq x_k < \lfloor x_k \rfloor + 1$$

donc, en sommant ces inégalités :

$$\sum_{k=1}^{n} \lfloor x_k \rfloor \leq \sum_{k=1}^{n} x_k < \sum_{k=1}^{n} \left(\lfloor x_k \rfloor + 1\right)$$

soit encore, en développant la dernière somme, et celle-ci contenant n termes :

$$\sum_{k=1}^{n} \lfloor x_k \rfloor \leq \sum_{k=1}^{n} x_k < \sum_{k=1}^{n} \lfloor x_k \rfloor + n$$

d'où, comme les termes encadrant $\sum_{k=1}^{n} x_k$ sont des entiers :

$$\boxed{\sum_{k=1}^{n} \lfloor x_k \rfloor \leq \left\lfloor \sum_{k=1}^{n} x_k \right\rfloor \leq \sum_{k=1}^{n} \lfloor x_k \rfloor + n - 1}$$

Exercice 3 –

> Penser que, si x et y sont deux réels, $|x - y|$ est la distance entre x et y...

On procède par l'absurde.
Supposons que :

$$\forall (i,j) \in [\![1,n]\!]^2\,,\ i \neq j,\ \left|x_i - x_j\right| > \frac{1}{n}$$

On a alors, en particulier :

$$\forall i \in [\![1,n-1]\!]\,,\ \left|x_{i+1} - x_i\right| > \frac{1}{n}$$

soit encore, comme $x_0 < x_1 < \cdots < x_n$:

$$\forall i \in [\![1,n-1]\!]\,,\ x_{i+1} - x_i > \frac{1}{n}$$

En sommant ces n inégalités, on en déduit, par télescopage :

$$x_n - x_0 > 1$$

ce qui est absurde puisque x_0 et x_n appartiennent à $[0,1]$. Il en découle qu'il existe $(i,j) \in [\![1,n]\!]^2$ tel que $i \neq j$ et $\left|x_i - x_j\right| \leq \dfrac{1}{n}$.

Exercice 4 –

Méthode

Ne pas oublier que, pour prouver une inégalité de la forme $a \leq b$, on peut commencer par s'intéresser au signe de la différence $b - a$. Cette méthode s'avère particulièrement utile lorsqu'il est simple de factoriser $b - a$ ou lorsqu'on peut utiliser des identités remarquables pour faire apparaître une somme de termes positifs.

1. Pour tout $(x,y) \in \mathbb{R}^2$, on a :

$$xy \leq x^2 + y^2 \iff x^2 - xy + y^2 \geq 0$$

Or on peut remarquer que $x \mapsto x^2 - xy + y^2$ est une fonction polynôme de degré 2 (y étant fixé), dont on peut étudier le signe grâce aux racines. Son discriminant est $\Delta = -3y^2$, qui est négatif ou nul, donc cette fonction polynôme est de signe constant sur $\mathbb{R}$; comme son coefficient dominant est strictement positif, on a donc :

$$\forall (x,y) \in \mathbb{R}^2,\ x^2 - xy + y^2 \geq 0$$

ce qui nous permet de conclure :

$$\boxed{\forall (x,y) \in \mathbb{R}^2,\ xy \leq x^2 + y^2}$$

2. Soit $(x, y, z) \in \mathbb{R}^3$. On a :

$$\begin{aligned} 4x^2 + 4y^2 + 2z^2 - (x+y+z)^2 &= 4x^2 + 4y^2 + 2z^2 - \left(x^2 + y^2 + z^2 + 2xy + 2xz + 2yz\right) \\ &= 3x^2 + 3y^2 + z^2 - 2xy - 2xz - 2yz \end{aligned}$$

> Les termes carrés ne posent pas de problème (ils sont positifs). On va donc les utiliser pour « neutraliser » les doubles produits. On commence par les termes contenant z, car le coefficient de z^2 est le plus petit.

On a alors :

$$4x^2 + 4y^2 + 2z^2 - (x+y+z)^2 = 3x^2 + 3y^2 - 2xy + \frac{z^2}{2} - 2xz + \frac{z^2}{2} - 2yz$$

soit encore :

$$\begin{aligned} 4x^2 + 4y^2 + 2z^2 - (x+y+z)^2 = 3x^2 + 3y^2 - 2xy + \frac{z^2}{2} - 2 \times x\sqrt{2} \times \frac{z}{\sqrt{2}} \\ + \frac{z^2}{2} - 2 \times y\sqrt{2} \times \frac{z}{\sqrt{2}} \end{aligned}$$

donc :

$$\begin{aligned} 4x^2 + 4y^2 + 2z^2 - (x+y+z)^2 &= \left(\frac{z}{\sqrt{2}} - x\sqrt{2}\right)^2 + \left(\frac{z}{\sqrt{2}} - y\sqrt{2}\right)^2 + x^2 + y^2 - 2xy \\ &= \left(\frac{z}{\sqrt{2}} - x\sqrt{2}\right)^2 + \left(\frac{z}{\sqrt{2}} - y\sqrt{2}\right)^2 + (x-y)^2 \\ &\geq 0 \end{aligned}$$

ce qui nous permet de conclure :

$$\forall (x, y, z) \in \mathbb{R}^3, \ (x+y+z)^2 \leq 4x^2 + 4y^2 + 2z^2$$

Exercice 5 –

1. L'équation $-2x^2 + 7x - 5 = 0$ est une équation du second degré admettant pour discriminant $\Delta = 9$, donc elle admet exactement deux solutions réelles, qui sont 1 et $\frac{5}{2}$. Le coefficient dominant du trinôme $-2x^2 + 7x - 5$ est strictement négatif, donc on peut conclure :

$$-2x^2 + 7x - 5 \geq 0 \iff x \in \left[1, \frac{5}{2}\right]$$

Cours

Soit a, b, c des réels tels que $a \neq 0$ et P la fonction polynôme définie par :

$$\forall x \in \mathbb{R},\ P(x) = ax^2 + bx + c$$

- Si $b^2 - 4ac > 0$, l'équation $P(x) = 0$ admet deux solutions distinctes r_1 et r_2 (avec $r_1 < r_2$) et dans ce cas $P(x)$ est du signe de a sur $]-\infty, r_1[$ et $]r_2, +\infty[$, et du signe de $-a$ sur $]r_1, r_2[$.
- Si $b^2 - 4ac \leq 0$, alors $P(x)$ est du signe de a pour tout $x \in \mathbb{R}$.

2. On procède par disjonction de cas, en s'intéressant au signe de $x - 3$ et de $x + 4$.

> Pour simplifier la résolution d'une équation ou d'une inéquation faisant intervenir la valeur absolue d'une quantité $f(x)$, il est souvent intéressant de distinguer les cas selon le signe de $f(x)$ pour se ramener à des relations plus simples.

◇ Si x appartient à $[3, +\infty[$, alors $x - 3$ et $x + 4$ sont positifs ou nuls et :

$$\begin{aligned} |x-3| + |x+4| \leq 10 &\iff (x-3) + (x+4) \leq 10 \\ &\iff 2x + 1 \leq 10 \\ &\iff x \leq \frac{9}{2} \end{aligned}$$

ce qui est vrai si et seulement si $x \in \left[3, \frac{9}{2}\right]$ dans ce cas.

◇ Si x appartient à $[-4, 3[$, alors $x - 3$ est négatif ou nul et $x + 4$ est positif ou nul, donc :

$$\begin{aligned} |x-3| + |x+4| \leq 10 &\iff (3-x) + (x+4) \leq 10 \\ &\iff 7 \leq 10 \end{aligned}$$

ce qui est toujours vrai.

◇ Si x appartient à $]-\infty, -4[$, alors $x - 3$ et $x + 4$ sont négatifs ou nuls et :

$$\begin{aligned} |x-3| + |x+4| \leq 10 &\iff -(x-3) - (x+4) \leq 10 \\ &\iff -2x - 1 \leq 10 \\ &\iff x \geq -\frac{11}{2} \end{aligned}$$

ce qui est vrai si et seulement si $x \in \left[-\frac{11}{2}, -4\right]$ dans ce cas.

On peut finalement conclure :

$$|x-3| + |x+4| \leq 10 \iff x \in \left[-\frac{11}{2}, \frac{9}{2}\right]$$

3. Soit $x \in \mathbb{R}$. $\sqrt{x-1}$ est défini si et seulement si x est un réel supérieur ou égal à 1 et, dans ce cas, $\sqrt{x-1}$ est un réel positif. Les réels appartenant à $[1, 4[$ sont donc tous solutions de l'équation $\sqrt{x-1} \geq x - 4$ (car $x - 4$ est négatif dans ce cas).

À retenir

Quand on cherche à résoudre une inéquation faisant intervenir une racine carrée, il est souvent intéressant d'élever au carré pour simplifier. Ne pas oublier cependant que cela n'est possible que si les deux termes de l'inégalité sont positifs.

De plus, pour tout réel x supérieur ou égal à 4, on a alors, les termes étant tous positifs ou nuls :

$$\begin{aligned}\sqrt{x-1} \geq x-4 &\iff x-1 \geq (x-4)^2 \\ &\iff x-1 \geq x^2-8x+16 \\ &\iff x^2-9x+17 \leq 0\end{aligned}$$

Le trinôme du second degré $X^2 - 9X + 17$ admet pour discriminant $\Delta = 13$, donc il admet deux racines réelles exactement, qui sont :

$$x_1 = \frac{9-\sqrt{13}}{2} \quad \text{et} \quad x_2 = \frac{9+\sqrt{13}}{2}$$

Comme le coefficient dominant de $X^2 - 9X + 17$ est strictement positif, on en déduit le tableau de signe suivant :

x	$-\infty$		x_1		x_2		$+\infty$
$x^2 - 9x + 17$		+	0	−	0	+	

Par ailleurs, on peut remarquer que $\sqrt{13}$ est strictement supérieur à 1 (faut-il vraiment dire pourquoi ?) donc que x_1 est strictement inférieur à 4, tandis que x_2 est strictement supérieur à 4, ce qui nous permet de conclure :

$$\boxed{\sqrt{x-1} \geq x-4 \iff x \in \left[1, \frac{9+\sqrt{13}}{2}\right[}$$

Exercice 6 –

Méthode

Quand on veut démontrer une inégalité du type « $\forall x \in I,\ f(x) \leq g(x)$ » où f et g sont deux fonctions définies sur un intervalle I de $\mathbb{R}$, on peut étudier les variations de la fonction $g - f$ sur I.

Attention à la précipitation cependant : il est toujours préférable de commencer par simplifier le plus possible l'inégalité à démontrer *avant* d'étudier une fonction, car l'étude en sera d'autant plus rapide.

1. La fonction $g : x \mapsto e^x - 1 - x$ est dérivable sur $\mathbb{R}$ comme somme de fonctions qui le sont et :

Ne pas oublier de justifier que la fonction f est dérivable avant de calculer f'.

$$\forall x \in \mathbb{R},\ g'(x) = e^x - 1$$

On en déduit le tableau de variations suivant (les limites étant précisées pour le plaisir, puisqu'elles ne sont pas utiles ici) :

x	$-\infty$		0		$+\infty$
$g'(x)$		$-$	0	$+$	
g	$+\infty$	$\searrow$	0	$\nearrow$	$+\infty$

donc : $\forall x \in \mathbb{R},\ e^x \geq 1 + x$

2. • La fonction $\varphi : x \mapsto \ln(x+1) - \ln(x) - \dfrac{1}{x+1}$ est dérivable sur $\mathbb{R}_+^*$ comme somme de fonctions qui le sont, et on a :

$$\begin{aligned}\forall x \in \mathbb{R}_+^*,\ \varphi'(x) &= \frac{1}{x+1} - \frac{1}{x} + \frac{1}{(x+1)^2} \\ &= \frac{x\,(x+1) - (x+1)^2 + x}{x\,(x+1)^2} \\ &= -\frac{1}{x\,(x+1)^2} \\ &\leq 0\end{aligned}$$

φ est donc décroissante sur $\mathbb{R}_+^*$. De plus, on peut remarquer que :

$$\forall x \in \mathbb{R}_+^*,\ \varphi(x) = \ln\left(\frac{x+1}{x}\right) - \frac{1}{x+1}.$$

Or on a :

$$\lim_{x \to +\infty} \frac{x+1}{x} = 1 \quad \text{et} \quad \lim_{t \to 1} \ln(t) = 0$$

donc :

$$\lim_{x \to +\infty} \ln\left(\frac{x+1}{x}\right) = 0$$

Par ailleurs, on a :

$$\lim_{x \to +\infty} \frac{1}{x+1} = 0$$

et donc :

$$\lim_{x \to +\infty} \varphi(x) = 0$$

ce qui nous permet d'affirmer que :

$$\forall x \in \mathbb{R}_+^*,\ \varphi(x) \geq 0$$

• De même, la fonction $\psi : x \mapsto \dfrac{1}{x} - \ln(x+1) + \ln(x)$ est dérivable sur $\mathbb{R}_+^*$ comme somme de fonctions qui le sont, et on a :

$$\begin{aligned}\forall x \in \mathbb{R}_+^*,\ \psi'(x) &= -\frac{1}{x^2} - \frac{1}{x+1} + \frac{1}{x} \\ &= -\frac{(x+1) + x^2 - x(x+1)}{x^2(x+1)} \\ &= -\frac{1}{x^2(x+1)} \\ &\leq 0\end{aligned}$$

ψ est donc décroissante sur $\mathbb{R}_+^*$. Or, de même que précédemment, on obtient :

$$\lim_{x \to +\infty} \psi(x) = 0$$

ce qui nous permet d'affirmer que :

$$\forall x \in \mathbb{R}_+^*,\ \psi(x) \geq 0$$

On peut finalement conclure :

$$\forall x \in \mathbb{R}_+^*,\ \frac{1}{x+1} \leq \ln(x+1) - \ln(x) \leq \frac{1}{x}$$

3. Comme la fonction inverse est strictement décroissante sur $\mathbb{R}_+^*$, on a, pour tout $x \in \mathbb{R}^+$:

$$\frac{1}{2x+1} \geq \mathrm{e}^{-(x+1)} \iff 2x+1 \leq \mathrm{e}^{x+1} \qquad (4.3)$$

> Penser que la dérivée d'un quotient est souvent plus lourde que le quotient initial ; quitte à étudier une fonction pour démontrer l'inégalité, il est donc préférable de commencer par simplifier pour éviter les fractions

On peut maintenant s'intéresser à la fonction $f : x \mapsto \mathrm{e}^{x+1} - (2x+1)$. f est dérivable sur $\mathbb{R}^+$ comme somme de fonctions qui le sont et on a :

$$\forall x \in \mathbb{R}^+,\ f'(x) = \mathrm{e}^{x+1} - 2$$

De plus on a :

$$\forall x \in \mathbb{R}^+,\ x+1 \geq 1$$

donc, comme la fonction exponentielle est croissante sur $\mathbb{R}$:

$$\forall x \in \mathbb{R}^+,\ \mathrm{e}^{x+1} \geq \mathrm{e} \geq 2$$

On en déduit que f' est positive sur $\mathbb{R}^+$, donc que f est croissante sur cet intervalle. Comme $f(0) = \mathrm{e} - 1$, on en déduit :

$$\forall x \in \mathbb{R}^+,\ f(x) \geq \mathrm{e} - 1 \geq 0$$

Finalement, on obtient, avec (4.3) :

$$\forall x \in \mathbb{R}^+,\ \frac{1}{2x+1} \geq \mathrm{e}^{-(x+1)}$$

Exercice 7 –

Notons tout d'abord que, comme tous les termes de l'inégalité sont positifs et comme la fonction $x \mapsto x^2$ est strictement croissante sur $\mathbb{R}^+$, on a :

$$\frac{2xy}{x+y} \leq \sqrt{xy} \leq \frac{x+y}{2} \leq \sqrt{\frac{x^2+y^2}{2}} \Longleftrightarrow \frac{4x^2y^2}{(x+y)^2} \leq xy \leq \frac{(x+y)^2}{4} \leq \frac{x^2+y^2}{2} \tag{4.4}$$

Méthode

Quand on cherche à démontrer une inégalité, on commence déjà par simplifier le plus possible. Par exemple s'il y a une racine carrée et si tous les termes sont positifs, on peut commencer par comparer les carrés.

Nous allons maintenant démontrer séparément chacune des inégalités.

- On a déjà :

Pour montrer que $a \leq b$, il est en général utile de calculer $b - a$ et de chercher à factoriser le plus possible.

$$\begin{aligned} xy - \frac{4x^2y^2}{(x+y)^2} &= \frac{xy\left(x+y\right)^2 - 4x^2y^2}{(x+y)^2} \\ &= \frac{xy\left[(x+y)^2 - 4xy\right]}{(x+y)^2} \end{aligned}$$

et d'après les identités remarquables

$(a+b)^2 = a^2 + 2ab + b^2$ et $(a-b)^2 = a^2 - 2ab + b^2$

$$\begin{aligned} xy - \frac{4x^2y^2}{(x+y)^2} &= \frac{xy\left[x^2 - 2xy + y^2\right]}{(x+y)^2} \\ &= \frac{xy\left(x-y\right)^2}{(x+y)^2} \end{aligned}$$

d'où, comme x et y sont positifs :

$$xy - \frac{4x^2y^2}{(x+y)^2} \geq 0$$

- De même, on a :

$$\begin{aligned} \frac{(x+y)^2}{4} - xy &= \frac{(x+y)^2 - 4xy}{4} \\ &= \frac{(x-y)^2}{4} \\ &\geq 0 \end{aligned}$$

• On a enfin :

$$\begin{aligned}\frac{x^2+y^2}{2}-\frac{(x+y)^2}{4} &= \frac{2\left(x^2+y^2\right)-(x+y)^2}{4}\\ &= \frac{x^2-2xy+y^2}{4}\\ &= \frac{(x-y)^2}{4}\\ &\geq 0\end{aligned}$$

Finalement, on a donc prouvé que :

$$\frac{4x^2y^2}{(x+y)^2} \leq xy \leq \frac{(x+y)^2}{2} \leq \frac{x^2+y^2}{2}$$

d'où, d'après (4.4) :

$$\frac{2xy}{x+y} \leq \sqrt{xy} \leq \frac{x+y}{2} \leq \sqrt{\frac{x^2+y^2}{2}}$$

À retenir

Bien travailler cet exercice, très classique. On reconnaîtra ici, dans l'ordre croissant, les moyennes harmonique, géométrique, arithmétique et quadratique des réels x et y.

Exercice 8 –

1. Soit $x \in \mathbb{R}$ et $n \in \mathbb{Z}$. Par définition de la partie entière, on a :

$$\lfloor x \rfloor \leq x < \lfloor x \rfloor + 1$$

donc :

$$\lfloor x \rfloor + n \leq x + n < \lfloor x \rfloor + n + 1$$

et donc, de nouveau par définition de la partie entière, comme $\lfloor x \rfloor + n$ et $\lfloor x \rfloor + n + 1$ sont deux entiers consécutifs :

$$\forall x \in \mathbb{R},\ \forall n \in \mathbb{Z},\ \lfloor x+n \rfloor = \lfloor x \rfloor + n$$

2. Soit $(x, y) \in \mathbb{R}^2$. Pour simplifier, on note : $i = \lfloor x \rfloor$ et $j = \lfloor y \rfloor$. On a donc :

$$i \leq x < i+1 \quad \text{et} \quad j \leq y < j+1$$

d'où :

$$2i \leq 2x < 2i+2 \quad \text{et} \quad 2j \leq 2y < 2j+2$$

Ainsi $\lfloor 2x \rfloor$ est égal à $2i$ ou à $2i+1$ et $\lfloor 2y \rfloor$ est égal à $2j$ ou à $2j+1$.

Méthode

Quand on veut comparer des quantités qui ne peuvent prendre qu'un petit nombre de valeurs, il est souvent pertinent de distinguer les cas pour simplifier le raisonnement.

- Si $2i \leq 2x < 2i + 1$ et $2j \leq 2y < 2j + 1$, alors on a :

$$\begin{cases} i + j \leq x + y < i + j + 1 \\ 2i \leq 2x < 2i + 1 \\ 2j \leq 2y < 2j + 1 \end{cases}$$

donc :

$$\lfloor x + y \rfloor = i + j, \quad \lfloor 2x \rfloor = 2i \quad \text{et} \quad \lfloor 2y \rfloor = 2j$$

d'où :

$$\begin{aligned} \lfloor x \rfloor + \lfloor y \rfloor + \lfloor x + y \rfloor &= 2i + 2j \\ &\leq \lfloor 2x \rfloor + \lfloor 2y \rfloor \end{aligned}$$

- Si $2i \leq 2x < 2i + 1$ et $2j + 1 \leq 2y < 2j + 2$, alors :

$$\begin{cases} i + j + \frac{1}{2} \leq x + y < i + j + \frac{3}{2} \\ 2i \leq 2x < 2i + 1 \\ 2j + 1 \leq 2y < 2j + 2 \end{cases}$$

donc :

$$\lfloor x + y \rfloor = i + j + 1, \quad \lfloor 2x \rfloor = 2i \quad \text{et} \quad \lfloor 2y \rfloor = 2j + 1$$

d'où :

$$\begin{aligned} \lfloor x \rfloor + \lfloor y \rfloor + \lfloor x + y \rfloor &= 2i + 2j + 1 \\ &\leq \lfloor 2x \rfloor + \lfloor 2y \rfloor \end{aligned}$$

- Si $2i + 1 \leq 2x < 2i + 2$ et $2j \leq 2y < 2j + 1$, on obtient de même :

$$\begin{aligned} \lfloor x \rfloor + \lfloor y \rfloor + \lfloor x + y \rfloor &= 2i + 2j + 1 \\ &\leq \lfloor 2x \rfloor + \lfloor 2y \rfloor \end{aligned}$$

- Si $2i + 1 \leq 2x < 2i + 2$ et $2j + 1 \leq 2y < 2j + 2$, on a enfin :

$$\begin{cases} i + j + 1 \leq x + y < i + j + 2 \\ 2i + 1 \leq 2x < 2i + 2 \\ 2j + 1 \leq 2y < 2j + 2 \end{cases}$$

donc :

$$\lfloor x + y \rfloor = i + j + 1, \quad \lfloor 2x \rfloor = 2i + 1 \quad \text{et} \quad \lfloor 2y \rfloor = 2j + 1$$

d'où :

$$\begin{aligned} \lfloor x \rfloor + \lfloor y \rfloor + \lfloor x + y \rfloor &= 2i + 2j + 1 \\ &\leq \lfloor 2x \rfloor + \lfloor 2y \rfloor \end{aligned}$$

Dans tous les cas, on peut désormais conclure :

$$\forall (x, y) \in \mathbb{R}^2, \ \lfloor x \rfloor + \lfloor y \rfloor + \lfloor x + y \rfloor \leq \lfloor 2x \rfloor + \lfloor 2y \rfloor$$

Exercice 9 –

1. Vrai.

> Compte tenu de la question, il est raisonnable de penser à appliquer l'inégalité triangulaire avec $x + y$ et $x - y$ pour se faire une opinion.

On sait, d'après l'inégalité triangulaire, que :

$$\begin{aligned} |x + y| + |x - y| &\geq |(x + y) + (x - y)| \\ &\geq 2\,|x| \end{aligned}$$

mais aussi que :

$$\begin{aligned} |x + y| + |x - y| &\geq |(x + y) - (x - y)| \\ &\geq 2\,|y| \end{aligned}$$

On en déduit, en sommant ces inégalités :

$$2\,|x| + 2\,|y| \leq 2\Big[|x + y| + |x - y|\Big]$$

2. Faux. Par exemple si $x = y = -2$, on a : $|x + y| = 4 = |x| + |y|$. En fait l'égalité a lieu lorsque x et y sont de même signe, et uniquement dans ce cas :
   - Si x et y sont tous deux positifs ou nuls, $x + y$ l'est aussi et l'égalité est immédiate.
   - Si x et y sont tous deux négatifs ou nuls, alors $x + y$ aussi et on a :

   $$|x + y| = -x - y = |x| + |y|$$

   - Si $x > 0$ et $y < 0$, alors on a :

   $$-x + y < x + y < x - y$$

   donc :

   $$\begin{aligned} |x + y| &< x - y \\ &< |x| + |y| \end{aligned}$$

Cours

On retiendra que, dans l'inégalité triangulaire, il y a égalité si et seulement si les réels sont tous de même signe.

3. Faux. Par exemple, si $x = y = \frac{3}{2}$, on a : $\lfloor x \rfloor + \lfloor y \rfloor = 2$ et $\lfloor x + y \rfloor = 3$.
4. Faux. Par exemple, si $x = 3$, $\lfloor x \rfloor = 3$ mais il y a 4 entiers dans $[0, 3]$. En revanche, si x est un réel positif non entier, alors $\lfloor x \rfloor$ est bien le nombre d'entiers appartenant à $[0, x]$.
5. Vrai. Pour tout $(x, y) \in \mathbb{R}^2$, on a :

$$\begin{aligned} |xy| \leq \frac{x^2 + y^2}{2} &\iff 2\,|x|\,|y| \leq x^2 + y^2 \\ &\iff x^2 - 2\,|x|\,|y| + y^2 \geq 0 \\ &\iff \big(|x| - |y|\big)^2 \geq 0 \end{aligned}$$

ce qui permet de conclure, cette dernière inégalité étant toujours vraie :

$$\boxed{\forall(x, y) \in \mathbb{R}^2,\ |xy| \leq \frac{x^2 + y^2}{2}}$$

6. Vrai. Il suffit de distinguer les cas. Ainsi, si $x \leq y$, on a : $|x - y| = y - x$ et alors :

$$\begin{aligned}\frac{x + y + |x - y|}{2} &= \frac{x + y + y - x}{2}\\ &= y\\ &= \max(x, y)\end{aligned}$$

On procède de même si $x > y$ et dans les deux cas pour la deuxième égalité.

5 Sommes et produits

Maîtriser le cours

Exercice 1 – Le vrai/faux du début

Soit $n \in \mathbb{N}^*$.

1. $\sum_{k=1}^{n} k = \frac{n(n+1)}{2}$ ☐ Vrai ☐ Faux
2. $1 + 2 + 4 + \cdots + 2^n = 2^n - 1$ ☐ Vrai ☐ Faux

Maîtriser les méthodes fondamentales

Exercice 2 –

Montrer par récurrence que, pour tout $n \in \mathbb{N}^*$:

$$\sum_{k=1}^{n} \frac{1}{k(k+1)} = \frac{n}{n+1}$$

Retrouver ensuite le résultat plus simplement en remarquant que pour tout entier k, $1 = 1 + k - k$.

Exercice 3 –

Montrer que pour tout entier $n \geq 0$:

$$\sum_{k=0}^{n} k! \leq (n+1)!$$

Exercice 4 –

Calculer, pour $n \in \mathbb{N}^*$, la somme $S_n = \sum_{k=1}^{n} \ln\left(1 + \frac{1}{k}\right)$.

Exercice 5 –

Soit $n \in \mathbb{N}^*$. En utilisant la dérivée de $x \mapsto 1 + x + x^2 + \cdots + x^n$, déterminer pour tout réel x la valeur de :

$$\sum_{k=1}^{n} kx^k$$

Exercice 6 –

Pour $n \in \mathbb{N}^*$, écrire le produit suivant à l'aide de factorielles :

$$\frac{1 \times 3 \times \cdots \times (2n-1)}{2 \times 4 \times \cdots \times (2n)}$$

Exercice 7 –

Soit $a \in \mathbb{R}$, $n \in \mathbb{N}$ et P_n le produit défini par :

$$P_n = \prod_{i=0}^{n} \left(1 + a^{2^i}\right)$$

1. Calculer P_n dans le cas où $a = 1$.
2. On suppose dans cette question que $a \neq 1$. Donner une expression simple de $(1-a)P_n$ puis de P_n en fonction de n et de a.

Pour aller plus loin

Exercice 8 –

Calculer les sommes doubles suivantes ($n \geq 1$) :

1. $S_1 = \sum_{1 \leq i,j \leq n} |i - j|$.
2. $S_2 = \sum_{1 \leq i,j \leq n} \min(i, j)$.

On rappelle pour cela la formule suivante :

$$\forall n \geq 1,\ \sum_{k=1}^{n} k^2 = \frac{n(n+1)(2n+1)}{6}$$

Exercice 9 –

Soit $(p, n) \in \mathbb{N}^2$ tel que $p \leq n$. Déterminer la valeur de $\sum_{k=p}^{n} \binom{k}{p}$ en utilisant la formule de Pascal.

Exercice 10 – Le vrai/faux de la fin

Soit $n \geq 1$.

1. $\sum_{k=1}^{n} (4k-2) = \sum_{k=1}^{n} (n+k)$. ☐ Vrai ☐ Faux
2. $\prod_{k=1}^{n} (4k-2) = \prod_{k=1}^{n} (n+k)$. ☐ Vrai ☐ Faux

Solution des exercices

Exercice 1 –

1. $\sum_{k=1}^{n} k = \frac{n(n+1)}{2}$ ☒ Vrai ☐ Faux

2. $1 + 2 + 4 + \cdots + 2^n = 2^n - 1$ ☐ Vrai ☒ Faux

Cours

Soit $n \in \mathbb{N}^*$ et $q \in \mathbb{R}$. Alors :

- $\sum_{k=1}^{n} k = \frac{n(n+1)}{2}$
- $\sum_{k=1}^{n} k^2 = \frac{n(n+1)(2n+1)}{6}$
- $\sum_{k=1}^{n} k^3 = \left(\frac{n(n+1)}{2}\right)^2$ (hors-programme à savoir retrouver)
- $\sum_{k=0}^{n} q^k = 1 + q + q^2 + \cdots + q^n = \begin{cases} \frac{1-q^{n+1}}{1-q} & \text{si } q \neq 1 \\ n+1 & \text{si } q = 1 \end{cases}$

Exercice 2 –

On procède par récurrence.

Initialisation

Pour $n = 1$, on a d'une part :

$$\sum_{k=1}^{1} \frac{1}{k(k+1)} = \frac{1}{1(1+1)} = \frac{1}{2}$$

et $\frac{1}{1+1} = \frac{1}{2}$, on a ainsi l'égalité souhaitée au rang 1.

Hérédité

Soit $n \in \mathbb{N}^*$ tel que :

$$\sum_{k=1}^{n} \frac{1}{k(k+1)} = \frac{n}{n+1}$$

Montrons que :

$$\sum_{k=1}^{n+1} \frac{1}{k(k+1)} = \frac{n+1}{n+2}$$

On sait que :

$$\sum_{k=1}^{n+1} \frac{1}{k(k+1)} = \sum_{k=1}^{n} \frac{1}{k(k+1)} + \frac{1}{(n+1)(n+2)}$$

donc par hypothèse de récurrence :

$$\begin{aligned}\sum_{k=1}^{n+1} \frac{1}{k(k+1)} &= \frac{n}{n+1} + \frac{1}{(n+1)(n+2)} \\ &= \frac{n(n+2)+1}{(n+1)(n+2)} \\ &= \frac{n^n + 2n + 1}{(n+1)(n+2)} \\ &= \frac{(n+1)^2}{(n+1)(n+2)} \\ &= \frac{n+1}{n+2}\end{aligned}$$

ce qui donne l'égalité souhaitée.

Ainsi, la propriété à démontrer est vraie pour $n = 1$ et est héréditaire. Par principe de récurrence, elle est vraie pour tout $n \in \mathbb{N}^*$:

$$\forall n \geq 1, \sum_{k=1}^{n} \frac{1}{k(k+1)} = \frac{n}{n+1}$$

Donnons maintenant une autre preuve en utilisant l'indication. Pour $n \geq 1$, on a :

$$\begin{aligned}\sum_{k=1}^{n} \frac{1}{k(k+1)} &= \sum_{k=1}^{n} \frac{1+k-k}{k(k+1)} \\ &= \sum_{k=1}^{n} \left(\frac{1}{k} - \frac{1}{k+1}\right) \\ &= \frac{1}{1} - \frac{1}{2} + \frac{1}{2} - \frac{1}{3} + \cdots + \frac{1}{n} - \frac{1}{n+1} \\ &= 1 - \frac{1}{n+1}\end{aligned}$$

par télescopage. On obtient donc le résultat souhaité car :

$$1 - \frac{1}{n+1} = \frac{n}{n+1}$$

Méthode

Une somme télescopique est une somme dont le terme général est de la forme :

$$a_{k+1} - a_k \text{ ou } a_k - a_{k+1} \text{ ou encore } a_k - a_{k-1}$$

En écrivant les deux premiers termes de la somme, on repère la quantité qui ne se simplifie pas (dans l'exemple précédent c'est $\frac{1}{1}$) ce qui nous permet de reconnaitre la quantité restant dans le dernier terme de la somme (on a gardé au début le terme positif, on garde donc à la fin le terme négatif, c'est-à-dire $-\frac{1}{n+1}$).

Exercice 3 –

Procédons par récurrence.

Pour $n = 0$, on a :

$$\sum_{k=0}^{0} k! = 0! = 1 \leq 1! = (0+1)!$$

L'inégalité souhaitée est donc vérifiée au rang 0.

Soit $n \geq 0$ tel que :

$$\sum_{k=0}^{n} k! \leq (n+1)!$$

Montrons que :

$$\sum_{k=0}^{n+1} k! \leq (n+2)!$$

On a :

$$\begin{aligned}\sum_{k=0}^{n+1} k! &= \sum_{k=0}^{n} k! + (n+1)! \\ &\leq (n+1)! + (n+1)! \\ &= 2(n+1)!\end{aligned}$$

Or $2 \leq n + 2$ donc par positivité des termes :

$$\sum_{k=0}^{n+1} k! \leq (n+2)(n+1)! = (n+2)!$$

ce qui montre l'inégalité souhaitée au rang $n + 1$.

La propriété est vraie au rang 0 et est héréditaire donc elle est vraie pour tout entier $n \geq 0$.

Cours

Soit $n \in \mathbb{N}^*$. La factorielle de n, notée $n!$, est définie par :

$$n! = \prod_{k=1}^{n} k = 1 \times 2 \times \cdots \times n$$

Par convention, on pose $0! = 1$.

Exercice 4 –

Soit $n \geq 1$. Alors :

$$S_n = \sum_{k=1}^{n} \ln\left(\frac{k+1}{k}\right) = \sum_{k=1}^{n} (\ln(k+1) - \ln(k))$$

On repère ici une somme télescopique. On a :

$$S_n = (\ln(2) - \ln(1)) + (\ln(3) - \ln(2)) + \cdots + (\ln(n+1) - \ln(n))$$

donc par télescopage :

$$S_n = -\ln(1) + \ln(n+1) = \ln(n+1)$$

Exercice 5 –

Soit $n \in \mathbb{N}^*$ et $f_n : \mathbb{R} \to \mathbb{R}$ définie par :

$$\forall x \in \mathbb{R},\ f_n(x) = 1 + x + x^2 + \cdots + x^n = \sum_{k=0}^{n} x^k$$

La fonction f_n est polynomiale donc dérivable sur $\mathbb{R}$ et on a :

$$\forall x \in \mathbb{R},\ f_n'(x) = \sum_{k=1}^{n} kx^{k-1}$$

Remarquons que si x est un réel différent de 1 alors :

Somme des termes d'une suite géométrique

$$f_n(x) = \frac{1 - x^{n+1}}{1 - x}$$

Pour tout réel x différent de 1, on en déduit que :

$$f_n'(x) = \frac{-(n+1)x^n(1-x) - (1-x^{n+1})(-1)}{(1-x)^2} = \frac{nx^{n+1} - (n+1)x^n + 1}{(1-x)^2}$$

En multipliant par x les deux expressions obtenues pour $f_n'(x)$, on en déduit que :

$$\forall x \in \mathbb{R}\backslash\{1\},\ \sum_{k=1}^{n} kx^k = \frac{nx^{n+2} - (n+1)x^{n+1} + x}{(1-x)^2}$$

Si $x = 1$, on remarque pour finir que :

$$\sum_{k=1}^{n} k1^k = \sum_{k=1}^{n} k = \frac{n(n+1)}{2}$$

Exercice 6 –

Soit $n \in \mathbb{N}^*$. Notons P_n ce produit. Alors :

$$P_n = \frac{1 \times 3 \times \cdots \times (2n-1)}{2 \times 4 \times \cdots \times (2n)} \times \frac{2 \times 4 \times \cdots \times (2n)}{2 \times 4 \times \cdots \times (2n)} = \frac{(2n)!}{(2 \times 4 \times \cdots \times (2n))^2}$$

donc :

$$P_n = \frac{(2n)!}{(2^n(1 \times 2 \times \cdots \times n))^2} = \frac{(2n)!}{4^n(n!)^2}$$

On en déduit alors que :

$$P_n = \frac{1}{4^n}\binom{2n}{n}$$

Cours

Soit $n \in \mathbb{N}$ et $p \in \{0, 1, \dots, n\}$. On définit le coefficient binomial $\binom{n}{p}$ par :

$$\binom{n}{p} = \frac{n!}{p!(n-p)!}$$

Ce coefficient est un entier naturel.

Exercice 7 –

1. Si $a = 1$, on a :

$$P_n = \prod_{i=0}^{n} (1 + 1^{2^i}) = \prod_{i=0}^{n} (1 + 1) = \prod_{i=0}^{n} 2 = 2^{n+1}$$

car il y a $n + 1$ facteurs dans le produit.

2. On a :

$$P_n = (1 + a)(1 + a^2)(1 + a^4) \times \cdots \times (1 + a^{2^n})$$

donc :

$$(1 - a)P_n = (1 - a)(1 + a)(1 + a^2)(1 + a^4) \times \cdots \times (1 + a^{2^n})$$

Or $(1 - a)(1 + a) = 1 - a^2$ (identité remarquable). On a alors :

$$(1 - a)P_n = (1 - a^2)(1 + a^2)(1 + a^4) \times \cdots \times (1 + a^{2^n})$$

Or, de nouveau par identité remarquable, on a $(1 - a^2)(1 + a^2) = 1 - a^4$. Nous obtenons donc une nouvelle simplification :

$$(1 - a)P_n = (1 - a^4)(1 + a^4) \times \cdots \times (1 + a^{2^n})$$

On continue ainsi de suite jusqu'à obtenir :

$$(1 - a)P_n = (1 - a^{2^n})(1 + a^{2^n}) = 1 - (a^{2^n})^2 = 1 - a^{2 \times 2^n} = 1 - a^{2^{n+1}}$$

Finalement, comme $a \neq 1$, on a :

$$P_n = \frac{1 - a^{2^{n+1}}}{1 - a}$$

Méthode

Pour plus de rigueur, on peut confirmer l'égalité précédente avec un raisonnement par récurrence.

Exercice 8 –

1. On a :

On découpe la somme double suivant le signe de $i - j$

$$\begin{aligned} S_1 &= \sum_{i=1}^{n}\sum_{j=1}^{n} |i-j| \\ &= \sum_{i=1}^{n}\left(\sum_{j=1}^{i} |i-j| + \sum_{j=i+1}^{n} |i-j|\right) \\ &= \sum_{i=1}^{n}\left(\sum_{j=1}^{i}(i-j) + \sum_{j=i+1}^{n}(j-i)\right) \end{aligned}$$

car si $j \leq i$, $|i-j| = i-j$ et si $j > i$, $|i-j| = j-i$. On remarque alors par changement d'indice que pour $i \in \{1, \ldots, n\}$ fixé, on a :

$$\sum_{j=i+1}^{n}(j-i) = \sum_{j=1}^{n-i} j$$

donc :

$$S_1 = \sum_{i=1}^{n}\left(i\sum_{j=1}^{i} 1 - \sum_{j=1}^{i} j + \sum_{j=1}^{n-i} j\right)$$

On obtient alors :

$$\begin{aligned} S_1 &= \sum_{i=1}^{n}\left(i^2 - \frac{i(i+1)}{2} + \frac{(n-i)(n-i+1)}{2}\right) \\ &= \frac{1}{2}\sum_{i=1}^{n} i^2 - \frac{1}{2}\sum_{i=1}^{n} i + \frac{1}{2}\sum_{i=1}^{n}(n-i)(n-i+1) \end{aligned}$$

Or on a pour $i \in \{1, \ldots, n\}$ fixé :

Cela revient à faire le changement d'indice $i' = n - i$

$$\sum_{i=1}^{n}(n-i)(n-i+1) = (n-1)n + (n-2)(n-1) + \cdots + 1 \times 2 + 0 \times 1 = \sum_{i=0}^{n-1} i(i+1)$$

donc :

$$S_1 = \frac{1}{2}\sum_{i=1}^{n} i^2 - \frac{1}{2}\sum_{i=1}^{n} i + \frac{1}{2}\sum_{i=0}^{n-1} i(i+1)$$

ce qui donne en isolant le dernier terme des deux premières sommes :

$$\begin{aligned} S_1 &= \frac{n^2}{2} - \frac{n}{2} + \sum_{i=0}^{n-1} i^2 \\ &= \frac{n^2}{2} - \frac{n}{2} + \frac{(n-1)n(2n-1)}{6} \\ &= \frac{n(n-1)(n+1)}{3} \end{aligned}$$

après simplifications.

2. On a :

$$\begin{aligned}S_2 &= \sum_{i=1}^{n}\sum_{j=1}^{n}\min(i,j)\\ &= \sum_{i=1}^{n}\left(\sum_{j=1}^{i}\min(i,j) + \sum_{j=i+1}^{n}\min(i,j)\right)\\ &= \sum_{i=1}^{n}\left(\sum_{j=1}^{i} j + \sum_{j=i+1}^{n} i\right)\end{aligned}$$

car si $j \leq i$, $\min(i,j) = j$ et si $j > i$, $\min(i,j) = i$. Ainsi :

$$\begin{aligned}S_2 &= \sum_{i=1}^{n}\left(\frac{i(i+1)}{2} + (n-(i+1)+1)i\right)\\ &= \sum_{i=1}^{n}\left(\frac{i^2}{2} + \frac{i}{2} + (n-i)i\right)\\ &= \sum_{i=1}^{n}\left(-\frac{i^2}{2} + \left(n+\frac{1}{2}\right)i\right)\end{aligned}$$

On utilise alors les valeurs des sommes usuelles :

$$\begin{aligned}S_2 &= -\frac{1}{2}\times\frac{n(n+1)(2n+1)}{6} + \left(n+\frac{1}{2}\right)\times\frac{n(n+1)}{2}\\ &= -\frac{n(n+1)(2n+1)}{12} + \frac{2n+1}{2}\times\frac{n(n+1)}{2}\\ &= \frac{n(n+1)(2n+1)}{6}\end{aligned}$$

Exercice 9 –

Notons S cette somme. On a :

$$S = \binom{p}{p} + \binom{p+1}{p} + \binom{p+2}{p} + \cdots + \binom{n}{p}$$

Or on a :

$$\binom{p}{p} = \binom{p+1}{p+1}$$

donc :

$$\begin{aligned}S &= \binom{p+1}{p+1} + \binom{p+1}{p} + \binom{p+2}{p} + \cdots + \binom{n}{p}\\ &= \binom{p+2}{p+1} + \binom{p+2}{p} + \cdots + \binom{n}{p}\end{aligned}$$

d'après la formule de Pascal. En la réutilisant, on a :

$$S = \binom{p+3}{p+1} + \cdots + \binom{n}{p}$$

De proche en proche, on obtient :

$$S = \binom{n}{p+1} + \binom{n}{p} = \binom{n+1}{p+1}$$

Méthode

On pouvait aussi remarquer que :

$$\forall k \in \{p+1, \dots, n\}, \quad \binom{k}{p} = \binom{k+1}{p+1} - \binom{k}{p+1}$$

et utiliser un télescopage.

Cours – Formule de Pascal.

Soit $n \in \mathbb{N}^*$ et $p \in \{0, 1, \dots, n-1\}$. Alors :

$$\binom{n}{p} + \binom{n}{p+1} = \binom{n+1}{p+1}$$

ou encore :

$$\binom{n}{p} = \binom{n+1}{p+1} - \binom{n}{p+1}$$

Exercice 10 –

1. Faux. L'égalité est clairement fausse pour $n = 2$.
2. Vrai. On a :

$$\prod_{k=1}^{n} (4k-2) = \prod_{k=1}^{n} 2(2k-1) = 2^n \prod_{k=1}^{n} (2k-1)$$

Or on a montré dans l'exercice 8 que :

$$\prod_{k=1}^{n} (2k-1) = \frac{(2n)!}{2^n n!}$$

On en déduit alors que :

$$\prod_{k=1}^{n} (4k-2) = \frac{(2n)!}{n!}$$

De plus, on a :

$$\prod_{k=1}^{n} (n+k) = (n+1) \times (n+2) \times \cdots \times (2n)$$

et cette expression permet d'obtenir l'égalité souhaitée.

6 Théorie des graphes

Maîtriser le cours

Exercice 1 – Le vrai/faux du début

On considère le graphe Γ ci-dessous.

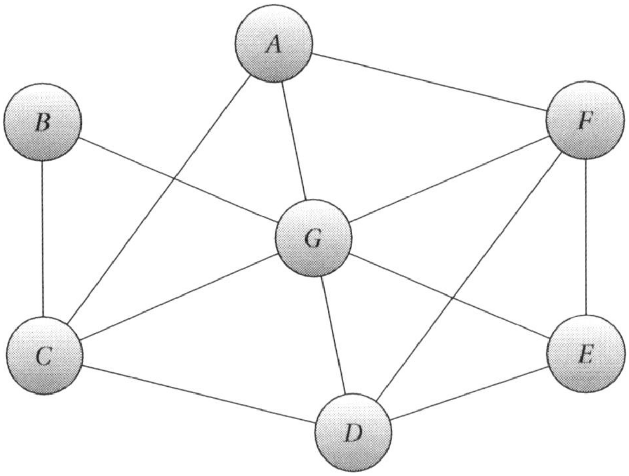

1. Le graphe Γ est d'ordre 7.	☐ Vrai	☐ Faux
2. Le graphe Γ est simple.	☐ Vrai	☐ Faux
3. Le graphe Γ est connexe.	☐ Vrai	☐ Faux
4. Les sommets B et E sont adjacents.	☐ Vrai	☐ Faux
5. Le sommet G est de degré 6.	☐ Vrai	☐ Faux
6. La chaîne A-G-C-B-G-E-F-A est de longueur 8.	☐ Vrai	☐ Faux
7. La chaîne A-G-C-B-G-E-F-A est un cycle.	☐ Vrai	☐ Faux
8. La chaîne G-C-B-G-D-C-G est un cycle.	☐ Vrai	☐ Faux

Exercice 2 –

On considère le graphe Γ de l'exercice 1.

1. Justifier la connexité de Γ.
2. Donner un sous-graphe stable de Γ d'ordre 3.
3. Compléter le tableau :

Sommet	G	C	D	F	A	E	B
Degré							

4. En déduire par un calcul le nombre total d'arêtes de Γ.
5. Est-il possible de parcourir toutes les arêtes du graphe Γ sans passer plus d'une fois par la même arête ? Si oui, donner un parcours possible.
6. Donner une chaîne de longueur 5 reliant A et B.
7. Donner la matrice d'adjacence M du graphe Γ.

Exercice 3 –

On considère le graphe orienté Γ ci-dessous.

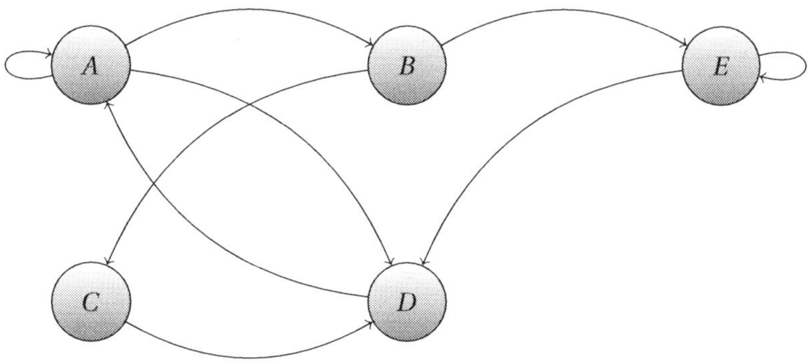

1. Donner tous les chemins de longueur 4 allant de A vers E.
2. Donner la matrice d'adjacence M du graphe Γ.
3. On donne $M^2 = \begin{pmatrix} 2 & 1 & 1 & 1 & 1 \\ 0 & 0 & 0 & 2 & 1 \\ 1 & 0 & 0 & 0 & 0 \\ 1 & 1 & 0 & 1 & 0 \\ 1 & 0 & 0 & 1 & 1 \end{pmatrix}$

   À l'aide d'un seul calcul, retrouver le nombre de chemins de longueur 4 allant de A vers E.
4. On considère le graphe Γ' qui possède les mêmes sommets que Γ.

   Soit $M' = \begin{pmatrix} 0 & 1 & 0 & 0 & 0 \\ 0 & 1 & 1 & 1 & 1 \\ 1 & 0 & 1 & 1 & 0 \\ 0 & 0 & 0 & 1 & 1 \\ 0 & 1 & 0 & 0 & 0 \end{pmatrix}$ la matrice d'adjacence de Γ'.

   En laissant les sommets de Γ dans leur position initiale, tracer toutes les arêtes de Γ'.

Maîtriser les méthodes fondamentales

Exercice 4 –

Une compagnie aérienne dessert huit aéroports nommés A, B, C, D, E, F, G et H.
Le trafic aérien de cette compagnie est schématisé par le graphe Γ dans lequel :

- les sommets représentent les aéroports,
- les arêtes représentent les liaisons assurées dans les deux sens par la compagnie

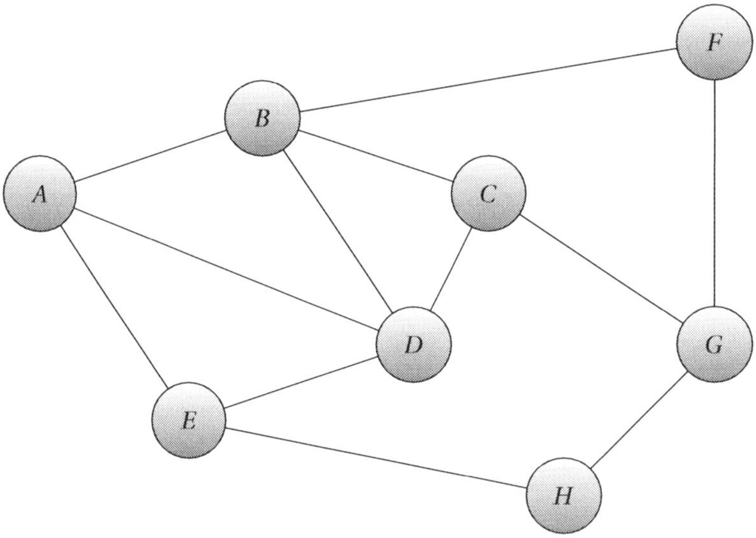

1. Déterminer, en justifiant, si le graphe Γ est connexe.
2. Déterminer, en justifiant, si le graphe Γ admet une chaîne eulérienne.
3. Donner la matrice d'adjacence M du graphe Γ en respectant l'ordre alphabétique des sommets du graphe.
4. On donne les matrice M^2 et M^3 :

$$M^2 = \begin{pmatrix} 3 & 1 & 2 & 2 & 1 & 1 & 0 & 1 \\ 1 & 4 & 1 & 2 & 2 & 0 & 2 & 0 \\ 2 & 1 & 3 & 1 & 1 & 2 & 0 & 1 \\ 2 & 2 & 1 & 4 & 1 & 1 & 1 & 1 \\ 1 & 2 & 1 & 1 & 3 & 0 & 1 & 0 \\ 1 & 0 & 2 & 1 & 0 & 2 & 0 & 1 \\ 0 & 2 & 0 & 1 & 1 & 0 & 3 & 0 \\ 1 & 0 & 1 & 1 & 0 & 1 & 0 & 2 \end{pmatrix} \qquad M^3 = \begin{pmatrix} 4 & 8 & 3 & 7 & 6 & 1 & 4 & 1 \\ 8 & 4 & 8 & 8 & 3 & 6 & 1 & 4 \\ 3 & 8 & 2 & 7 & 4 & 1 & 6 & 1 \\ 7 & 8 & 7 & 6 & 7 & 3 & 3 & 2 \\ 6 & 3 & 4 & 7 & 2 & 3 & 1 & 4 \\ 1 & 6 & 1 & 3 & 3 & 0 & 5 & 0 \\ 4 & 1 & 6 & 3 & 1 & 5 & 0 & 4 \\ 1 & 4 & 1 & 2 & 4 & 0 & 4 & 0 \end{pmatrix}$$

Un voyageur souhaite aller de l'aéroport B à l'aéroport H.

a) Déterminer, en justifiant, le nombre minimal de vols qu'il doit prendre.

b) Donner tous les trajets possibles empruntant trois vols successifs.

5. Les arêtes sont maintenant pondérées par le coût de chaque vol, exprimé en euros.
Un voyageur partant de l'aéroport A doit se rendre à l'aéroport G.
En utilisant l'algorithme de Dijkstra, déterminer le trajet le moins cher.

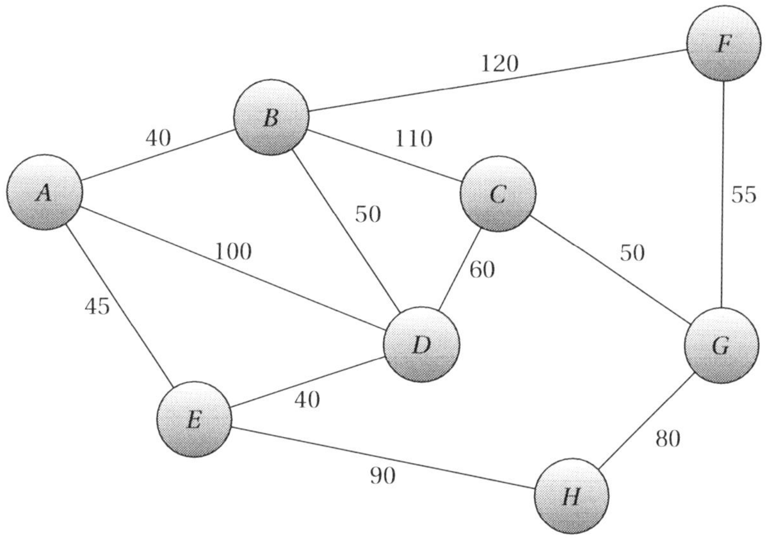

Pour aller plus loin

Exercice 5 –

Cours – Coloration d'un graphe.

Colorer un graphe consiste à attribuer une couleur à chaque sommet de ce graphe de sorte que deux sommets adjacents n'aient pas la même couleur.
Le nombre chromatique χ d'un graphe est le nombre minimal de couleurs pour colorer ce graphe.

Johanne est éducatrice canin : elle donne des leçons d'éducation le samedi après-midi.
Neuf chiots sont présents : Allegro, Bob, Chouchou, Delco, Euclide, Falbala, Galipette, Hasco et Indigo.
Johanne souhaite réaliser des exercices d'apprentissage par petits groupes de deux ou trois chiens.

- Falbala ne pense qu'à jouer si elle est trop proche de Bob, Chouchou ou Euclide.
- De même, Delco est très inattentif si Bob ou Falbala sont à proximité !
- Indigo ne supporte pas le caractère trop fougueux de Galipette.
- Enfin le turbulent Allegro ne supporte la présence d'aucun autre chiot, sauf Euclide et Hasco.

1. Représenter cette situation à l'aide d'un graphe Γ dont les sommets sont les initiales des noms des chiots et relier entre eux les chiots que l'on ne peut pas mettre ensemble pour ce travail de groupe.
2. Le graphe Γ est-il connexe ? Expliquer.

3.

Cours – Sous-graphe.

- Un sous-graphe d'un graphe Γ est un graphe composé d'un sous-ensemble des sommets de Γ et de toutes les arêtes qui les relient.
- Un sous-graphe est stable s'il ne comporte aucune arête.
- Un sous-graphe Γ' est complet s'il est simple et si tous les sommets de Γ' sont adjacents deux à deux.

Déterminer un sous-graphe complet d'ordre maximal du graphe Γ.
Que peut-on en déduire pour le nombre chromatique du graphe Γ ?

4. Compléter le tableau ci-dessous où les sommets sont rangés par ordre de degrés décroissants et proposer une coloration à l'aide de l'algorithme de Welsh-Powell décrit ci-dessous.

Sommet	A	F	B	D	C	G	I	E	H
Degré									
Couleur									

Méthode

Les sommets sont rangés par ordre de degrés décroissants.

- Attribuer au premier sommet une couleur (par exemple bleu).
- En suivant l'ordre des sommets, attribuer la même couleur au premier sommet non adjacent au sommet bleu.
- Poursuivre la liste jusqu'au dernier sommet et attribuer la couleur bleue au premier sommet non adjacent à tous les sommets bleus.
- Attribuer une autre couleur (par exemple rouge) au premier sommet non coloré de la liste.
- Répéter jusqu'à avoir coloré tous les sommets.

5. Donner la valeur du nombre chromatique du graphe Γ.

6. Peut-on proposer une répartition des chiots en groupes de un à trois chiots pouvant travailler ensemble ?

Exercice 6 – Le vrai/faux de la fin

1. Soit $p \in \mathbb{N}^*$ et Γ un graphe non orienté simple d'ordre $2p$. On suppose que le degré de chaque sommet de Γ est au moins égal à p. Γ n'est pas forcément connexe. ☐ Vrai ☐ Faux
2. Dans un graphe, le nombre de sommets impairs est un entier pair. ☐ Vrai ☐ Faux
3. Un hectogone est un polygone à 100 côtés. Avec toutes ses diagonales, l'hectogone forme un graphe possédant exactement 4850 arêtes. ☐ Vrai ☐ Faux

Solution des exercices

Exercice 1 –

1. Le graphe Γ est d'ordre 7.	☒ Vrai	☐ Faux
2. Le graphe Γ est bien simple.	☒ Vrai	☐ Faux
3. Le graphe Γ est bien connexe.	☒ Vrai	☐ Faux
4. Aucune arête ne relie B à E, les sommets B et E ne sont pas adjacents.	☐ Vrai	☒ Faux
5. Le sommet G est de degré 6.	☒ Vrai	☐ Faux
6. La chaîne A-G-C-B-G-E-F-A est de longueur 7.	☐ Vrai	☒ Faux
7. La chaîne A-G-C-B-G-E-F-A est un cycle.	☒ Vrai	☐ Faux
8. L'arête C-G est parcourue deux fois, la chaîne G-C-B-G-D-C-G n'est pas un cycle.	☐ Vrai	☒ Faux

Cours – Graphes.

- Un graphe est un ensemble de sommets et d'arêtes reliant ces sommets.
- Le nombre de sommets d'un graphe est l'ordre de ce graphe.
- Un graphe est dit simple si deux sommets distincts sont joints par au plus une arête et s'il est sans boucle.

Cours – Sommets et arêtes.

- Deux sommets reliés par une arête sont adjacents, on dit qu'ils sont incidents avec l'arête qui les relie.
- Une arête dont les deux extrémités sont confondues est une boucle.
- Le degré d'un sommet est le nombre d'arêtes dont il est l'extrémité, les boucles sont donc comptées deux fois.

Cours – Chaînes.

- Une chaîne est une liste ordonnée et finie de sommets, chaque sommet de cette liste étant adjacent au sommet suivant.
- La longueur d'une chaîne est égale au nombre d'arêtes qui la composent.
- Une chaîne est simple si toutes les arêtes qui la composent sont distinctes.
- Une chaîne est fermée si le premier et le dernier sommets de la chaîne sont égaux.
- Un cycle est une chaîne simple et fermée.
- Un graphe est connexe si deux sommets quelconques de ce graphe peuvent être reliés par au moins une chaîne.

Exercice 2 –

1. La chaîne A-F-E-D-C-G-B passe par tous les sommets de Γ, le graphe Γ est donc connexe.

Méthode

Pour justifier la connexité d'un graphe Γ, il suffit de trouver une chaîne passant par tous les sommets de Γ.

2. $\{A, B, D\}$ est un sous-graphe stable de Γ d'ordre 3.
3. Le tableau des degrés est :

Sommet	G	C	D	F	A	E	B
Degré	6	4	4	4	3	3	2

4. Le nombre d'arêtes de Γ est $N = \dfrac{6+4+4+4+3+3+2}{2} = 13$.

Cours – Lemme des poignées de mains.

Dans un graphe, la somme des degrés des sommets est égale au double du nombre d'arêtes.

5. La question doit être traduite ainsi : le graphe Γ admet-il une chaîne ou un cycle eulérien ?

Cours – Chaîne et cycle eulérien.

Soit Γ un graphe connexe non orienté.

- Une chaîne eulérienne est une chaîne simple composée de toutes les arêtes du graphe.
- Un cycle eulérien est un cycle composé de toutes les arêtes du graphe.
- Si Γ admet un cycle eulérien alors Γ est un graphe eulérien.
- Si Γ n'admet pas de cycle eulérien mais admet une chaîne eulérienne alors Γ est un graphe semi-eulérien.

Cours – Théorème d'Euler.

Soit Γ un graphe connexe non orienté.

- Γ admet un cycle eulérien si et seulement si tous les sommets de Γ sont de degré pair.
- Γ admet une chaîne eulérienne non fermée si et seulement si le nombre de sommets de Γ de degré impair est égal à 2. Les deux sommets de degré impair sont les extrémités de la chaînes eulérienne.

Le graphe Γ est connexe et possède exactement deux sommets de degré impair : A et E tous deux de degré 3. Il existe donc une chaîne eulérienne d'extrémités A et E.
Il est possible de parcourir toutes les arêtes du graphe Γ sans passer plus d'une fois par la même arête.
Une chaîne eulérienne du graphe Γ est : A-G-C-A-F-G-B-C-D-G-E-F-D-E.

Méthode

Si le tâtonnement s'avère assez efficace pour des graphes d'ordre peu élevé, l'algorithme suivant permet de trouver une chaîne (resp. un cycle) eulérien lorsque le graphe Γ est plus complexe :

- Choisir une chaîne simple (resp. un cycle) reliant les deux sommets de degré impair de Γ.
- Tant que la chaîne simple (resp. le cycle) ne contient pas toutes les arêtes de Γ :
  - ◇ Choisir un sommet A_i de Γ ne faisant pas partie de la chaîne (resp. du cycle) et étant adjacent à un sommet A_j de la chaîne (resp. du cycle).
  - ◇ Insérer dans la chaîne (resp. le cycle) un cycle d'extrémités A_j.

6. A-F-E-D-C-B est une chaîne de longueur 5 reliant A et B.

7. La matrice d'adjacence du graphe Γ est $M = \begin{pmatrix} 0 & 0 & 1 & 0 & 0 & 1 & 1 \\ 0 & 0 & 1 & 0 & 0 & 0 & 1 \\ 1 & 1 & 0 & 1 & 0 & 0 & 1 \\ 0 & 0 & 1 & 0 & 1 & 1 & 1 \\ 0 & 0 & 0 & 1 & 0 & 1 & 1 \\ 1 & 0 & 0 & 1 & 1 & 0 & 1 \\ 1 & 1 & 1 & 1 & 1 & 1 & 0 \end{pmatrix}$

Cours – Matrice d'adjacence d'un graphe non orienté.

Soit un entier $p \geq 1$ et un graphe $\Gamma = \{A_1, A_2, \ldots, A_p\}$ non orienté d'ordre p.
La matrice d'adjacence du graphe Γ est la matrice carrée d'ordre p,
$M = \left[a_{ij}\right]_{1 \leq i,j \leq p}$ où a_{ij} est le nombre d'arêtes d'extrémités les sommets A_i et A_j.

Exercice 3 –

1. Les chemins de longueur 4 allant de A vers E sont :

- A-A-A-B-E
- A-A-B-E-E
- A-B-E-E-E
- A-D-A-B-E

2. La matrice d'adjacence du graphe Γ est :

$$M = \begin{pmatrix} 1 & 1 & 0 & 1 & 0 \\ 0 & 0 & 1 & 0 & 1 \\ 0 & 0 & 0 & 1 & 0 \\ 1 & 0 & 0 & 0 & 0 \\ 0 & 0 & 0 & 1 & 1 \end{pmatrix}$$

Cours – Matrice d'adjacence d'un graphe orienté.

Dans un graphe orienté, une arête est appelée arc.
Soit un entier $p \geq 1$ et un graphe $\Gamma = \{A_1, A_2, \ldots, A_p\}$ orienté d'ordre p.
La matrice d'adjacence du graphe Γ est la matrice carrée d'ordre p,
$M = \left[a_{ij}\right]_{1 \leq i,j \leq p}$ où a_{ij} est le nombre d'arcs allant du sommet A_i vers le sommet A_j.

3. On sait que $M^2 = \begin{pmatrix} 2 & 1 & 1 & 1 & 1 \\ 0 & 0 & 0 & 2 & 1 \\ 1 & 0 & 0 & 0 & 0 \\ 1 & 1 & 0 & 1 & 0 \\ 1 & 0 & 0 & 1 & 1 \end{pmatrix}$

Le coefficient de la 1ère ligne et 5ème colonne de la matrice M^4 est égal au nombre de chemins de longueur 4 allant de A vers E.
Comme $M^4 = M^2M^2$, on calcule le produit de la 1ère ligne de M^2 et de la 5ème colonne de M^2.

$$\begin{pmatrix} 2 & 1 & 1 & 1 & 1 \end{pmatrix} \times \begin{pmatrix} 1 \\ 1 \\ 0 \\ 0 \\ 1 \end{pmatrix} = 2 \times 1 + 1 \times 1 + 1 \times 0 + 1 \times 0 + +1 \times 1 = 4$$

Il y a 4 chemins de longueur 4 allant de A vers E.

À retenir

Soit Γ un graphe de matrice d'adjacence M et n un entier naturel strictement positif.
Le nombre de chemins de longueur n allant du $i^{\text{ème}}$ sommet de Γ vers le $j^{\text{ème}}$ sommet de Γ est le coefficient de la $i^{\text{ème}}$ ligne et $j^{\text{ème}}$ colonne de la matrice M^n.

4. Le graphe Γ' est :

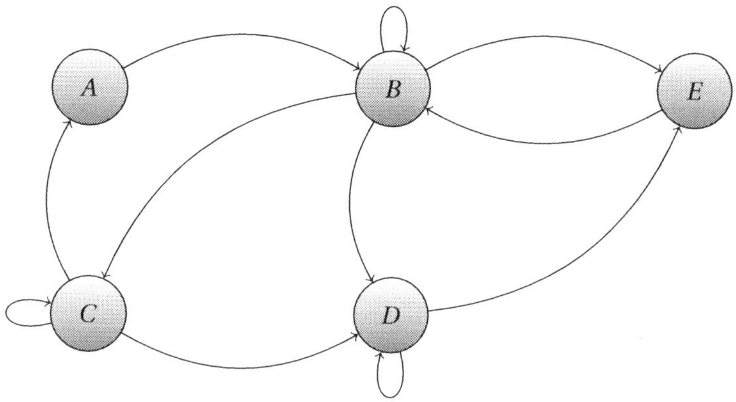

Exercice 4 –

1. La chaîne $A–B–C–D–E–H–G–F$ passe par tous les sommets de Γ, le graphe Γ est donc connexe.

2. La graphe Γ possède 4 sommets de degré impair : A, C, E et G de degré 3.
D'après le théorème d'Euler, Γ n'admet pas de chaîne eulérienne.

3. La matrice d'adjacence M du graphe Γ est : $M = \begin{pmatrix} 0 & 1 & 0 & 1 & 1 & 0 & 0 & 0 \\ 1 & 0 & 1 & 1 & 0 & 1 & 0 & 0 \\ 0 & 1 & 0 & 1 & 0 & 0 & 1 & 0 \\ 1 & 1 & 1 & 0 & 1 & 0 & 0 & 0 \\ 1 & 0 & 0 & 1 & 0 & 0 & 0 & 1 \\ 0 & 1 & 0 & 0 & 0 & 0 & 1 & 0 \\ 0 & 0 & 1 & 0 & 0 & 1 & 0 & 1 \\ 0 & 0 & 0 & 0 & 1 & 0 & 1 & 0 \end{pmatrix}$

4. **a)** Un voyageur souhaite aller de l'aéroport B à l'aéroport H. On s'intéresse donc au coefficient de la $2^{\text{ème}}$ ligne et $3^{\text{ème}}$ colonne des matrices M^n, $n \in \mathbb{N}^*$.

- Pour $n = 1$: ce coefficient est nul. Il n'y a pas de chemin de longueur 1 entre B et H.
- Pour $n = 2$: ce coefficient est nul. Il n'y a pas de chemin de longueur 2 entre B et H.
- Pour $n = 3$: ce coefficient est égal à 4. Il y a 4 chemins de longueur 3 entre B et H.

Il faudra au minimum 3 vols à ce voyageur pour aller de l'aéroport B à l'aéroport H.

b) Les trajets possibles empruntant trois vols successifs sont :

$$B\text{-}A\text{-}E\text{-}H \quad ; \quad B\text{-}D\text{-}E\text{-}H \quad ; \quad B\text{-}C\text{-}G\text{-}H \quad ; \quad B\text{-}F\text{-}G\text{-}H$$

5. À l'aide de l'algorithme de Dijkstra, déterminons le plus court chemin entre A et G.

Méthode

Initialisation : On écrit dans un tableau tous les sommets du graphe. On attribue le poids 0 au sommet initial (A dans notre exemple) et le poids de l'arête commune à tous les sommets adjacents à A (B, D, E). On attribue un poids ∞ à tous les autres sommets.

Étapes : À chaque étape on procède ainsi :

- On fixe le sommet de poids minimal (B), on peut le mettre en gras pour signifier qu'on ne repassera plus par ce sommet. La colonne de ce sommet est alors neutralisée et on note le sommet dans la dernière colonne.
- On étudie le cas de tous les sommets non fixés. Il y a alors trois possibilités :
  - ◇ Le sommet n'est pas adjacent au sommet fixé. On lui laisse son poids (c'est le cas de E à la deuxième ligne).
  - ◇ Le sommet est adjacent au sommet fixé, on calcule la somme du poids du sommet fixé et du poids de l'arête commune. Cette somme est inférieure au poids précédent. On remplace alors le poids par la somme (c'est le cas de D à la deuxième ligne).
  - ◇ Le sommet est adjacent au sommet fixé, on calcule la somme du poids du sommet fixé et du poids de l'arête commune. Cette somme est supérieure ou égale au poids précédent. On garde le poids précédent (c'est le cas de G à la septième ligne).

Arrêt : On s'arrête lorsque le sommet d'arrivée (G dans notre exemple) est fixé ou quand tous les autres sommets ont été fixés.

A	B	C	D	E	F	G	H	Sommet
0(A)	0+40 40(A)	∞	0+100 100(A)	0+45 45(A)	∞	∞	∞	A
	40(A)	40+110 150(B)	40+50 90(B)	45(A)	40+120 160(B)	∞	∞	B
		150(B)	45+40 85(E)	**45**(A)	160(B)	∞	45+90 135(E)	E
		85+160 145(D)	**85**(E)		160(B)	∞	135(E)	D
		145(D)			160(B)	135+80 215(H)	**135**(E)	H
		145(D)			160(B)	145+50 195(C)		C
					160(B)	>195 195(C)		F
						160+55 **195**(C)		G

Le trajet le moins cher est donc le trajet A-E-D-C-G et coûte 195€

Méthode

Pour trouver le plus court chemin, il suffit de partir de la fin :

- La dernière valeur de la colonne G est 195(C). On vient donc de C.
- La dernière valeur de la colonne C est 145(D). On vient donc de D.
- La dernière valeur de la colonne D est 85(E). On vient donc de E.
- La dernière valeur de la colonne E est 45(A). On vient donc de A.

Exercice 5 –

1. Le graphe Γ est :

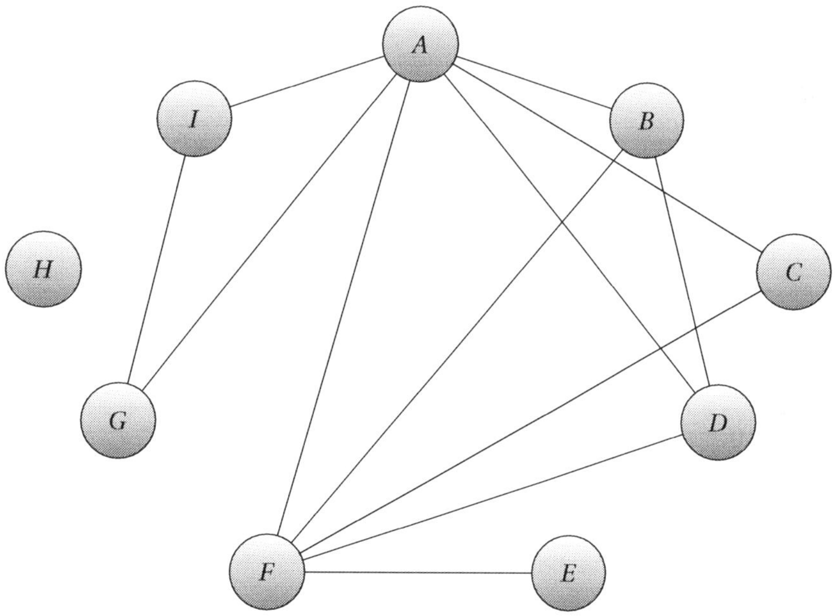

2. Le sommet H est isolé, le graphe Γ n'est donc pas connexe.
3. Le sous-graphe $\{A, B, D, F\}$ est complet d'ordre 4. Il faut donc au minimum 4 couleurs différentes pour colorer le sous-graphe $\{A, B, D, F\}$. On a donc besoin d'au moins 4 couleurs différentes pour colorer Γ : $\chi \geq 4$.
4. On propose une coloration à l'aide de l'algorithme de Welsh-Powell :

Sommet	A	F	B	D	C	G	I	E	H
Degré	6	5	3	3	2	2	2	1	0
Couleur	bleu	rouge	vert	jaune	vert	rouge	vert	bleu	bleu

5. Il faut au minimum 4 couleurs différentes pour colorer Γ et on a trouvé une coloration en 4 couleurs donc $\chi = 4$.

6. Les chiots d'une même couleur peuvent s'entraîner ensemble.

- Le groupe bleu : Allegro, Euclide et Hasco.
- Le groupe rouge : Falbala et Galipette.
- Le groupe vert : Bob, Chouchou et Indigo.
- Le groupe jaune : Delco.

On aurait pu colorer différemment et regrouper : $\{A, E\}$, $\{F, G\}$, $\{B, C, I\}$ et $\{D, H\}$

Exercice 6 –

1. Faux. Prouvons par l'absurde que le graphe Γ est connexe.
   On suppose qu'il n'existe aucune chaîne reliant un sommet A de Γ à un autre sommet B de Γ.
   A possède au moins p sommets adjacents, de même pour B.
   Cependant, les sommets adjacents de A ne peuvent être adjacents aux sommets adjacents de B, sinon il y aurait une chaîne de longueur 2 reliant A et B.
   Le graphe Γ possède donc au minimum $1 + p + 1 + p = 2p + 2$ sommets distincts (A et ses sommets adjacents, B et ses sommets adjacents).
   Ceci contredit le fait que le graphe Γ est de degré $2p$. Γ est donc toujours connexe.
2. Vrai. On note p la somme des degrés pairs et i la somme des degrés impairs.
   $N = p + i$ est la somme des degrés des sommets du graphe.
   N est égale au double du nombre d'arêtes, N est donc un nombre pair.
   Étant une somme d'entiers pairs, p est un nombre pair.
   Par conséquent $i = N - p$ est un nombre pair.
   Comme une somme d'entiers impairs est paire si et seulement si il y a un nombre pair d'entiers, alors il y a un nombre pair de sommets de degré impair.
3. Faux. Chacun des 100 sommets de l'hectogone est adjacent à 99 autres sommets.
   Le graphe possède donc exactement 100 sommets tous de degré 99, la somme des degrés des sommets du graphe est donc : $99 \times 100 = 9900$.
   D'après le lemme des poignées de mains, le nombre d'arêtes est donc $9900/2 = 4950$.

7 Calcul matriciel

Dans la suite, n, p et q sont des entiers naturels non nuls.

Maîtriser le cours

Exercice 1 – Le vrai/faux du début

Soit A et B deux matrices de $\mathscr{M}_n(\mathbb{R})$.

1. ${}^t({}^tA) = A$. ☐ Vrai ☐ Faux
2. ${}^t(AB) = ({}^tA)({}^tB)$. ☐ Vrai ☐ Faux

Exercice 2 –

Soit $A \in \mathscr{M}_2(\mathbb{R})$ la matrice définie par :

$$A = \begin{pmatrix} 1 & 2 \\ 1 & 4 \end{pmatrix}$$

1. Donner le déterminant de A.
2. La matrice A est-elle inversible ? Si oui, donner son inverse.

Exercice 3 –

Soit A une matrice de $\mathscr{M}_n(\mathbb{R})$ telle que :

$$A^2 + 3A - \mathrm{I}_n = 0_n$$

Montrer que A est inversible et donner son inverse.

Maîtriser les méthodes fondamentales

Exercice 4 –

Soit A la matrice définie par :

$$A = \begin{pmatrix} 0 & 1 & 0 \\ 0 & 0 & 1 \\ 1 & 0 & 0 \end{pmatrix}$$

Déterminer l'expression de A^n pour tout $n \in \mathbb{N}$.

Exercice 5 –
Soit $A \in \mathscr{M}_2(\mathbb{R})$ définie par :

$$A = \begin{pmatrix} 1 & 1 \\ 0 & 1 \end{pmatrix}$$

Déterminer A^n pour tout $n \in \mathbb{N}^*$.

Exercice 6 –
Considérons la matrice A suivante :

$$A = \begin{pmatrix} 1 & 1 & 1 \\ 1 & 0 & 0 \\ 1 & 0 & 0 \end{pmatrix}$$

1. Calculer A^2 et A^3. En déduire que $A^3 = A^2 + 2A$.
2. Montrer que A n'est pas inversible.
3. Soit $(a_n)_{n\geq 1}$ et $(b_n)_{n\geq 1}$ les suites définies par $a_1 = 1$, $b_1 = 0$ et :

$$\forall n \geq 1, \left\{ \begin{array}{lcl} a_{n+1} & = & 2b_n \\ b_{n+1} & = & a_n + b_n \end{array} \right.$$

   a) Montrer que pour tout $n \in \mathbb{N}^*$, $A^n = a_n A + b_n A^2$.
   b) Montrer que $(a_n)_{n\geq 1}$ est une suite récurrente linéaire d'ordre deux.
   c) En déduire une expression de a_n en fonction de $n \in \mathbb{N}^*$ puis une expression de b_n en fonction de $n \in \mathbb{N}^*$.
   d) En déduire l'expression de A^n en fonction de A, A^2 et $n \in \mathbb{N}^*$.

Pour aller plus loin

Exercice 7 –
Soit A la matrice carrée d'ordre 3 telle que $A_{i,j} = \frac{i}{j}$.

1. Calculer A^2.
2. La matrice A est-elle inversible ?

Exercice 8 –
Soit A et B deux matrices de $\mathscr{M}_n(\mathbb{R})$ telles que $AB = BA$. Montrer que si A est une matrice inversible alors $A^{-1}B = BA^{-1}$.

Exercice 9 – Le vrai/faux de la fin

1. Il existe $A, B \in \mathscr{M}_2(\mathbb{R})$ telles que $AB = 0_2$ et $BA \neq 0_2$. ☐ Vrai ☐ Faux
2. Le produit de deux matrices symétriques est une matrice symétrique. ☐ Vrai ☐ Faux

Solution des exercices

Exercice 1 –

1. $^t(^tA) = A$. ☒ Vrai ☐ Faux
2. $^t(AB) = (^tA)(^tB)$. ☐ Vrai ☒ Faux

Cours

Soit $A \in \mathcal{M}_{n,p}(\mathbb{R})$. La transposée de A, notée ^tA est la matrice de $\mathcal{M}_{p,n}(\mathbb{R})$ dont les coefficients sont définies par :

$$\forall (i,j) \in [\![1\,;\,p]\!] \times [\![1\,;\,n]\!],\ (^tA)_{i,j} = A_{j,i}$$

Voici deux propriétés importantes liées à la transposée :

— La transposition est linéaire :

$$\forall (A,B) \in \mathcal{M}_{n,p}(\mathbb{R})^2,\ \forall \lambda \in \mathbb{R},\ ^t(\lambda A + B) = \lambda\, ^tA + {}^tB$$

— Si A et B sont deux matrices pour lesquelles AB existe, alors $^t(AB) = (^tB)(^tA)$.

Exercice 2 –

1. Son déterminant vaut $1 \times 4 - 2 \times 1 = 2$.

À retenir

Le déterminant d'une matrice $\begin{pmatrix} a & b \\ c & d \end{pmatrix} \in \mathcal{M}_2(\mathbb{R})$ vaut $ad - bc$.

2. Le déterminant de la matrice A est non nul. On en déduit que A est inversible et :

$$A^{-1} = \frac{1}{2}\begin{pmatrix} 4 & -2 \\ -1 & 1 \end{pmatrix}$$

Cours

Si le déterminant d'une matrice $A = \begin{pmatrix} a & b \\ c & d \end{pmatrix} \in \mathcal{M}_2(\mathbb{R})$ est non nul alors celle-ci est inversible et on a :

$$A^{-1} = \frac{1}{ad - bc}\begin{pmatrix} d & -b \\ -c & a \end{pmatrix}$$

Exercice 3 –

On a $A^2 + 3A = I_n$ ou encore :

Ne pas écrire $A + 3$!

$$A(A + 3I_n) = (A + 3I_n)A = I_n$$

On en déduit que A est inversible et $A^{-1} = A + 3I_n$.

Cours

Soit $A \in \mathcal{M}_n(\mathbb{R})$.

- On dit que la matrice A est inversible s'il existe une matrice B de $\mathcal{M}_n(\mathbb{R})$ telle que :

$$AB = BA = I_n$$

  Dans ce cas, une telle matrice B est unique : on l'appelle l'inverse de A et on la note A^{-1}.

- Si on détermine une matrice B de $\mathcal{M}_n(\mathbb{R})$ telle que $AB = I_n$ *ou* $BA = I_n$ alors une propriété du cours permet de conclure que A est inversible et que son inverse est B.

Exercice 4 –

Par simple calcul, on a :

$$A^2 = \begin{pmatrix} 0 & 0 & 1 \\ 1 & 0 & 0 \\ 0 & 1 & 0 \end{pmatrix} \text{ et } A^3 = \begin{pmatrix} 1 & 0 & 0 \\ 0 & 1 & 0 \\ 0 & 0 & 1 \end{pmatrix} = I_3$$

On remarque donc une cyclicité. On en déduit que pour tout entier $k \geq 0$, $A^{3k} = (A^3)^k = I_3$, $A^{3k+1} = AA^{3k} = A$ et $A^{3k+2} = A^2A^{3k} = A^2$.

Méthode

Il est souvent demandé dans les exercices l'expression explicite de A^n en fonction de $n \in \mathbb{N}$. Il existe (au moins) 4 cas où il est facile de donner une expression explicite des puissances d'une matrice.

— Le cas où la matrice est diagonale.

— Le cas où l'on peut conjecturer une expression puis démontrer celle-ci par récurrence.

— Le cas où il y a une cyclicité (par exemple si $A^3 = A$ ou $A^3 = I$).

Exercice 5 –

Par simple calcul, on a :

$$A^2 = \begin{pmatrix} 1 & 2 \\ 0 & 1 \end{pmatrix} \quad \text{et} \quad A^3 = \begin{pmatrix} 1 & 3 \\ 0 & 1 \end{pmatrix}$$

Montrons par récurrence que pour tout entier naturel $n \geq 1$,

$$A^n = \begin{pmatrix} 1 & n \\ 0 & 1 \end{pmatrix}$$

L'égalité souhaitée est bien vérifiée au rang 1.

Soit $n \geq 1$ tel que :

$$A^n = \begin{pmatrix} 1 & n \\ 0 & 1 \end{pmatrix}$$

On a alors :

$$A^{n+1} = A \times A^n = \begin{pmatrix} 1 & 1 \\ 0 & 1 \end{pmatrix}\begin{pmatrix} 1 & n \\ 0 & 1 \end{pmatrix} = \begin{pmatrix} 1 & 1 \times n + 1 \times 1 \\ 0 & 1 \end{pmatrix} = \begin{pmatrix} 1 & n+1 \\ 0 & 1 \end{pmatrix}$$

ce qui montre que l'égalité est vraie au rang $n + 1$.

La propriété est vraie au rang 1 et est héréditaire. Par principe de récurrence, elle est vraie pour tout entier naturel $n \geq 1$.

Exercice 6 –

1. On a :

$$A^2 = \begin{pmatrix} 3 & 1 & 1 \\ 1 & 1 & 1 \\ 1 & 1 & 1 \end{pmatrix} \text{ et } A^3 = \begin{pmatrix} 5 & 3 & 3 \\ 3 & 1 & 1 \\ 3 & 1 & 1 \end{pmatrix}$$

ce qui implique que $A^3 = A^2 + 2A$.

2. Raisonnons par l'absurde : on suppose que la matrice A est inversible. Il existe alors une matrice carrée d'ordre 3 notée A^{-1} telle que $AA^{-1} = A^{-1}A = I_3$. Or d'après la question précédente, on a $A^3 = A^2 + 2A$. Cela implique que :

$$A^{-1}A^3 = A^{-1}(A^2 + 2A)$$

ou encore :

$$A^2 = A^{-1}A^2 + 2A^{-1}A = A + 2I_3$$

Or

$$A + 2I_3 = \begin{pmatrix} 3 & 1 & 1 \\ 1 & 2 & 0 \\ 1 & 0 & 2 \end{pmatrix}$$

et cette matrice est différente de A^2. On a donc une absurdité. On a démontré par l'absurde que la matrice A n'était pas inversible.

3. **a)** Montrons par récurrence que, pour tout $n \in \mathbb{N}^*$, $A^n = a_nA + b_nA^2$.

Pour $n = 1$, on a d'une part $A^1 = A$ et d'autre par $a_1A + b_1A^2 = A$ car $a_1 = 1$ et $b_1 = 0$. On a donc $A^1 = a_1A + b_1A^2$ et ainsi, l'égalité souhaitée est vraie au rang 1.

Soit $n \in \mathbb{N}^*$ tel que :

$$A^n = a_nA + b_nA^2$$

Montrons que :

$$A^{n+1} = a_{n+1}A + b_{n+1}A^2$$

On a :

$$\begin{aligned} A^{n+1} &= A \times A^n \\ &= A \times (a_nA + b_nA^2) \quad \text{(hypothèse de récurrence)} \\ &= a_nA^2 + b_nA^3 \\ &= a_nA^2 + b_n(A^2 + 2A) \quad \text{(d'après la question 1)} \\ &= (a_n + b_n)A^2 + 2b_nA \end{aligned}$$

Or par définition des suites $(a_n)_{n\in\mathbb{N}^*}$ et $(b_n)_{n\in\mathbb{N}^*}$, on a $a_n + b_n = b_{n+1}$ et $2b_n = a_{n+1}$. On a donc :

$$A^{n+1} = b_{n+1}A^2 + a_{n+1}A$$

et l'égalité est vraie au rang $n + 1$.

L'égalité est vraie pour $n = 1$ et est héréditaire. Par principe de récurrence, elle est vraie pour tout $n \in \mathbb{N}^*$:

$$\forall n \in \mathbb{N}^*,\ A^n = a_nA + b_nA^2$$

b) Soit $n \in \mathbb{N}^*$. On a :

On cherche une relation entre a_{n+2}, a_{n+1} et a_n

$$\begin{aligned} a_{n+2} &= 2b_{n+1} \\ &= 2(a_n + b_n) \\ &= 2a_n + 2b_n \\ &= 2a_n + a_{n+1} \end{aligned}$$

ce qui prouve que $(a_n)_{n\geq 1}$ est une suite récurrente linéaire d'ordre deux.

c) • La suite $(a_n)_{n\geq 1}$ est récurrente linéaire d'ordre 2 : on commence par résoudre l'équation caractéristique : $x^2 - x - 2 = 0$. On calcule le discriminant associé à ce trinôme (qui vaut 9) et on trouve deux racines distinctes qui sont $x_1 = -1$ et $x_2 = 2$. Il existe alors deux réels λ et μ tels que :

$$\forall n \geq 1,\ a_n = \lambda(-1)^n + \mu 2^n$$

Pour déterminer λ et μ on utilise les deux premières valeurs de la suite : $a_1 = 1$ et $a_2 = 2b_1 = 0$. Pour $n = 1$, on a alors :

$$a_1 = \lambda(-1)^1 + \mu 2^1 = -\lambda + 2\mu$$

On a ainsi $-\lambda + 2\mu = 1$. Pour $n = 2$, on a :

$$a_2 = \lambda(-1)^2 + \mu 2^2 = \lambda + 4\mu$$

On a ainsi $\lambda + 4\mu = 0$. En ajoutant membre à membre $-\lambda + 2\mu = 1$ et $\lambda + 4\mu = 0$, on obtient $6\mu = 1$ ou encore $\mu = \frac{1}{6}$ et $\lambda = -4\mu = -\frac{4}{6} = -\frac{2}{3}$ d'après la deuxième équation. Ainsi, pour tout $n \geq 1$:

$$a_n = -\frac{2}{3}(-1)^n + \frac{1}{6}2^n$$

• Déterminons maintenant b_n pour $n \in \mathbb{N}^*$. D'après l'énoncé, on a $a_{n+1} = 2b_n$ ce qui nous donne $b_n = \frac{a_{n+1}}{2}$ donc d'après l'expression de a_{n+1} obtenue :

$$b_n = -\frac{1}{3}(-1)^{n+1} + \frac{1}{6}2^n = \frac{1}{3}(-1)^n + \frac{1}{6}2^n$$

d) On sait que pour tout $n \geq 1$, $A^n = a_nA + b_nA^2$. On connaît de plus les expressions de a_n et b_n en fonction de n d'après la question précédente. Ainsi pour tout $n \geq 1$:

$$A^n = \left(-\frac{2}{3}(-1)^n + \frac{1}{6}2^n\right)A + \left(\frac{1}{3}(-1)^n + \frac{1}{6}2^n\right)A^2$$

Exercice 7 –

1. D'après l'énoncé, on a :

$$A = \begin{pmatrix} \frac{1}{1} & \frac{1}{2} & \frac{1}{3} \\ \frac{2}{1} & \frac{2}{2} & \frac{2}{3} \\ \frac{3}{1} & \frac{3}{2} & \frac{3}{3} \end{pmatrix} = \begin{pmatrix} 1 & \frac{1}{2} & \frac{1}{3} \\ 2 & 1 & \frac{2}{3} \\ 3 & \frac{3}{2} & 1 \end{pmatrix}$$

Par produit matriciel, on en déduit que :

$$A^2 = \begin{pmatrix} 3 & \frac{3}{2} & 1 \\ 6 & 3 & 2 \\ 9 & \frac{9}{2} & 3 \end{pmatrix}$$

Ainsi, $A^2 = 3A$.

2. Supposons par l'absurde que A soit inversible. Alors $A^2 = 3A$ implique (en multipliant par A^{-1}) que $A = 3\mathrm{I}_3$ ce qui est faux. Ainsi, A n'est pas inversible.

Exercice 8 –

On a :

On utilise l'associativité du produit matriciel

$$A^{-1}B = A^{-1}(BA)A^{-1} = A^{-1}(AB)A^{-1} = \mathrm{I}_n BA^{-1} = BA^{-1}$$

ce qui prouve le résultat.

Exercice 9 –

1. Vrai. Il suffit de poser :

$$A = \begin{pmatrix} 0 & 1 \\ 0 & 0 \end{pmatrix} \text{ et } B = \begin{pmatrix} 1 & 0 \\ 0 & 0 \end{pmatrix}$$

2. Faux. Si A et B sont deux matrices symétriques (de même ordre) alors :

$${}^t(AB) = AB \iff ({}^tB)({}^tA) = AB \iff BA = AB$$

La réponse est donc vraie si et seulement si A et B commutent. Elle est fausse dans le cas général. Par exemples les matrices :

$$\begin{pmatrix} 1 & 0 \\ 0 & 2 \end{pmatrix} \quad \text{et} \quad \begin{pmatrix} 0 & 1 \\ 1 & 0 \end{pmatrix}$$

sont symétriques et ne commutent pas.

8 Inversibilité et systèmes linéaires

Maîtriser le cours

Exercice 1 – Le vrai/faux du début

Un système linéaire de deux équations à deux inconnues :

1. peut n'avoir aucune solution.	☐ Vrai	☐ Faux
2. peut avoir une unique solution.	☐ Vrai	☐ Faux
3. peut avoir une infinité de solutions.	☐ Vrai	☐ Faux

Exercice 2 –

Donner l'ensemble des solutions du système suivant :

$$\left\{\begin{array}{rl} x+y+z & = 3 \\ 2y+3z & = 5 \\ 8z & = 8 \end{array}\right.$$

Maîtriser les méthodes fondamentales

Exercice 3 –

Résoudre le système suivant :

$$(S)\left\{\begin{array}{rcl} x+y+z & = & 0 \\ x-y+2z & = & 1 \\ x+y+4z & = & 0 \end{array}\right.$$

Exercice 4 –

Résoudre le système suivant :

$$(S)\left\{\begin{array}{rcl} x+2y+2z & = & 0 \\ 2x-y+3z & = & 3 \\ 3x-9y+4z & = & 2 \end{array}\right.$$

Exercice 5 –

Soit P la matrice définie par :

$$P=\begin{pmatrix} 1 & 2 & 3 \\ 0 & 1 & 2 \\ 0 & 0 & 1 \end{pmatrix}$$

Montrer sans aucun calcul que P est inversible puis déterminer P^{-1}.

Exercice 6 –

Soit P la matrice définie par :

$$P = \begin{pmatrix} 2 & 1 & 1 \\ -1 & 2 & -1 \\ 1 & 1 & 1 \end{pmatrix}$$

Montrer que P est inversible et donner P^{-1}.

Pour aller plus loin

Exercice 7 –

Pour tout $m \in \mathbb{R}$, on considère le système suivant :

$$(S_m) \left\{ \begin{array}{rcl} x + y + mz & = & m \\ mx + y + mz & = & 1 \\ mx + my + z & = & m \end{array} \right.$$

1. Montrer que (S_m) admet une unique solution si et seulement si m est différent de -1 et 1.
2. Résoudre, pour tout $m \in \mathbb{R}$, le système (S_m).

Exercice 8 – Le vrai/faux de la fin

1. Une matrice carrée dont les coefficients diagonaux sont tous nuls n'est pas inversible. ☐ Vrai ☐ Faux
2. Permuter deux lignes d'une matrice carrée ne change pas le caractère inversible de cettre matrice. ☐ Vrai ☐ Faux

Solution des exercices

Exercice 1 –

1. peut n'avoir aucune solution. ☒ Vrai ☐ Faux
2. peut avoir une unique solution. ☒ Vrai ☐ Faux
3. peut avoir une infinité de solutions. ☒ Vrai ☐ Faux

Voici des exemples justifiant les résultats précédents :

- Le système d'équations $x + y = 1$ et $x + y = 0$ n'a aucune solution.
- Le système d'équations $x + y = 1$ et $y = 0$ a une unique solution (qui est $(1, 0)$).
- Le système d'équations $x + y = 0$ et $2x + 2y = 0$ a une infinité de solutions. Les solutions de ce système sont tous les couples $(a, -a)$ où $a \in \mathbb{R}$.

Exercice 2 –

Le système est triangulaire, la dernière ligne permet d'obtenir $z = 1$, puis la deuxième $y = 1$ et enfin $x = 1$.

L'unique solution du système est donc $(1, 1, 1)$.

À retenir

Le système précédent est associé à une matrice triangulaire dont les coefficients diagonaux sont non nuls : celle-ci est donc inversible.
On sait alors que le système admet une unique solution et $(1, 1, 1)$ est clairement solution. On retrouve donc le résultat précédent.

Exercice 3 –

Résolvons le système (S) à l'aide de la méthode du pivot de Gauss :

$$\left\{\begin{array}{rcl} x+y+z & = & 0 \\ x-y+2z & = & 1 \\ x+y+4z & = & 0 \end{array}\right. \Longleftrightarrow \left\{\begin{array}{rcl} x+y+z & = & 0 \\ -2y+z & = & 1 \\ 3z & = & 0 \end{array}\right. \begin{array}{l} \\ L_2 \leftarrow L_2 - L_1 \\ L_3 \leftarrow L_3 - L_1 \end{array}$$

$$\Longleftrightarrow \left\{\begin{array}{rcl} x & = & -y \\ y & = & -\frac{1}{2} \\ z & = & 0 \end{array}\right.$$

$$\Longleftrightarrow \left\{\begin{array}{rcl} x & = & \frac{1}{2} \\ y & = & -\frac{1}{2} \\ z & = & 0 \end{array}\right.$$

Exercice 4 –

Résolvons le système (S) à l'aide de la méthode du pivot de Gauss :

$$\left\{\begin{array}{rcl} x+2y+2z & = & 0 \\ 2x-y+3z & = & 3 \\ 3x-9y+4z & = & 2 \end{array}\right. \Longleftrightarrow \left\{\begin{array}{rcl} x+2y+2z & = & 0 \\ -5y-z & = & 3 \\ -15y-2z & = & 2 \end{array}\right. \begin{array}{l} \\ L_2 \leftarrow L_2 - 2L_1 \\ L_3 \leftarrow L_3 - 3L_1 \end{array}$$

$$\Longleftrightarrow \left\{\begin{array}{rcl} x+2y+2z & = & 0 \\ -5y-z & = & 3 \\ z & = & -7 \end{array}\right. \begin{array}{l} \\ \\ L_3 \leftarrow L_3 - 3L_2 \end{array}$$

$$\Longleftrightarrow \left\{\begin{array}{rcl} x+2y-14 & = & 0 \\ -5y & = & -4 \\ z & = & -7 \end{array}\right.$$

$$\Longleftrightarrow \left\{\begin{array}{rcl} x+\frac{8}{5}-14 & = & 0 \\ y & = & \frac{4}{5} \\ z & = & -7 \end{array}\right.$$

$$\Longleftrightarrow \left\{\begin{array}{rcl} x & = & \frac{62}{5} \\ y & = & \frac{4}{5} \\ z & = & -7 \end{array}\right.$$

Méthode

Soit (S) un système de n équations à p inconnues. Voici la méthode du pivot de Gauss :

— On multiplie éventuellement certaines lignes par un coefficient non nul ($L_i \leftarrow aL_i$) pour simplifier les équations.

— On échange si besoin la première ligne avec une autre (opération $L_1 \leftrightarrow L_i$) pour que le coefficient de x_1 de la première ligne soit non nul et *le plus simple possible* pour la suite des opérations.

— On effectue une opération du type $L_i \leftarrow L_i - aL_1$ pour les lignes $2, \dots, n$ afin de faire « disparaitre » le terme en x_1 dans ces lignes et se retrouver avec un système du type :

$$\begin{cases} a_{1,1}x_1 + a_{1,2}x_2 + \dots + a_{1,p}x_p = b_1 & (L_1) \\ a_{2,2}x_2 + \dots + a_{2,p}x_p = b_2 & (L_2) \\ \vdots \\ a_{n,2}x_2 + \dots + a_{n,p}x_p = b_n & (L_n) \end{cases}$$

— On garde alors la première ligne et on recommence le procédé sur le sous-système constitué des lignes L_2 à L_n et dont les inconnues sont x_2 à x_n (si l'une des lignes L_2 à L_n a un coefficient non nul pour x_2, sinon les inconnues sont x_i à x_n où x_i est la première inconnue dont au moins un coefficient est non nul).

— On continue ainsi jusqu'à obtenir un système échelonné, auquel s'ajoutent éventuellement des équations du type $0 =$ constante.

— Les équations du type $0 = 0$ peuvent être négligées. Si le système comporte une équation du type $c = 0$ où c est une constante non nulle, cela signifie que le système n'a pas de solution.

Exercice 5 –

La matrice P est triangulaire supérieure et ses coefficients diagonaux sont non nuls donc P est inversible.

Soit $(b_1, b_2, b_3) \in \mathbb{R}^3$. Résolvons le système suivant, d'inconnue $(x, y, z) \in \mathbb{R}^3$:

$$\begin{cases} x + 2y + 3z = b_1 \\ y + 2z = b_2 \\ z = b_3 \end{cases}$$

La résolution est alors évidente : $z = b_3$,

$$y = b_2 - 2z = b_2 - 2b_3$$

et :

$$x = b_1 - 2y - 3z = b_1 - 2b_2 + 4b_3 - 3b_3 = b_1 - 2b_2 + b_3$$

Le système admet une unique solution donc P est inversible et :

$$P^{-1} = \begin{pmatrix} 1 & -2 & 1 \\ 0 & 1 & -2 \\ 0 & 0 & 1 \end{pmatrix}$$

Méthode

Pour étudier si une matrice carrée A d'ordre n est inversible, on forme le système de matrice associée A et de second membre une matrice colonne quelconque de $\mathcal{M}_{n,1}(\mathbb{R})$. On résout ce système à l'aide de la méthode du pivot de Gauss.

— Si on obtient un système triangulaire $n \times n$ dont les coefficients diagonaux sont non nuls, alors la matrice A est inversible et la résolution du système fournit A^{-1}.

— Sinon la matrice A n'est pas inversible.

Exercice 6 –

Soit $(b_1, b_2, b_3) \in \mathbb{R}^3$. Résolvons le système suivant :

$$\left\{\begin{array}{rcl} 2x+y+z &=& b_1 \\ -x+2y-z &=& b_2 \\ x+y+z &=& b_3 \end{array}\right. \iff \left\{\begin{array}{rcll} x+y+z &=& b_3 & (L_1 \longleftrightarrow L_3) \\ -x+2y-z &=& b_2 & \\ 2x+y+z &=& b_1 & \end{array}\right.$$

$$\iff \left\{\begin{array}{rcll} x+y+z &=& b_3 & \\ 3y &=& b_2+b_3 & (L_2 \leftarrow L_2+L_1) \\ -y-z &=& b_1-2b_3 & (L_3 \leftarrow L_3-2L_1) \end{array}\right.$$

$$\iff \left\{\begin{array}{rcll} x+z+y &=& b_3 & \\ -z-y &=& b_1-2b_3 & (L_2 \leftrightarrow L_3) \\ y &=& \frac{b_2+b_3}{3} & \end{array}\right.$$

$$\iff \left\{\begin{array}{rcl} x &=& b_3-y-z \\ -z &=& b_1-2b_3+y \\ y &=& \frac{b_2+b_3}{3} \end{array}\right.$$

$$\iff \left\{\begin{array}{rcl} x &=& b_3-y-z \\ -z &=& b_1-2b_3+\frac{b_2+b_3}{3} = \frac{3b_1+b_2-5b_3}{3} \\ y &=& \frac{b_2+b_3}{3} \end{array}\right.$$

$$\iff \left\{\begin{array}{rcl} x &=& b_3-\frac{b_2+b_3}{3}-\frac{-3b_1-b_2+5b_3}{3} \\ z &=& \frac{-3b_1-b_2+5b_3}{3} \\ y &=& \frac{b_2+b_3}{3} \end{array}\right.$$

$$\iff \left\{\begin{array}{rcl} x &=& \frac{3b_3-b_2-b_3+3b_1+b_2-5b_3}{3} = \frac{3b_1-3b_3}{3} \\ z &=& \frac{-3b_1-b_2+5b_3}{3} \\ y &=& \frac{b_2+b_3}{3} \end{array}\right.$$

$$\iff \left\{\begin{array}{rcl} x &=& \frac{3b_1-3b_3}{3} \\ y &=& \frac{b_2+b_3}{3} \\ z &=& \frac{-3b_1-b_2+5b_3}{3} \end{array}\right.$$

Ainsi, P est inversible et :

$$P^{-1} = \frac{1}{3}\begin{pmatrix} 3 & 0 & -3 \\ 0 & 1 & 1 \\ -3 & -1 & 5 \end{pmatrix}$$

Exercice 7 –

1. On applique la méthode du pivot de Gauss avec les opérations suivantes : $L_2 \leftarrow L_2 - mL_1$ et $L_3 \leftarrow L_3 - mL_1$.

Le système étudié est donc équivalent à :

Attention à ne pas multiplier une ligne par 0.

$$\begin{cases} x + y + mz &= m \\ (1-m)y + (m - m^2)z &= 1 - m^2 \\ (1-m^2)z &= m - m^2 \end{cases}$$

La matrice associée au système est triangulaire et ses coefficients diagonaux (1, $1-m$ et $1-m^2$) sont différents de 0 si et seulement si $m \neq 1$ et $m \neq -1$. Elle est donc inversible si et seulement si m est différent de -1 et 1 ce qui implique que (S_m) admet une unique solution si et seulement si m est différent de -1 et 1.

À retenir

Un système de Cramer est un système d'équations associé à une matrice carrée inversible. Un tel système admet une unique solution.

2. Distinguons trois cas :

— Si $m = 1$, on a :

$$(S_1) \iff \begin{cases} x + y + z &= 1 \\ 0 &= 0 \\ 0 &= 0 \end{cases}$$

Ainsi (x, y, z) est solution de (S_1) si et seulement $x = 1 - y - z$. Dans ce cas, l'ensemble des solutions du système est :

$$\{(1 - y - z, y, z),\ (y, z) \in \mathbb{R}^2\}$$

— Si $m = -1$, on a :

$$(S_{-1}) \iff \begin{cases} x + y - z &= -1 \\ 2y - 2z &= 0 \\ 0 &= -2 \end{cases}$$

Dans le cas, le système n'admet pas de solution.

— Soit $m \in \mathbb{R}$, différent de 1 et -1. On utilise alors le système équivalent sous forme triangulaire.

On obtient alors :

$1 = m^2 \neq 0$

$$z = \frac{m - m^2}{1 - m^2} = \frac{m(1-m)}{(1-m)(1+m)} = \frac{m}{1+m}$$

puis en utilisant la deuxième ligne :

$$(1-m)y = 1 - m^2 - (m - m^2)z = (1-m)(1+m) - m(1-m)z$$

donc :

$$y = 1 + m - mz = 1 + m - \frac{m^2}{1+m}$$

Finalement, en utilisant la première ligne, on a :

$$x = -y - mz + m = -\left(1 + m - \frac{m^2}{1+m}\right) - m\frac{m}{1+m} + m$$

ce qui donne :

$$x = -1 + \frac{m^2}{1+m} - \frac{m^2}{1+m} = -1$$

Dans ce cas, l'unique solution du système est :

$$\left(-1, 1 + m - \frac{m^2}{1+m}, \frac{m}{1+m}\right)$$

Exercice 8 –

1. Une matrice carrée dont les coefficients diagonaux sont tous nuls n'est pas inversible. ☐ Vrai ☒ Faux
2. Permuter deux lignes d'une matrice carrée ne change pas le caractère inversible de cette matrice. ☒ Vrai ☐ Faux

Pour la première question, il suffit de penser à :

$$A = \begin{pmatrix} 0 & 1 \\ 1 & 0 \end{pmatrix}$$

Pour la deuxième question : cela revient à permuter deux lignes dans un système d'équations, ce qui ne change pas l'ensemble des solutions. Or une matrice carrée est inversible si et seulement si tout système associé admet une unique solution.

9 Polynômes

Maîtriser le cours

Exercice 1 – Le vrai/faux du début

Soit P et Q deux polynômes de $\mathbb{R}[x]$ et $n \in \mathbb{N}^*$.

1. $\deg(P + Q) = \max(\deg(P), \deg(Q))$. ☐ Vrai ☐ Faux

2. $\deg(PQ) = \deg(P)\deg(Q)$. ☐ Vrai ☐ Faux

3. $\deg(PQ) = \deg(P) + \deg(Q)$. ☐ Vrai ☐ Faux

Exercice 2 –

Soit $P \in \mathbb{R}[x]$ défini par :

$$\forall x \in \mathbb{R},\ P(x) = x^3 - 5x^2 + 8x - 4$$

1. Déterminer une racine évidente P. On note α cette racine.

2. Déterminer trois réels a, b et c tels que :

$$\forall x \in \mathbb{R},\ x^3 - 5x^2 + 8x - 4 = (x - \alpha)(ax^2 + bx + c)$$

3. En déduire toutes les racines de P.

Maîtriser les méthodes fondamentales

Exercice 3 –

On appelle nombre d'or l'unique solution positive de l'équation $x^2 - x - 1 = 0$. On le note Φ.

1. Donner une expression de Φ.

2. Montrer que $\frac{1}{\Phi} = \Phi - 1$.

3. Donner une expression simple de $\Phi^2(2 - \Phi)$.

Exercice 4 –

Effectuer la division euclidienne de $6x^3 - 2x^2 + x + 3$ par $x^2 - x + 1$.

Exercice 5 –

Déterminer un polynôme $P \in \mathbb{R}_2[x]$ tel que $P(0) = 3$, $P(1) = -1$ et $P(2) = -3$.

Exercice 6 –

Résoudre, suivant les valeurs du réel m, l'équation d'inconnue $x \in \mathbb{R}$ suivante :

$$x^2 - 2(m+1)x + 2m + 1 = 0$$

Pour aller plus loin

Exercice 7 –

Soit $n \in \mathbb{N}^*$. En effectuant une division euclidienne de x^n par $x^2 - 4x - 5$, on obtient l'existence de deux polynômes Q_n et R_n de $\mathbb{R}[x]$ tels que :

$$(*) \quad \forall x \in \mathbb{R},\ x^n = Q_n(x)(x^2 - 4x - 5) + R_n(x)$$

et $\deg(R_n) < 2$.

1. Factoriser, pour $x \in \mathbb{R}$, $x^2 - 4x - 5$.
2. En évaluant $(*)$ en les racines de $x^2 - 4x - 5$, déterminer R_n.

Exercice 8 –

Soit $n \in \mathbb{N}^*$, $a_0, \dots, a_{n-1} \in \mathbb{R}$, $P \in \mathbb{R}[x]$ défini par :

$$\forall x \in \mathbb{R},\ P(x) = a_0 + a_1 x + \cdots + a_{n-1}x^{n-1} + x^n$$

et M le maximum des réels positifs $|a_0|, \dots, |a_{n-1}|$. Montrer que si ξ est une racine de P alors :

$$|\xi| \leq 1 + M$$

Exercice 9 – Le vrai/faux de la fin

Soit $P \in \mathbb{R}[x]$ et $a \in \mathbb{R}$.

1. Si P est de degré pair, P est toujours positif. ☐ Vrai ☐ Faux
2. Si P est de degré impair, P admet une racine réelle. ☐ Vrai ☐ Faux

Solution des exercices

Exercice 1 –

1. $(x+1) + (1-x)$ est de degré 0. ☐ Vrai ☒ Faux
2. $\deg(PQ) = \deg(P)\deg(Q)$. ☐ Vrai ☒ Faux
3. $\deg(PQ) = \deg(P) + \deg(Q)$. ☒ Vrai ☐ Faux

À retenir

— Le degré du polynôme nul est $-\infty$ par convention.

— On a $\deg(P+Q) \leq \max(\deg(P), \deg(Q))$ et égalité si P et Q ont des degrés différents.

Exercice 2 –

1. On remarque que :

$$P(1) = 1^3 - 5 \times 1^2 + 8 \times 1 - 4 = 0$$

Ainsi, 1 est racine de P.

Cours

Soit $P \in \mathbb{R}[x]$. Un réel α est appelé racine de P si $P(\alpha) = 0$.

2. Pour tout réel x, on a :

$$(x-1)(ax^2+bx+c) = ax^3+bx^2+cx-ax^2-bx-c = ax^3+(b-a)x^2+(c-b)x-c$$

Pour obtenir l'égalité souhaitée, il suffit donc de déterminer a, b et c tels que :

$$\begin{cases} a &= 1 \\ b-a &= -5 \\ c-b &= 8 \\ -c &= -4 \end{cases}$$

On obtient alors $a = 1$, $b = -4$ et $c = 4$ comme solutions. Ainsi :

$$\forall x \in \mathbb{R},\ x^3 - 5x^2 + 8x - 4 = (x-1)(x^2-4x+4)$$

À retenir

Ce type de raisonnement est très classique.

3. On remarque une identité remarquable :

$\forall (a,b) \in \mathbb{R}^2,\ (a-b)^2 = a^2 - 2ab + b^2$

$$x^3 - 5x^2 + 8x - 4 = (x-1)(x^2-4x+4) = (x-1)(x-2)^2$$

Les racines de P sont donc 1 et 2.

Exercice 3 –

1. Le discriminant du trinôme vaut $(-1)^2 - 4 \times 1 \times (-1) = 5$ et est donc strictement positif. Celui-ci admet donc deux racines distinctes :

$$x_1 = \frac{1-\sqrt{5}}{2}$$

et

$$x_2 = \frac{1+\sqrt{5}}{2}$$

$\sqrt{5}$ est compris entre 2 et 3 donc $x_1 < 0$. Ainsi,

$$\Phi = \frac{1+\sqrt{5}}{2}$$

2. Par définition, on a $\Phi^2 - \Phi - 1 = 0$ d'où $\Phi^2 - \Phi = 1$. Sachant que $\Phi \neq 0$, on a en divisant par Φ :

$$\Phi - 1 = \frac{1}{\Phi}$$

3. Par définition, on a $\Phi^2 - \Phi - 1 = 0$ d'où $\Phi^2 = \Phi + 1$. Ainsi :

$$\begin{aligned}
\Phi^2(2-\Phi) &= (\Phi+1)(2-\Phi) \\
&= 2\Phi - \Phi^2 + 2 - \Phi \\
&= -\Phi^2 + \Phi + 2 \\
&= -\Phi^2 + \Phi + 1 + 1 \\
&= -(\Phi^2 - \Phi - 1) + 1
\end{aligned}$$

ce qui vaut 1 par définition de Φ.

Cours

Soit a, b, c trois réels tels que $a \neq 0$. Posons $\Delta = b^2 - 4ac$. L'équation $ax^2 + bx + c = 0$ admet dans $\mathbb{R}$:

- *deux solutions distinctes* si $\Delta > 0$ qui sont :

$$x_1 = \frac{-b-\sqrt{\Delta}}{2a} \quad \text{et} \quad x_2 = \frac{-b+\sqrt{\Delta}}{2a}$$

  De plus, on a la factorisation suivante :

$$\forall x \in \mathbb{R},\ ax^2 + bx + c = a(x - x_1)(x - x_2)$$

- *une unique solution* si $\Delta = 0$ qui est $x_0 = \frac{-b}{2a}$.
  De plus, on a la factorisation suivante :

$$\forall x \in \mathbb{R},\ ax^2 + bx + c = a(x - x_0)^2$$

- *aucune solution réelle* si $\Delta = 0$.

Exercice 4 –

On a :

$$\begin{array}{rr|l}
- & 6x^3 - 2x^2 + x + 3 & x^2 - x + 1 \\
 & 6x^3 - 6x^2 + 6x & \quad 6x + 4 \\
\hline
- & 4x^2 - 5x + 3 & \\
 & 4x^2 - 4x + 4 & \\
\hline
 & -x - 1 &
\end{array}$$

Ainsi :

$$6x^3 - 2x^2 + x + 3 = (x^2 - x + 1)(6x + 4) - x - 1$$

Exercice 5 –

Soit $P \in \mathbb{R}_2[x]$. Il existe alors trois réels a, b et c tels que :

$$P(x) = ax^2 + bx + c$$

Alors $P(0) = c$, $P(1) = a + b + c$ et $P(2) = 4a + 2b + c$. Ainsi, P est solution du problème posé si et seulement si :

$$\begin{cases} c = 3 \\ a + b + c = -1 \\ 4a + 2b + c = -3 \end{cases}$$

ce qui équivalent à :

$$\begin{cases} c = 3 \\ a + b = -4 \\ 2a + b = -3 \end{cases}$$

En soustrayant la deuxième ligne à la troisième, ce système est encore équivalent à :

$$\begin{cases} c = 3 \\ a + b = -4 \\ a = 1 \end{cases}$$

ce qui donne une unique solution : $a = 1$, $b = -5$ et $c = 3$. Ainsi, $P(x) = x^2 - 5x + 3$ est solution.

À retenir

Pour $n \in \mathbb{N}$, $\mathbb{R}_n[x]$ désigne l'ensemble des polynômes de $\mathbb{R}[x]$ dont le degré est inférieur ou égal à n.

Exercice 6 –

Calculons le discriminant, que l'on notera Δ_m, de ce trinôme à m fixé :

$$\begin{aligned} \Delta_m &= (-2(m+1))^2 - 4 \times 1 \times (2m+1) \\ &= 4(m+1)^2 - 4(2m+1) \\ &= 4(m^2 + 2m + 1) - 8m - 4 \\ &= 4m^2 + 8m + 4 - 8m - 4 \\ &= 4m^2 \end{aligned}$$

On considère alors deux cas :

- Si $m = 0$, $\Delta_0 = 0$ donc l'équation admet une unique solution qui est :

$$\frac{-(-2(m+1))}{2} = \frac{2}{2} = 1$$

- Si $m \neq 0$ alors $\Delta_m = 4m^2 > 0$ donc l'équation admet deux solutions distinctes qui sont :

$$\begin{aligned}\frac{-(-2(m+1))-\sqrt{4m^2}}{2} &= \frac{2(m+1)-\sqrt{4}\sqrt{m^2}}{2}\\ &= \frac{2(m+1)-2\sqrt{m^2}}{2}\\ &= m+1-\sqrt{m^2}\end{aligned}$$

et

$$\begin{aligned}\frac{-(-2(m+1))+\sqrt{4m^2}}{2} &= \frac{2(m+1)+\sqrt{4}\sqrt{m^2}}{2}\\ &= \frac{2(m+1)+2\sqrt{m^2}}{2}\\ &= m+1+\sqrt{m^2}\end{aligned}$$

Si $m > 0$ alors $\sqrt{m^2} = m$ et dans ce cas les deux solutions sont 1 et $2m + 1$. Si $m < 0$ alors $\sqrt{m^2} = -m$ et on obtient exactement les mêmes racines (mais « inversées »).

Exercice 7 –

1. On remarque facilement que pour tout réel x :

$$x^2 - 4x - 5 = (x+1)(x-5)$$

2. D'après la condition sur le degré de R_n, il existe deux réels a_n et b_n tels que pour tout réel x :

$$R_n(x) = a_n x + b$$

On a donc d'après $(*)$:

$$\forall x \in \mathbb{R},\ x^n = Q_n(x)(x+1)(x-5) + a_n x + b_n$$

En évaluant en -1 et en 5, on obtient :

On évalue en les racines de $x^2 - 4x - 5$

$$\begin{cases} -a_n + b_n &= (-1)^n \\ 5a_n + b_n &= 5^n \end{cases}$$

L'opération $L_2 \leftarrow L_2 - L_1$ implique que : $6a_n = 5^n - (-1)^n$ donc :

$$a_n = \frac{5^n - (-1)^n}{6}$$

et ainsi en injectant dans L_1 :

$$b_n = (-1)^n + \frac{5^n - (-1)^n}{6} = \frac{5(-1)^n + 5^n}{6}$$

On en déduit que pour tout entier $n \geq 1$,

$$\forall x \in \mathbb{R},\ R_n(x) = \frac{5^n - (-1)^n}{6}X + \frac{5(-1)^n + 5^n}{6}$$

Exercice 8 –

Si $|\xi| \leq 1$, le résultat est clair car M est un réel positif. Supposons maintenant que $|\xi| > 1$. On sait que ξ est une racine de P donc :

$$a_0 + a_1\xi + \cdots + a_{n-1}\xi^{n-1} + \xi^n = 0$$

ce qui implique que :

$$\xi^n = -a_0 - a_1\xi + \cdots - a_{n-1}\xi^{n-1}$$

donc d'après l'inégalité triangulaire :

$$|\xi|^n \leq \sum_{k=0}^{n-1} |a_k|\,|\xi|^k$$

On a alors :

$$|\xi|^n \leq M \sum_{k=0}^{n-1} |\xi|^k = M \frac{|\xi|^n - 1}{|\xi| - 1}$$

car $|\xi| \neq 1$. En particulier, on a :

$$|\xi|^n \leq M \frac{|\xi|^n}{|\xi| - 1}$$

En simplifiant par $|\xi|^n \neq 0$, on a :

$$1 \leq \frac{M}{|\xi| - 1}$$

donc par positivité de $|\xi| - 1$:

$$|\xi| - 1 \leq M$$

ce qui donne le résultat.

À retenir

Pour tout réel q différent de 1, on a :

$$\sum_{k=0}^{n} q^k = \frac{q^{n+1} - 1}{q - 1}$$

Exercice 9 –

1. Faux. Penser à $x \mapsto x^2 - 1$.
2. Vrai. Il suffit d'utiliser le théorème des valeurs intermédiaires en remarquant que les limites de P en $\pm\infty$ sont opposées.

10 Espaces vectoriels et sous-espaces vectoriels

Dans ce chapitre, n désignera un entier naturel non nul.

Maîtriser le cours

Exercice 1 – Le vrai/faux du début

Soit $F = \text{Vect}((1,1,1),(1,2,0))$.

1. F est un sous-espace vectoriel de $\mathbb{R}^3$.	☐ Vrai	☐ Faux
2. Le vecteur $(2,3,1)$ appartient à F.	☐ Vrai	☐ Faux

Exercice 2 –

Donner la définition du rang d'une famille de vecteurs de $\mathbb{R}^n$.

Maîtriser les méthodes fondamentales

Exercice 3 –

Les familles suivantes de vecteurs de $\mathbb{R}^3$ sont-elles libres ?

1. (x_1, x_2) avec $x_1 = (1,0,1)$ et $x_2 = (1,1,1)$.
2. (x_1, x_2, x_3) avec $x_1 = (1,2,1)$, $x_2 = (2,1,-1)$ et $x_3 = (1,-1,-2)$.
3. (x_1, x_2, x_3) avec $x_1 = (1,-1,1)$, $x_2 = (2,-1,3)$ et $x_3 = (-1,1,-2)$.
4. (x_1, x_2, x_3) avec $x_1 = (1,1,0)$, $x_2 = (2,1,-3)$ et $x_3 = (1,0,1)$.

Exercice 4 –

Écrire les sous-ensembles suivants comme des sous-espaces vectoriels engendrés puis donner une base de ces espaces :

1. $A = \{(x,y,z) \in \mathbb{R}^3,\ 2x - y + z = 0\}$.
2. $B = \{(x,y,z) \in \mathbb{R}^3,\ z + y = 0\}$.
3. $C = \{(x,y,z) \in \mathbb{R}^3,\ 2x - y + z = 0 \text{ et } z + y = 0\}$.

Exercice 5 –

Sans aucun calcul, laquelle de ces familles est candidate pour être une base de $\mathbb{R}^4$?

1. $\mathscr{F}_1 = ((1, 2, 3, 4), (1, 1, 1, 1))$.
2. $\mathscr{F}_2 = ((1, 2, 3, 4), (1, 1, 1, 1), (-1, 1, 0, 0))$.
3. $\mathscr{F}_3 = ((1, 2, 3, 4), (1, 1, 1, 1), (-1, 1, 0, 0), (2, -3, 1, 2), (7, -1, 1, 1))$.
4. $\mathscr{F}_4 = ((1, 1, 1, 1), (1, 1, 1, 0), (0, 0, 1, 1), (2, 0, 0, 0))$.

Exercice 6 –

Soit $\mathscr{B} = (x_1, x_2, x_3)$ la famille de $\mathbb{R}^3$ définie par :

$$x_1 = (1, 1, 0), \ x_2 = (2, 1, -3) \ \text{ et } \ x_3 = (1, 0, 1)$$

Montrer que $\mathscr{B}$ est une base de $\mathbb{R}^3$.

Exercice 7 –

Posons :

$$x_1 = (1, 1, 1), \ x_2 = (1, 2, 1) \ \text{ et } \ x_3 = (3, 4, 3)$$

Déterminer le rang de (x_1, x_2, x_3).

Pour aller plus loin

Exercice 8 –

Déterminer une base de :

$$F = \mathrm{Vect}((1, 0, 1), (1, 1, 0), (0, 1, 1), (1, 1, 1))$$

Exercice 9 – Le vrai/faux de la fin

1. L'ensemble des solutions d'un système linéaire de trois équations à trois inconnues est un sous-espace vectoriel de $\mathbb{R}^3$. ☐ Vrai ☐ Faux
2. L'ensemble des solutions d'un système linéaire homogène de trois équations à trois inconnues est un sous-espace vectoriel de $\mathbb{R}^3$. ☐ Vrai ☐ Faux

Solution des exercices

Exercice 1 –

Pour la deuxième réponse, on peut remarquer l'égalité suivante :

$$(2, 3, 1) = (1, 1, 1) + (1, 2, 0)$$

1. F est un sous-espace vectoriel de $\mathbb{R}^3$. ☒ Vrai ☐ Faux
2. Le vecteur $(2, 3, 1)$ appartient à F. ☒ Vrai ☐ Faux

Cours

Soit $k \geq 1$ et $(x_1, \dots, x_k)$ une famille de vecteurs de $\mathbb{R}^n$. On appelle sous-espace vectoriel engendré par la famille $(x_1, \dots, x_k)$, et on note $\text{Vect}(x_1, \dots, x_k)$, l'ensemble des combinaisons linéaires formées par les éléments de $(x_1, \dots, x_k)$.
Ainsi, les vecteurs de $\text{Vect}(x_1, \dots, x_k)$ sont exactement les vecteurs de $\mathbb{R}^n$ s'écrivant sous la forme :

$$\sum_{j=1}^{k} \alpha_j x_j$$

où $\alpha_1, \dots, \alpha_k \in \mathbb{R}$.

Exercice 2 –

Le rang d'une famille de vecteurs de $\mathbb{R}^n$ (disons $x_1, \dots, x_k$ où $k \geq 1$) est la dimension de l'espace vectoriel engendré par ces vecteurs, c'est-à-dire $\text{Vect}(x_1, \dots, x_k)$.

Exercice 3 –

1. Oui car x_1 et x_2 sont non colinéaires.
2. $x_3 = x_2 - x_1$ donc la famille n'est pas libre.
3. On ne repère pas de relation évidente entre ces vecteurs. Soit $(a, b, c) \in \mathbb{R}^3$ tel que :

$$ax_1 + bx_2 + cx_3 = (0, 0, 0)$$

Cela équivaut à :

$$\begin{cases} a + 2b - c &= 0 \\ -a - b + c &= 0 \\ a + 3b - 2c &= 0 \end{cases}$$

Les opérations $L_2 \leftarrow L_2 + L_1$ et $L_3 \leftarrow L_3 - L_1$ impliquent :

> Toujours préciser les opérations utilisées lors de la résolution d'un système linéaire

$$\begin{cases} a + 2b - c &= 0 \\ b &= 0 \\ b - c &= 0 \end{cases}$$

Il vient alors que $b = 0$ puis $c = 0$ et enfin $a = 0$. La famille étudiée est donc libre.

À retenir

Ne pas trouver de relation évidente ne suffit pas à prouver la liberté. Il faut dans ce cas revenir à la définition.

Méthode

Pour résoudre un système linéaire de manière efficace, la méthode du pivot de Gauss est à privilégier.

4. Soit $(a, b, c) \in \mathbb{R}^3$ tel que :

$$a(1, 1, 0) + b(2, 1, -3) + c(1, 0, 1) = (0, 0, 0)$$

Alors :

$$\begin{cases} a+2b+c &= 0 \\ a+b &= 0 \\ -3b+c &= 0 \end{cases}$$

$$\underset{L_2 \leftarrow L_2 - L_1}{\Longleftrightarrow} \begin{cases} a+2b+c &= 0 \\ -b-c &= 0 \\ -3b+c &= 0 \end{cases}$$

$$\underset{L_3 \leftarrow L_3 - 3L_2}{\Longleftrightarrow} \begin{cases} a+2b+c &= 0 \\ -b-c &= 0 \\ 4c &= 0 \end{cases}$$

Et ainsi $a = b = c = 0$. La famille (x_1, x_2, x_3) est donc une famille libre de $\mathbb{R}^3$.

Cours

Soit $k \in \mathbb{N}^*$. Une famille $(x_1, \dots, x_k)$ de vecteurs de $\mathbb{R}^n$ est libre si pour tout $(\lambda_1, \dots, \lambda_k) \in \mathbb{R}^k$:

$$\lambda_1 x_1 + \cdots + \lambda_k x_x = (0, \dots, 0) \Longrightarrow \lambda_1 = \cdots = \lambda_k = 0$$

Exercice 4 –

1. Soit $(x, y, z) \in \mathbb{R}^3$. Alors :

$$\begin{aligned} (x,y,z) \in A &\Longleftrightarrow 2x - y + z = 0 \\ &\Longleftrightarrow y = 2x + z \\ &\Longleftrightarrow (x,y,z) = (x, 2x+z, z) \\ &\Longleftrightarrow (x,y,z) = x(1,2,0) + z(0,1,1) \end{aligned}$$

Ainsi $A = \text{Vect}((1,2,0),(0,1,1))$, donc $(1,2,0)$ et $(0,1,1)$ forment une famille génératrice de A. De plus, $(1,2,0)$ et $(0,1,1)$ sont non colinéaires donc forment une famille libre de A et forment ainsi une base de A.

2. Soit $(x, y, z) \in \mathbb{R}^3$. Alors :

$$\begin{aligned} (x,y,z) \in B &\Longleftrightarrow z + y = 0 \\ &\Longleftrightarrow z = -y \\ &\Longleftrightarrow (x,y,z) = (x, y, -y) \\ &\Longleftrightarrow (x,y,z) = x(1,0,0) + y(0,1,-1) \end{aligned}$$

Ainsi $B = \text{Vect}((1,0,0),(0,1,-1))$, donc $(1,0,0)$ et $(0,1,-1)$ forment une famille génératrice de B. De plus, $(1,0,0)$ et $(0,1,-1)$ sont non colinéaires donc forment une famille libre de B et forment ainsi une base de B.

3. Remarquons que $C = A \cap B$. Soit $(x, y, z) \in \mathbb{R}^3$. Alors :

$$\begin{aligned} (x,y,z) \in A \cap B &\Longleftrightarrow 2x - y + z = 0 \text{ et } z + y = 0 \\ &\Longleftrightarrow 2x = y - z \text{ et } z = -y \end{aligned}$$

donc :

$$\begin{aligned}(x, y, z) \in A \cap B &\iff 2x = 2y \text{ et } z = -y \\ &\iff x = y \text{ et } z = -y \\ &\iff (x, y, z) = (y, y, -y) \\ &\iff (x, y, z) = y(1, 1, -1)\end{aligned}$$

Ainsi $A \cap B = \text{Vect}((1, 1, -1))$, donc $(1, 1, -1)$ forme une famille génératrice de $A \cap B$. De plus, $(1, 1, -1)$ est non nul donc forme une famille libre de $A \cap B$ et ainsi forme une base de $A \cap B$.

À retenir

Pour déterminer une base d'un sous-espace vectoriel F de $\mathbb{R}^n$, on suit la démarche suivante :

— On l'écrit sous la forme $F = \text{Vect}(x_1, \dots, x_k)$ où $k \geq 1$ et $x_1, \dots, x_k$ sont des vecteurs de $\mathbb{R}^n$.

— On tente de montrer que tout vecteur de F s'écrit d'une manière unique comme une combinaison linéaire des vecteurs de la famille $(x_1, \dots, x_k)$ ce qui revient à montrer que la famille $(x_1, \dots, x_k)$ est libre.

Exercice 5 –

1. La famille $\mathscr{F}_1$ est de cardinal 2 et $\mathbb{R}^4$ est de dimension 4 : cette famille n'est donc pas une base de $\mathbb{R}^4$. Les deux vecteurs constituant $\mathscr{F}_1$ sont clairement non colinéaires donc cette famille est libre.
2. La famille $\mathscr{F}_2$ est de cardinal 3 et $\mathbb{R}^4$ est de dimension 4 : cette famille n'est donc pas une base de $\mathbb{R}^4$. La liberté ne peut pas se vérifier sans revenir à la définition pour une famille de trois vecteurs.
3. La famille $\mathscr{F}_3$ est de cardinal 5 et $\mathbb{R}^4$ est de dimension 4 : cette famille n'est donc pas une base de $\mathbb{R}^4$. De plus, le cardinal étant strictement plus grand que 4, cette famille ne peut pas être libre. Elle peut par contre être génératrice mais il est impossible de le justifier sans calcul.
4. La famille $\mathscr{F}_4$ est de cardinal 4 et $\mathbb{R}^4$ est de dimension 4 : c'est une candidate pour être une base de $\mathbb{R}^4$. Il suffit pour cela de vérifier si elle est libre.

Cours

Soit $n \geq 1$.

— Si un sous-espace vectoriel F de $\mathbb{R}^n$ admet une base constituée de p vecteurs ($p \geq 1$), toute autre base de F a p vecteurs. On dit que F est de dimension p.

— Si un sous-espace vectoriel F de $\mathbb{R}^n$ a pour dimension p, toute famille de F de cardinal strictement plus grand que p n'est pas libre.

— Si un sous-espace vectoriel F de $\mathbb{R}^n$ a pour dimension p, toute famille de F de cardinal strictement plus petit que p n'est pas génératrice de F.

Exercice 6 –

La famille $\mathscr{B}$ est de cardinal 3 qui est la dimension de $\mathbb{R}^3$: il suffit de montrer que $\mathscr{B}$ est libre.

Soit $(a, b, c) \in \mathbb{R}^3$ tel que :

$$a(1,1,0) + b(2,1,-3) + c(1,0,1) = (0,0,0)$$

Alors :

$$\begin{cases} a + 2b + c &= 0 \\ a + b &= 0 \\ -3b + c &= 0 \end{cases} \underset{L_2 \leftarrow L_2 - L_1}{\iff} \begin{cases} a + 2b + c &= 0 \\ -b - c &= 0 \\ -3b + c &= 0 \end{cases} \underset{L_3 \leftarrow L_3 - 3L_2}{\iff} \begin{cases} a + 2b + c &= 0 \\ -b - c &= 0 \\ 4c &= 0 \end{cases}$$

On en déduit que $a = b = c = 0$. La famille (x_1, x_2, x_3) est donc une base de $\mathbb{R}^3$.

Cours

Soit F un sous-espace vectoriel de dimension p de $\mathbb{R}^n$ et $\mathscr{F}$ une famille d'éléments de F de cardinal p. Si $\mathscr{F}$ est une famille libre alors c'est une base de F.
Dans la pratique, on commence par comparer le cardinal de la famille et la dimension du sous-espace vectoriel. Il suffit ensuite de vérifier la liberté pour montrer que la famille étudiée est une base.

Exercice 7 –

On remarque que :

Toujours essayer de trouver rapidement une relation à l'œil

$$x_3 = 2x_1 + x_2$$

donc le rang de (x_1, x_2, x_3) est le rang de (x_1, x_2). Or x_1 et x_2 sont non colinéaires donc (x_1, x_2) est libre. On en déduit que le rang de la famille étudiée vaut 2.

À retenir

Soit x, y et z, trois vecteurs de $\mathbb{R}^n$. Si x est combinaison linéaire de y et z alors :

$$\text{Vect}(x, y, z) = \text{Vect}(y, z)$$

Exercice 8 –

Notons (dans le même ordre), x_1, x_2, x_3 et x_4 les vecteurs engendrant l'espace F. On remarque que :

$$x_1 + x_2 + x_3 = 2x_4$$

Ainsi, x_4 est combinaison linéaire de x_1, x_2 et x_3. On en déduit que :

> On peut gagner du temps en cherchant une combinaison linéaire (non triviale) à l'œil

$$F = \text{Vect}(x_1, x_2, x_3)$$

Montrons que (x_1, x_2, x_3) est libre. Soit $\lambda_1, \lambda_2, \lambda_3$ trois réels tels que :

$$\lambda_1 x_1 + \lambda_2 x_2 + \lambda_3 x_3 = (0, 0, 0)$$

Alors on a :

$$(\lambda_1 + \lambda_2, \lambda_2 + \lambda_3, \lambda_1 + \lambda_3) = (0, 0, 0)$$

Ainsi,

$$\lambda_1 - -\lambda_2 = \lambda_3 = \quad \lambda_1$$

On en déduit que $\lambda_1 = 0$ donc $\lambda_2 = \lambda_3 = 0$. Ainsi, (x_1, x_2, x_3) est une base de F.

Exercice 9 –

1. L'ensemble des solutions d'un système linéaire de trois équations à trois inconnues est un sous-espace vectoriel de $\mathbb{R}^3$. ☐ Vrai ☒ Faux
2. L'ensemble des solutions d'un système linéaire homogène de trois équations à trois inconnues est un sous-espace vectoriel de $\mathbb{R}^3$. ☒ Vrai ☐ Faux

11 Applications linéaires

Dans ce chapitre, n et p désigneront deux entiers naturels non nuls.

Maîtriser le cours

Exercice 1 – Le vrai/faux du début

1. Le rang de I_n est n. ☐ Vrai ☐ Faux
2. Une matrice qui a un rang nul est une matrice nulle. ☐ Vrai ☐ Faux

Exercice 2 –

Déterminer le rang de la matrice A définie par :

$$A = \begin{pmatrix} 1 & 2 & 3 \\ 1 & 2 & 3 \\ 1 & 2 & 3 \end{pmatrix}$$

Exercice 3 –

Déterminer le noyau de la matrice A définie par :

$$A = \begin{pmatrix} 1 & 1 & 2 \\ 1 & 2 & 3 \\ 1 & 2 & 3 \end{pmatrix}$$

Maîtriser les méthodes fondamentales

Exercice 4 –

Déterminer, sans gros calcul, le rang de la matrice A définie par :

$$A = \begin{pmatrix} 1 & -2 & 0 \\ 3 & 1 & 7 \\ 1 & 1 & 3 \end{pmatrix}$$

et une base de son noyau.

Exercice 5 –

Soit $M \in \mathcal{M}_2(\mathbb{R})$ définie par :

$$M = \begin{pmatrix} 1 & 1 \\ 2 & 2 \end{pmatrix}$$

On note f l'application linéaire de $\mathbb{R}^2$ dans $\mathbb{R}^2$ associée à M.

1. Donner l'expression de $f((x,y))$ pour tout $(x,y) \in \mathbb{R}^2$.
2. Déterminer le noyau de f.
3. Déterminer l'image de f.

Exercice 6 –

Soit $f : \mathbb{R}^3 \to \mathbb{R}^3$ définie par :

$$\forall (x,y,z) \in \mathbb{R}^3,\ f((x,y,z)) = (x + 2y + z, y - x, 2x + 4y + z)$$

1. Montrer que f est une application linéaire associée à une matrice $M \in \mathcal{M}_3(\mathbb{R})$.
2. Déterminer le noyau de f.

Exercice 7 –

Soit $f : \mathbb{R}^3 \to \mathbb{R}^3$ définie par :

$$\forall (x,y,z) \in \mathbb{R}^3,\ f((x,y,z)) = (x + z, x + z, x + y)$$

1. Montrer que f est une application linéaire associée à une matrice $M \in \mathcal{M}_3(\mathbb{R})$.
2. Déterminer le noyau de f et préciser sa dimension.
3. Déterminer le rang de f.

Pour aller plus loin

Exercice 8 –

Déterminer le rang de $A = (i + j + ij)_{1 \leq i,j \leq n}$ pour $n \geq 2$.

Exercice 9 – Le vrai/faux de la fin

1. Le rang d'une somme de deux matrices est égal à la somme des rangs des deux matrices. ☐ Vrai ☐ Faux
2. Une matrice de rang 1 a nécessairement une colonne nulle. ☐ Vrai ☐ Faux

Solution des exercices

Exercice 1 –

Pour la première question, on peut remarquer que les colonnes de I_n forment la base canonique de $\mathbb{R}^n$ et $\mathbb{R}^n$ est de dimension n.

1. Le rang de I_n est n. ☒ Vrai ☐ Faux
2. Une matrice qui a un rang nul est une matrice nulle. ☒ Vrai ☐ Faux

Exercice 2 –

Le rang d'une matrice A est la dimension de l'espace vectoriel engendré par ses colonnes. On en déduit ici, comme les colonnes sont toutes multiples de la première (qui est non nulle) que le rang de A vaut 1.

Exercice 3 –

Cours

Soit $A \in \mathcal{M}_{n,p}(\mathbb{R})$. Le noyau de A, noté $\mathrm{Ker}(A)$, est le sous-espace vectoriel de $\mathcal{M}_{p,1}(\mathbb{R})$ défini par :

$$\mathrm{Ker}(A) = \{X \in \mathcal{M}_{p,1}(\mathbb{R}),\ AX = 0_{n,1}\}$$

Remarquons que l'on identifie, pour tout entier naturel j, $\mathbb{R}^j$ et $\mathcal{M}_{j,1}(\mathbb{R})$.

On résout, pour $(x, y, z) \in \mathbb{R}^3$, le système suivant :

$$\begin{pmatrix} 1 & 1 & 2 \\ 1 & 2 & 3 \\ 1 & 2 & 3 \end{pmatrix} \begin{pmatrix} x \\ y \\ z \end{pmatrix} = \begin{pmatrix} 0 \\ 0 \\ 0 \end{pmatrix}$$

Celui-ci se réécrit :

$$\left\{ \begin{array}{rcl} x + y + 2z & = & 0 \\ x + 2y + 3z & = & 0 \\ x + 2y + 3z & = & 0 \end{array} \right.$$

La dernière ligne est inutile, on résout donc :

$$\left\{ \begin{array}{rcl} x + y + 2z & = & 0 \\ x + 2y + 3z & = & 0 \end{array} \right.$$

On utilise alors l'opération élémentaire $L_2 \leftarrow L_2 - L_1$ pour obtenir le système équivalent suivant :

$$\left\{ \begin{array}{rcl} x + y + 2z & = & 0 \\ y + z & = & 0 \end{array} \right. \iff \left\{ \begin{array}{rcl} x & = & -z \\ y & = & -z \end{array} \right.$$

On en déduit que :

$$\mathrm{Ker}(A) = \left\{ \begin{pmatrix} -z \\ -z \\ z \end{pmatrix},\ z \in \mathbb{R} \right\} = \mathrm{Vect}\left(\begin{pmatrix} -1 \\ -1 \\ 1 \end{pmatrix} \right)$$

Exercice 4 –

Les deux premières colonnes de A sont non colinéaires donc le rang de A est supérieur ou égal à deux. En notant C_1, C_2 et C_3 les colonnes de A, on remarque que $2C_1 + C_2 = C_3$. Ainsi, C_3 est combinaison linéaire de C_1 et C_2 donc le rang de A est inférieur ou égal à deux. On vient donc de montrer que le rang de A est égal à deux. D'après le théorème du rang, le noyau de A est donc de dimension 1 et la relation obtenue sur les colonnes montre que :

$$\begin{pmatrix} 2 \\ 1 \\ -1 \end{pmatrix} \in \mathrm{Ker}(A)$$

Ce vecteur étant non nul, il forme une base de ce noyau.

Cours – Théorème du rang.

Soit $A \in \mathcal{M}_{n,p}(\mathbb{R})$. Alors :

$$p = \dim(\mathrm{Ker}(A)) + \mathrm{rg}(A)$$

Exercice 5 –

1. Pour tout $(x, y) \in \mathbb{R}^2$, on a :

$$M\begin{pmatrix} x \\ y \end{pmatrix} = \begin{pmatrix} 1 & 1 \\ 2 & 2 \end{pmatrix}\begin{pmatrix} x \\ y \end{pmatrix} = \begin{pmatrix} x + y \\ 2x + 2y \end{pmatrix}$$

Ainsi, pour tout $(x, y) \in \mathbb{R}^2$, on a :

$$f((x, y)) = (x + y, 2x + 2y)$$

2. Pour tout $(x, y) \in \mathbb{R}^2$, on résout le système suivant :

$$\begin{cases} x + y & = 0 \\ 2x + 2y & = 0 \end{cases}$$

Or la deuxième ligne est une multiple de la première. Il suffit donc de résoudre l'équation $x + y = 0$, équivalente à $y = -x$. On en déduit alors que :

$$\mathrm{Ker}(f) = \{(x, -x),\ x \in \mathbb{R}\} = \mathrm{Vect}((1, -1))$$

Cours

Soit $f : \mathbb{R}^n \to \mathbb{R}^p$ une application linéaire associée à une matrice. Le noyau de f, noté $\mathrm{Ker}(f)$, est la partie de $\mathbb{R}^n$ définie par :

$$\mathrm{Ker}(f) = \{(x_1, \dots, x_n) \in \mathbb{R}^n,\ f((x_1, \dots, x_n)) = (0, \dots, 0)\}$$

C'est un sous-espace vectoriel de $\mathbb{R}^n$.

3. On utilise le théorème du rang. Le noyau de f est dimension 1 (car $(1, -1)$ est non nul). On sait que :

$$\dim(\mathbb{R}^2) = \dim(\mathrm{Ker}(f)) + \mathrm{rg}(f)$$

Or la dimension de $\mathbb{R}^2$ est 2 donc on en déduit que le rang de f, qui est la dimension de l'image de f, vaut 1. Or on a :

$$f((1,0)) = (1,2) \neq 0$$

et ce vecteur appartient à l'image de F, qui est de dimension 1. On en déduit que :

$$\text{Im}(f) = \text{Vect}((1,2))$$

Cours

Soit $f : \mathbb{R}^n \to \mathbb{R}^p$ une application linéaire associée à une matrice. L'image de f, noté $\text{Im}(f)$, est la partie de $\mathbb{R}^p$ définie par :

$$\text{Im}(f) = \{f((x_1, \dots, x_n)), (x_1, \dots, x_n) \in \mathbb{R}^n\}$$

C'est un sous-espace vectoriel de $\mathbb{R}^p$. La dimension de l'image de f est appelé rang de f et noté $\text{rg}(f)$.

Cours – Théorème du rang.

Soit $f : \mathbb{R}^n \to \mathbb{R}^p$ une application linéaire associée à une matrice. Alors :

$$\dim(\mathbb{R}^n) = \dim(\text{Ker}(f)) + \text{rg}(f)$$

Exercice 6 –

1. Posons :

$$M = \begin{pmatrix} 1 & 2 & 1 \\ -1 & 1 & 0 \\ 2 & 4 & 1 \end{pmatrix}$$

Alors pour tout $(x, y, z) \in \mathbb{R}^3$:

$$M \begin{pmatrix} x \\ y \\ z \end{pmatrix} = \begin{pmatrix} x + 2y + z \\ -x + y \\ 2x + 4y + z \end{pmatrix}$$

ce qui prouve que f est l'application linéaire associée à M.

2. Soit $(x, y, z) \in \mathbb{R}^3$. Le vecteur (x, y, z) appartient au noyau de f si et seulement si :

$$\begin{cases} x + 2y + z &= 0 \\ y - x &= 0 \\ 2x + 4y + z &= 0 \end{cases}$$

$$\iff \begin{cases} x + 2y + z &= 0 \\ 3y + z &= 0 \quad (L_2 \leftarrow L_2 + L_1) \\ -z &= 0 \quad (L_3 \leftarrow L_3 - 2L_1) \end{cases}$$

ce qui est équivalent à $(x, y, z) = (0, 0, 0)$. Ainsi, $\text{Ker}(f) = \{(0, 0, 0)\}$.

Exercice 7 –

1. Posons :

$$M = \begin{pmatrix} 1 & 0 & 1 \\ 1 & 0 & 1 \\ 1 & 1 & 0 \end{pmatrix}$$

Alors pour tout $(x, y, z) \in \mathbb{R}^3$:

$$M \begin{pmatrix} x \\ y \\ z \end{pmatrix} = \begin{pmatrix} x+z \\ x+z \\ x+y \end{pmatrix}$$

ce qui prouve que f est l'application linéaire associée à M.

2. Soit $(x, y, z) \in \mathbb{R}^3$. Le vecteur (x, y, z) appartient au noyau de f si et seulement si :

$$\begin{cases} x+z &= 0 \\ x+y &= 0 \end{cases} \iff z = y = -x \iff (x, y, z) = x(1, -1, -1)$$

Ainsi, $\text{Ker}(f) = \text{Vect}(x_1)$ où $x_1 = (1, -1, -1)$. Le vecteur x_1 étant non nul, il forme une base du noyau de f donc le noyau est de dimension 1.

3. D'après le théorème du rang, on a :

$$\text{rg}(f) = \dim(\mathbb{R}^3) - \dim(\text{Ker}(f)) = 2$$

Exercice 8 –

Notons pour tout $j \in [\![1 ; n]\!]$, C_j, la j-ième colonne de A. Alors :

$$C_j = \begin{pmatrix} 1+2j \\ 2+3j \\ 3+4j \\ \vdots \\ n+(n+1)j \end{pmatrix} = \begin{pmatrix} 1 \\ 2 \\ 3 \\ \vdots \\ n \end{pmatrix} + j \begin{pmatrix} 2 \\ 3 \\ 4 \\ \vdots \\ n+1 \end{pmatrix} \in \text{Vect}(X_1, X_2)$$

où

$$X_1 = \begin{pmatrix} 1 \\ 2 \\ 3 \\ \vdots \\ n \end{pmatrix} \quad \text{et} \quad X_2 = \begin{pmatrix} 2 \\ 3 \\ 4 \\ \vdots \\ n+1 \end{pmatrix}$$

Ainsi, le rang de la matrice A qui est égal à la dimension du sous-espace engendré par ses colonnes, est inférieur ou égal à 2. Or les deux premières colonnes de A ne sont pas colinéaires donc le rang de A est supérieur ou égal à 2. Ainsi, le rang de A est égal à 2.

Exercice 9 –

1. Faux. I_n est de rang n et 2I_n aussi.

2. Faux. Par exemple, $A = \begin{pmatrix} 1 & 1 \\ 1 & 1 \end{pmatrix}$ est de rang 1.

12 Généralités sur les fonctions

Maîtriser le cours

Exercice 1 – Le vrai/faux du début

1. Une fonction f définie sur $\mathbb{R}$ est paire si : $\forall x \in \mathbb{R},\ f(x) = f(-x)$. ☐ Vrai ☐ Faux
2. Le domaine de définition de la fonction $f : x \mapsto \ln\left(\frac{x+1}{x-1}\right)$ est $]1, +\infty[$. ☐ Vrai ☐ Faux
3. Si f est une fonction définie sur $\mathbb{R}$ et, pour tout $x \in \mathbb{R}$, $f(-x) = f(x)$ alors sa courbe représentative dans un repère orthonormé est symétrique par rapport à l'axe des abscisses. ☐ Vrai ☐ Faux

Exercice 2 –

Déterminer les ensembles de définition respectifs des fonctions suivantes :

1. $f : x \mapsto \sqrt{x^2 - 1}$
2. $g : x \mapsto \dfrac{x-1}{x^2 - 4x + 4}$
3. $h : x \mapsto \ln(\ln(x))$
4. $i : x \mapsto \ln|\ln(x)|$
5. $j : x \mapsto \ln(\ln|x|)$

Exercice 3 –

On considère la fonction $f : x \mapsto (1 - x^2)\ln\left(\dfrac{1+x}{1-x}\right)$.

1. Déterminer le domaine de définition de f.
2. f est-elle paire ? impaire ?

Maîtriser les méthodes fondamentales

Exercice 4 –

On considère les fonctions ch, sh et tanh définies par :

$$\forall x \in \mathbb{R},\ \mathrm{ch}(x) = \frac{e^x + e^{-x}}{2},\quad \mathrm{sh}(x) = \frac{e^x - e^{-x}}{2} \quad \text{et} \quad \tanh(x) = \frac{\mathrm{sh}(x)}{\mathrm{ch}(x)}$$

Étudier la parité éventuelle des fonctions ch, sh et tanh.

Exercice 5 –

Dans cet exercice, f est la fonction définie par :

$$\forall x \in \mathbb{R},\ f(x) = (x - \lfloor x \rfloor)(x - \lfloor x \rfloor - 1)$$

1. Montrer que f est paire.
2. En déduire l'allure de la courbe représentative de f sur $[-1, 1]$ dans un repère orthonormé.

Exercice 6 –

Soit f une fonction définie sur $\mathbb{R}$ et à valeurs dans $\mathbb{R}$. On suppose que f est croissante et que :

$$\forall x \in \mathbb{R},\ f \circ f(x) = x$$

Démontrer que : $\forall x \in \mathbb{R},\ f(x) = x$.

Pour aller plus loin

Exercice 7 –

On dit qu'une fonction f définie sur $\mathbb{R}$ est périodique sur $\mathbb{R}$ s'il existe un réel $T > 0$ (appelé période de f) tel que :

$$\forall x \in \mathbb{R},\ f(x + T) = f(x).$$

Soit f une fonction périodique, de période T, et monotone sur $\mathbb{R}$.

1. Justifier que :
$$\forall x \in \mathbb{R},\ f(x - T) = f(x)$$
2. Prouver que :
$$\forall n \in \mathbb{N},\ f(nT) = f(-nT) = f(0)$$
3. En déduire que :
$$\forall x \in \mathbb{R},\ f(x) = f(0)$$
On pourra utiliser la monotonie de f pour comparer $f(x)$ avec $f(nT)$ et $f(-nT)$ lorsque n est grand.

Exercice 8 –

Soit f une fonction définie sur $[0, 1]$, à valeurs dans $\mathbb{R}$ et bornée. On définit les fonctions g et h sur $[0, 1]$ par :

$$\forall x \in [0, 1],\ g(x) = \sup_{t \in [0,x]} f(t) \quad \text{et} \quad h(x) = \inf_{t \in [0,x]} f(t)$$

1. Prouver que g est croissante sur $[0, 1]$.
2. Étudier la monotonie de h.

Exercice 9 – Le vrai/faux de la fin

1. Le domaine de définition de la fonction $f : x \mapsto \frac{x^3+x+1}{x^2-3x+2}$ est $]1,2[$. ☐ Vrai ☐ Faux
2. $\forall x \in \mathbb{R}^*$, $\ln(x^2) = 2\ln(x)$. ☐ Vrai ☐ Faux
3. Si f et g sont majorées, alors $f \times g$ est majorée. ☐ Vrai ☐ Faux
4. Si $I = \mathbb{R}$ et si, pour tout $x \in \mathbb{R}$, $f(x) = 2 - f(4-x)$, alors le graphe de f dans un repère orthonormé $(O, \vec{i}, \vec{j})$ est symétrique par rapport au point de coordonnées $(2, 1)$. ☐ Vrai ☐ Faux
5. Si f est strictement croissante sur $\mathbb{R}$, alors f est bijective de $\mathbb{R}$ sur $f(\mathbb{R})$. ☐ Vrai ☐ Faux

Solution des exercices

Exercice 1 –

1. Une fonction f définie sur $\mathbb{R}$ est paire si : $\forall x \in \mathbb{R}$, $f(x) = f(-x)$. ☒ Vrai ☐ Faux
2. Faux car f est aussi définie sur $]-\infty, -1[$. ☐ Vrai ☒ Faux
3. Faux car elle est symétrique par rapport à l'axe des ordonnées. ☐ Vrai ☒ Faux

Exercice 2 –

1. Soit $x \in \mathbb{R}$. L'ensemble de définition de la fonction $t \mapsto \sqrt{t}$ est $\mathbb{R}_+$ donc $f(x)$ existe si et seulement si $x^2 - 1 \geq 0$. Or on reconnaît un trinôme de degré 2 dont les racines sont -1 et 1 et dont le coefficient dominant est positif.

   On en déduit que l'ensemble de définition de f est $]-\infty, -1] \cup [1, +\infty[$.

2. Soit $x \in \mathbb{R}$. $g(x)$ existe si et seulement si $x^2 - 4x + 4 = 0$. Or $x^2 - 4x + 4 = (x-2)^2$, donc $x^2 - 4x + 4 = 0$ si et seulement si $x = 2$.

   On en déduit que l'ensemble de définition de g est $\mathbb{R} \setminus \{2, \}$.

3. Soit $x \in \mathbb{R}$. $h(x)$ existe si et seulement si $\ln(x)$ existe et est strictement positif, donc si et seulement si $x > 1$.

   On en déduit que l'ensemble de définition de h est $]1, +\infty[$.

4. Soit $x \in \mathbb{R}$. $i(x)$ existe si et seulement si $\ln(x)$ existe (donc $x > 0$) et $|\ln(x)|$ est strictement positif (donc $x \neq 1$, une valeur absolue étant toujours positive).

   On en déduit que l'ensemble de définition de i est $]0, 1[\cup]1, +\infty[$.

5. Soit $x \in \mathbb{R}$. $j(x)$ existe si et seulement si $\ln|x|$ existe (donc $x \neq 0$) et $\ln|x|$ est strictement positif (donc $|x| > 1$).

   On en déduit que l'ensemble de définition de j est $]-\infty, -1[\cup]1, +\infty[$.

Exercice 3 –

Cours

Soit f une fonction définie sur une partie I de $\mathbb{R}$ centrée en 0.

- On dit que f est paire si : $\forall x \in I,\ f(-x) = f(x)$.
- On dit que f est impaire si : $\forall x \in I,\ f(-x) = -f(x)$.

1. La fonction $x \mapsto 1 - x^2$ est définie sur $\mathbb{R}$ et la fonction $x \mapsto \frac{1+x}{1-x}$ est définie sur $\mathbb{R} \setminus \{1\}$.
De plus, la fonction ln est définie sur $\mathbb{R}_+^*$. Par conséquent, pour tout réel x, $f(x)$ existe si et seulement si x est différent de 1 et $\frac{1+x}{1-x}$ est strictement positif.

On peut faire le tableau de signe suivant :

Évidemment le tableau de signe n'est pas indispensable, et certains pourront étudier le signe « de tête » mais il est préférable d'être vigilant, tant les erreurs sont fréquentes dans ce type de question.

x	$-\infty$		-1		1		$+\infty$
$1+x$		$-$	0	$+$		$+$	
$1-x$		$+$		$+$	0	$-$	
$\dfrac{1+x}{1-x}$		$-$	0	$+$	‖	$-$	

Ainsi $\frac{1+x}{1-x}$ est strictement positif si et seulement si x appartient à $]-1, 1[$, ce qui nous permet de conclure que le domaine de définition de f est $]-1, 1[$.

2. On peut déjà remarquer que l'intervalle $]-1, 1[$ est bien centré en 0, donc il est raisonnable de se poser la question de la parité éventuelle de f.

Avant d'étudier la parité d'une fonction f définie sur une partie I de $\mathbb{R}$, il convient de s'assurer que I est centrée en 0, c'est-à-dire que : $\forall x \in I,\ -x \in I$.

De plus, on a :

$$\begin{aligned}\forall x \in]-1,1[,\ f(-x) &= [1-(-x)^2]\ \ln\left(\frac{1-x}{1+x}\right)\\ &= -(1-x^2)\ \ln\left(\frac{1+x}{1-x}\right)\\ &= -f(x)\end{aligned}$$

$\forall (a,b) \in (\mathbb{R}_+^*)^2,\ \ln\left(\frac{a}{b}\right) = -\ln\left(\frac{b}{a}\right)$

donc f est impaire sur $]-1, 1[$

Exercice 4 –

▶ Notons déjà que les fonctions ch, sh et tanh sont bien définies sur $\mathbb{R}$ et que $\mathbb{R}$ est centré en 0.

▶ On a :

$$\begin{aligned} \forall x \in \mathbb{R},\ \text{ch}(-x) &= \frac{e^{-x} + e^{x}}{2} \\ &= \frac{e^{x} + e^{-x}}{2} \\ &= \text{ch}(x) \end{aligned}$$

donc la fonction ch est paire.

▶ On a :

$$\begin{aligned} \forall x \in \mathbb{R},\ \text{sh}(-x) &= \frac{e^{-x} - e^{x}}{2} \\ &= -\frac{e^{x} - e^{-x}}{2} \\ &= -\text{sh}(x) \end{aligned}$$

donc la fonction sh est impaire.

▶ On en déduit :

$$\begin{aligned} \forall x \in \mathbb{R},\ \tanh(-x) &= \frac{\text{sh}(-x)}{\text{ch}(-x)} \\ &= -\frac{\text{sh}(x)}{\text{ch}(x)} \\ &= -\tanh(x) \end{aligned}$$

donc la fonction tanh est impaire.

Exercice 5 –

1. $\mathbb{R}$ est centré en 0 et on a :

$$\begin{aligned} \forall x \in \mathbb{R},\ f(-x) &= (-x - \lfloor -x \rfloor)\,(-x - \lfloor -x \rfloor - 1) \\ &= (x + \lfloor -x \rfloor)\,(x + \lfloor -x \rfloor + 1) \end{aligned}$$

Deux cas se présentent alors.

> Attention à la précipitation ici : il peut être tentant de dire que $\lfloor -x \rfloor$ est égal à $-\lfloor x \rfloor$, mais ce n'est pas toujours vrai. On notera par exemple que $\lfloor -2,5 \rfloor = -3$ tandis que $-\lfloor 2,5 \rfloor = -2$.

• Si x est un entier alors $-x$ est un entier et on a :

$$x - \lfloor x \rfloor = x - x = 0 \quad \text{et} \quad x + \lfloor -x \rfloor = x - x = 0$$

et

$$f(-x) = 0 = f(x)$$

- Si x n'est pas entier, alors on a :

$$\lfloor x \rfloor < x < \lfloor x \rfloor + 1$$

donc :

$$-\lfloor x \rfloor - 1 < -x < -\lfloor x \rfloor$$

d'où :

$$\lfloor -x \rfloor = -\lfloor x \rfloor - 1$$

donc :

$$\begin{aligned} f(-x) &= (x - \lfloor x \rfloor - 1)(x - \lfloor x \rfloor) \\ &= f(x) \end{aligned}$$

Finalement, on a bien :

$$\forall x \in \mathbb{R},\ f(-x) = f(x)$$

donc f est paire.

2. On déduit des résultats précédents que pour obtenir la courbe représentative de f sur $[-1, 1]$ dans un repère orthonormé, il suffit de la représenter sur $[0, 1]$, puis de tracer le symétrique de ce graphe par rapport à l'axe des ordonnées.

Par ailleurs, on peut remarquer que :

$$\forall x \in [0, 1[\,,\ f(x) = x(x-1) = x^2 - x$$

Il en découle que la restriction g de f est dérivable sur $[0, 1]$ (fonction polynôme) et que :

$$\forall x \in [0, 1]\,,\ g'(x) = 2x - 1$$

On en déduit ensuite le tableau de variations suivant :

x	0		$\frac{1}{2}$		1
$g'(x)$		$-$	0	$+$	
g	0	↘	$-\frac{1}{4}$	↗	0

On obtient ainsi la représentation graphique suivante (en remarquant que la demi-tangente en 0 à droite a pour coefficient directeur $g'(0) = -1$ et que la demi-tangente en 1 à gauche a pour coefficient directeur $g'(1) = 1$:

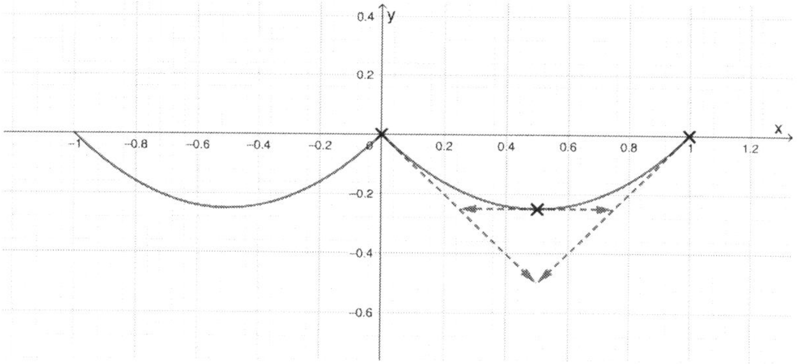

Méthode

Quand on cherche à représenter l'allure de la représentation graphique d'une fonction f, il est important d'essayer d'être le plus précis possible sur la forme de cette courbe. Pour cela, on s'intéressera en particulier : aux éléments éventuels de symétrie, à la périodicité, aux tangentes ou demi-tangentes aux points remarquables (notamment aux bornes du domaine de définition de f), limites aux bornes, asymptotes éventuelles. Quand ces notions auront été abordées en cours, on pourra aussi étudier la convexité et l'existence de points d'inflexion.

Exercice 6 –

Méthode

Quand on veut montrer qu'un objet mathématique (ici la fonction $f : x \to x$) est l'unique objet ayant une certaine propriété (ici vérifier $\forall x \in \mathbb{R},\ f \circ f(x) = x$), il est souvent utile de raisonner par l'absurde.

Supposons qu'il existe $x \in \mathbb{R}$ tel que : $f(x) \neq x$ et notons $y = f(x)$. On a alors : $f(y) = f \circ f(x) = x$. Comme f est croissante, deux cas se présentent :

- Si $x < y$, alors $f(x) \leq f(y)$, c'est-à-dire : $y \leq x$; il y a donc contradiction dans ce cas.
- Si $y < x$, alors $f(y) \leq f(x)$, c'est-à-dire : $x \leq y$; il y a donc encore contradiction dans ce cas.

Ainsi il y a contradiction dans tous les cas et on peut conclure : $\forall x \in \mathbb{R},\ f(x) = x$.

Exercice 7 –

Cours

Soit f une fonction définie sur une partie $\mathcal{D}$ de $\mathbb{R}$.

- On dit que f est croissante sur $\mathcal{D}$ si : $\forall (x, y) \in \mathcal{D}^2,\ x < y \Rightarrow f(x) \leq f(y)$.
- On dit que f est décroissante sur $\mathcal{D}$ si : $\forall (x, y) \in \mathcal{D}^2,\ x < y \Rightarrow f(x) \geq f(y)$.
- On dit que f est monotone sur $\mathcal{D}$ si f est croissante ou décroissante.

Attention ! Une fonction peut n'être ni croissante ni décroissante sur une partie de $\mathbb{R}$; c'est le cas par exemple de la fonction $x \longmapsto |x|$ sur $\mathbb{R}$.

Méthode

Pour déterminer un ensemble d'objets (ici des fonctions) ayant certaines propriétés (ici être périodique et monotone), il est souvent intéressant de raisonner par analyse-synthèse. Il arrive cependant (comme ici) que la réponse puisse se deviner ; dans ce cas il est en général plus simple de raisonner par double implication.

1. Comme f est périodique, de période T, on a :

$$\forall y \in \mathbb{R},\ f(y) = f(y + T)$$

donc pour $y = x - T$:

$$\forall x \in \mathbb{R},\ f(x - T) = f(x)$$

2. Comme f est périodique, de période T, on a :

$$\forall x \in \mathbb{R},\ f(x + T) = f(x)$$

On a donc en particulier :

$$\forall n \in \mathbb{N},\ f((n+1)T) = f(nT + T) = f(nT) \quad \text{et} \quad f(-(n+1)T) = f(-nT - T) = f(-nT)$$

Ainsi les suites $(f(nT))_{n\in\mathbb{N}}$ et $(f(-nT))_{n\in\mathbb{N}}$ sont constantes donc on a déjà :

$$\forall n \in \mathbb{Z},\ f(nT) = f(0) \tag{12.1}$$

3. Soit alors $x \in \mathbb{R}$. Il existe $n \in \mathbb{N}^*$ tel que $x \in [-nT, nT]$ (il suffit de prendre un entier $n > \left|\frac{x}{T}\right|$) et on a alors, comme f est monotone :

- ◇ Si f est croissante, alors $f(-nT) \leq f(x) \leq f(nT)$ et donc, avec (12.1) :

$$f(0) \leq f(x) \leq f(0)$$

  donc $f(x) = f(0)$.

- ◇ Si f est décroissante, alors $f(nT) \leq f(x) \leq f(-nT)$ et on obtient comme précédemment : $f(x) = f(0)$.

On a ainsi :

$$\forall x \in \mathbb{R},\ f(x) = f(0)$$

donc f est constante.

Exercice 8 –

Méthode

Pour étudier les variations sur I d'une fonction f qui n'est pas dérivable (ou que l'on ne sait pas dériver), on utilise la définition : on fixe un couple (x, y) d'éléments de I tel que $x < y$ et on compare $f(x)$ et $f(y)$.

1. Soit $(x, y) \in [0, 1]^2$ tel que $x < y$. Par définition, $g(y)$ est un majorant de f sur $[0, y]$ donc :

$$\forall t \in [0, y],\ f(t) \leq g(y)$$

et, comme $0 \leq x \leq y$, $[0, x]$ est inclus dans $[0, y]$, d'où :

$$\forall t \in [0, x],\ f(t) \leq g(y)$$

$g(y)$ est donc un majorant de f sur $[0, x]$ donc, comme $g(x)$ est le plus petit majorant de f sur cet intervalle : $g(x) \leq g(y)$.
Ainsi g est croissante sur $[0, 1]$.

2. Soit $(x, y) \in [0, 1]^2$ tel que $x < y$. Par définition, $h(y)$ est un minorant de f sur $[0, y]$ donc :

$$\forall t \in [0, y],\ f(t) \geq h(y)$$

et, comme $[0, x]$ est inclus dans $[0, y]$:

$$\forall t \in [0, x],\ f(t) \geq h(y)$$

$h(y)$ est donc un minorant de f sur $[0, x]$ donc, comme $h(x)$ est le plus grand minorant de f sur cet intervalle : $h(x) \geq h(y)$.
Ainsi h est décroissante sur $[0, 1]$.

Exercice 9 –

1. Faux. $f(x)$ existe si et seulement si $x^2 - 3x + 2$ est différent de 0, donc le domaine de définition de f est $\mathbb{R} \setminus \{1, 2\}$.
2. Faux. Cette égalité n'est vraie que lorsque x appartient à $\mathbb{R}_+^*$. En revanche, on a toujours :

$$\forall x \in \mathbb{R}^*,\ \ln(x^2) = 2 \ln |x|$$

3. Faux. Par exemple, si $I = \mathbb{R}_+^*$ et si, pour tout $x \in \mathbb{R}_+^*$, $f(x) = g(x) = -\frac{1}{x}$, alors f et g sont majorées (par 0), mais on a :

$$\forall x \in \mathbb{R}_+^*,\ f(x)g(x) = \frac{1}{x^2}$$

donc $f \times g$ n'est pas majorée puisqu'elle tend vers $+\infty$ en 0 à droite. En revanche, si f et g sont majorées et *positives*, alors $f \times g$ est majorée.

4. Vrai. Pour comprendre, un graphique s'impose. Considérons une fonction f symétrique par rapport au point de coordonnées $(2, 1)$, un point B de coordonnées $(x, f(x))$ et notons B' son symétrique par rapport au point de coordonnées $(2, 1)$.

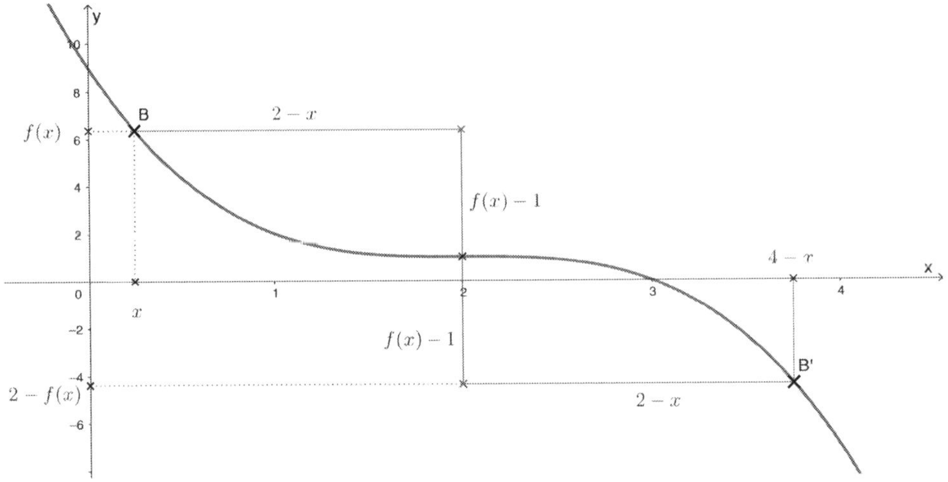

Soit $x \in \mathbb{R}$ et B le point de coordonnées $(x, f(x))$ dans le repère $(O, \vec{i}, \vec{j})$. Le symétrique de B par rapport au point de coordonnées $(2, 1)$ est le point B' de coordonnées $(4 - x, 2 - f(x))$ et on a :

$$\begin{aligned} f(4-x) &= 2 - f(4-(4-x)) \\ &= 2 - f(x) \end{aligned}$$

donc le point B' appartient au graphe de f.

À retenir

On pourra retenir (et savoir démontrer car ce n'est pas du cours) que, si f est une fonction définie sur une partie I de $\mathbb{R}$ et si (a, b) est un élément de $\mathbb{R}^2$ tel que, pour tout $x \in I$, $2a - x$ appartient à I, alors le graphe de f dans un repère orthonormé est symétrique par rapport au point de coordonnées (a, b) si et seulement si :

$$\forall x \in I,\ f(2a - x) = 2b - f(x)$$

ou encore, de façon équivalente :

$$\forall x \in \mathbb{R},\ a + x \in I,\ f(a + x) + f(a - x) = 2b$$

5. Vrai. Par définition, on a :

$$f(\mathbb{R}) = \{f(x),\ x \in \mathbb{R}\}$$

donc tout élément de $f(\mathbb{R})$ admet au moins un antécédent x dans $\mathbb{R}$ par f et f est donc surjective de $\mathbb{R}$ sur $f(\mathbb{R})$. De plus, comme f est strictement croissante, on a :

$$\forall (x, x') \in \mathbb{R}^2,\ x < x' \Rightarrow f(x) < f(x')$$

donc :

$$\forall (x, x') \in \mathbb{R}^2,\ x \neq x' \Rightarrow f(x) \neq f(x')$$

ce qui prouve que f est également injective sur $\mathbb{R}$.
Si f est strictement croissante sur $\mathbb{R}$, alors f est bijective de $\mathbb{R}$ sur $f(\mathbb{R})$.

13 Fonctions : limites et continuité

Maîtriser le cours

Exercice 1 – Le vrai/faux du début

1. Si f est croissante et majorée sur $\mathbb{R}_+^*$, elle a une limite finie en $+\infty$. ☐ Vrai ☐ Faux
2. Si f est décroissante et minorée sur $\mathbb{R}_+^*$, elle a une limite finie en 0 à droite. ☐ Vrai ☐ Faux
3. $\lim\limits_{x\to+\infty} \dfrac{2x^2 - x + 1}{x^2 + x + 3} = 2$. ☐ Vrai ☐ Faux
4. Si $\lim\limits_{x\to 0} f(x) = \ell$ et $\lim\limits_{x\to 0} g(x) = \ell'$ alors $\lim\limits_{x\to 0} \dfrac{f(x)}{g(x)} = \dfrac{\ell}{\ell'}$. ☐ Vrai ☐ Faux

Exercice 2 –

Calculer les limites des fonctions suivantes au point indiqué :

1. $x \mapsto \dfrac{x-1}{x^2 - 3x + 2}$ en 1.
2. $x \mapsto x\left\lfloor \frac{1}{x} \right\rfloor - x + 1$ en 0.
3. $x \mapsto \dfrac{\sqrt{x+1} - \sqrt{2x}}{x-1}$ en $+\infty$.

Maîtriser les méthodes fondamentales

Exercice 3 –

Calculer les limites des fonctions suivantes au point indiqué :

1. $x \mapsto \ln(x) - 2x - \mathrm{e}^x$ en $+\infty$.
2. $x \mapsto \dfrac{\mathrm{e}^x - \mathrm{e}^{x^2}}{x - x^2}$ en $+\infty$.
3. $x \mapsto \dfrac{\ln(1 + \mathrm{e}^x)}{x}$ en $+\infty$.

Exercice 4 –

Dans cet exercice, a désigne un réel et f_a est la fonction définie par :

$$\forall x \in \mathbb{R},\ f_a(x) = (x - \lfloor x \rfloor)(x - \lfloor x \rfloor + a).$$

Déterminer l'ensemble des réels a pour lesquels f_a est continue sur $\mathbb{R}$.

Exercice 5 –

On cherche à déterminer les fonctions f continues sur $\mathbb{R}$ et à valeurs dans $\mathbb{R}$ telles que :

$$\forall (x, y) \in \mathbb{R}^2,\ f(x+y) = f(x) + f(y) \qquad (*)$$

1. Soit f une fonction continue sur $\mathbb{R}$ vérifiant $(*)$.
   a) Montrer que f est impaire.
   b) Pour tout $n \in \mathbb{N}^*$ et tous réels $x_1, \dots, x_n$, que peut-on dire de $f(x_1 + \cdots + x_n)$?
2. Soit f une fonction continue sur $\mathbb{R}$ vérifiant $(*)$.
   a) Montrer que : $\forall n \in \mathbb{Z},\ f(n) = nf(1)$.
   b) Prouver également que : $\forall x \in \mathbb{Q},\ f(x) = xf(1)$.
   c) Prouver que : $\forall x \in \mathbb{R},\ \lim\limits_{n \to +\infty} \frac{\lfloor nx \rfloor}{n} = x$.
   d) Que peut-on en déduire pour f ?
3. Conclure.

Exercice 6 –

On dit qu'une fonction f définie sur $\mathbb{R}$ est périodique sur $\mathbb{R}$ s'il existe un réel $T > 0$ (appelé période de f) tel que :

$$\forall x \in \mathbb{R},\ f(x+T) = f(x).$$

Soit $f : \mathbb{R} \to \mathbb{R}$ une fonction périodique. Prouver que, si f admet une limite en $+\infty$, alors f est constante. On pourra s'intéresser à la limite de la suite $(f(x+nT))_{n \in \mathbb{N}}$, pour tout $x \in \mathbb{R}$.

Pour aller plus loin

Exercice 7 –

Soit $(a, b) \in \mathbb{R}^2$ tel que $a < b$. On suppose que f et g sont deux fonctions continues sur $[a, b]$, à valeurs dans $\mathbb{R}$ et telles que $f([a, b])$ soit inclus dans $g([a, b])$, c'est-à-dire :

$$\forall x \in [a, b], \exists x' \in [a, b],\ f(x) = g(x')$$

On se propose de démontrer qu'il existe $c \in [a, b]$ tel que : $f(c) = g(c)$.

1. Justifier l'existence d'un minimum et d'un maximum m_f et M_f pour f (respectivement m_g et M_g pour g) sur $[a, b]$ puis que :

$$m_g \leq m_f \quad \text{et} \quad M_g \geq M_f.$$

2. On suppose que : $\forall x \in [a, b],\ f(x) \neq g(x)$. Prouver que $f - g$ est de signe constant sur $[a, b]$.
3. Conclure.

Exercice 8 – Le vrai/faux de la fin

1. Si f est continue sur $[-2,2]$ et si $f(-2) < 0$ et $f(2) > 0$, il existe un unique $c \in [-2,2]$ tel que $f(c) = 0$. ☐ Vrai ☐ Faux
2. Si f est une fonction continue sur $\mathbb{R}$ et tendant vers $+\infty$ en $-\infty$ et en $+\infty$, alors f admet un minimum global. ☐ Vrai ☐ Faux

Solution des exercices

Exercice 1 –

1. Vrai. C'est une partie du théorème de la limite monotone.
2. Faux. Penser par exemple à la fonction $x \mapsto \frac{1}{x}$, qui est bien décroissante et minorée sur $\mathbb{R}_+^*$, mais sa limite en 0 à droite est égale à $+\infty$.

> **Cours – Théorème de la limite monotone.**
> Si f est une fonction monotone sur $]a, b[$ $(-\infty \leq a < b \leq +\infty)$, alors f a une limite (finie ou infinie) en a à droite et en b à gauche.
> Plus précisément :
> - si f est croissante et majorée, elle a une limite finie en b à gauche,
> - si f est croissante et *minorée*, elle a une limite finie en a à droite,
> - si f est décroissante et minorée, elle a une limite finie en b à gauche,
> - si f est décroissante et *majorée*, elle a une limite finie en a à droite.

3. Vrai. Pour trouver la limite en $+\infty$ d'une fonction rationnelle, il suffit de considérer les termes de plus haut degrés :
$$\lim_{x\to+\infty} \frac{2x^2 - x + 1}{x^2 + x + 3} = \lim_{x\to+\infty} \frac{2x^2}{x^2} = 2$$
4. Faux. Il faudrait que ℓ' soient des réels et que ℓ' soit non nul !

Exercice 2 –

1. On a :

> Quand on cherche la limite en un point d'une expression, on commence par chercher la limite de chacun des termes.

$$\lim_{x\to1}(x-1) = 0 \quad \text{et} \quad \lim_{x\to1}(x^2 - 3x + 2) = 0$$

Il y a donc une indétermination. Cependant on peut remarquer que 1 est racine de $x^2 - 3x + 2$ donc on peut modifier l'expression.

> Quand il y a une forme indéterminée, on essaie de simplifier en factorisant.

Les racines de $x^2 - 3x + 2$ sont 1 et 2 donc :

$$\forall x \in \mathbb{R} \setminus \{1,2\}, \quad \frac{x-1}{x^2-3x+2} = \frac{x-1}{(x-1)(x-2)} = \frac{1}{x-2}$$

et donc :

$$\lim_{x\to 1} \frac{x-1}{x^2-3x+2} = -1$$

2. Par définition de la partie entière, on a :

> Quand on cherche la limite d'une fonction faisant intervenir une partie entière, on procède presque toujours par encadrement.

$$\forall x \in \mathbb{R}^*,\ \left\lfloor \frac{1}{x} \right\rfloor \leq \frac{1}{x} < \left\lfloor \frac{1}{x} \right\rfloor + 1$$

et donc :

$$\forall x \in \mathbb{R}^*,\ \frac{1}{x} - 1 \leq \left\lfloor \frac{1}{x} \right\rfloor \leq \frac{1}{x} \qquad (13.1)$$

On étudie maintenant les limites à gauche et à droite en 0.

> Ne pas oublier que pour multiplier une inégalité par un réel a, il faut savoir si a est positif ou non.

En multipliant l'inégalité précédente par x ($x > 0$), on obtient :

$$\forall x \in \mathbb{R}_+^*,\ 1 - x \leq x \left\lfloor \frac{1}{x} \right\rfloor \leq 1$$

puis :

$$\forall x \in \mathbb{R}_+^*,\ 2 - 2x \leq x \left\lfloor \frac{1}{x} \right\rfloor - x + 1 \leq 2 - x$$

Or on a :

$$\lim_{x\to 0^+} (2-2x) = \lim_{x\to 0^+} (2-x) = 2$$

donc, d'après le théorème de l'encadrement :

$$\lim_{x\to 0^+} \left(x \left\lfloor \frac{1}{x} \right\rfloor - x + 1 \right) = 2$$

De même, on obtient, à partir de (13.1) :

> Penser que, si $x < 0$, alors : $a \leq b \Rightarrow ax \geq bx$

$$\forall x \in \mathbb{R}_-^*,\ 1 \leq x \left\lfloor \frac{1}{x} \right\rfloor \leq 1 - x$$

puis :

$$\forall x \in \mathbb{R}_-^*,\ 2 - x \leq x \left\lfloor \frac{1}{x} \right\rfloor - x + 1 \leq 2 - 2x$$

Or on a :

$$\lim_{x\to 0^-} (2-2x) = \lim_{x\to 0^-} (2-x) = 2$$

donc, d'après le théorème de l'encadrement :

$$\lim_{x\to 0^-} \left(x \left\lfloor \frac{1}{x} \right\rfloor - x + 1 \right) = 2$$

Finalement, comme les limites à gauche et à droite sont égales, on peut conclure :

$$\lim_{x\to 0} \left(x \left\lfloor \frac{1}{x} \right\rfloor - x + 1 \right) = 2$$

Cours

Soit $a \in \mathbb{R} \cup \{-\infty, +\infty\}$ et f, g, h des fonctions définies sur un voisinage V_a de a (éventuellement privé de a) telles que :

$$\forall x \in V_a,\ f(x) \leq g(x) \leq h(x)$$

Si $\lim_{x\to a} f(x) = \lim_{x\to a} h(x) = \ell$, alors : $\lim_{x\to a} g(x) = \ell$.

3. Encore une fois, il y a indétermination, mais on peut remarquer que :

> Quand il y a une indétermination faisant intervenir une différence de racines carrées comme $\sqrt{a} - \sqrt{b}$, penser que l'on peut souvent simplifier en multipliant et divisant par l'expression conjuguée $\sqrt{a} + \sqrt{b}$.

$$\begin{aligned}\forall x > 1,\ \frac{\sqrt{x+1} - \sqrt{2x}}{x-1} &= \frac{\left[\sqrt{x+1} - \sqrt{2x}\right]\left[\sqrt{x+1} + \sqrt{2x}\right]}{(x-1)\left[\sqrt{x+1} + \sqrt{2x}\right]} \\ &= \frac{1-x}{(x-1)\left[\sqrt{x+1} + \sqrt{2x}\right]} \\ &= -\frac{1}{\sqrt{x+1} + \sqrt{2x}}\end{aligned}$$

> $(a-b)(a+b) = a^2 - b^2$

Enfin on a :

$$\lim_{x\to+\infty} \left[\sqrt{x+1} + \sqrt{2x}\right] = +\infty \quad \text{et} \quad \lim_{t\to+\infty} \frac{1}{t} = 0$$

donc finalement :

$$\lim_{x\to+\infty} \frac{\sqrt{x+1} - \sqrt{2x}}{x-1} = 0$$

Exercice 3 –

1. On a :

> Face à une forme indéterminée avec une somme, on pense à factoriser pour pouvoir utiliser les croissances comparées.

$$\forall x \in \mathbb{R}_+^*,\ \ln(x) - 2x - e^x = e^x \left[\frac{\ln(x)}{e^x} - 2x\,e^{-x} - 1\right]$$

Or on a, par croissances comparées :

$$\lim_{x\to+\infty} \frac{\ln(x)}{e^x} = 0 \quad \text{et} \quad \lim_{x\to+\infty} x\,e^{-x} = 0$$

donc :

$$\lim_{x\to+\infty} \left[\frac{\ln(x)}{e^x} - 2x\,e^{-x} - 1\right] = -1$$

ce qui nous permet de conclure, comme $\lim_{x\to+\infty} e^x = +\infty$:

$$\lim_{x\to+\infty} \left[\ln(x) - 2x - e^x\right] = -\infty$$

Cours – Croissances comparées.

Se souvenir que :

$$\lim_{x\to+\infty} \frac{\ln(x)}{x} = 0, \quad \lim_{x\to 0} x\ln(x) = 0, \quad \lim_{x\to+\infty} \frac{x}{e^x} = 0, \quad \lim_{x\to+\infty} \frac{\ln(x)}{e^x} = 0$$

et plus généralement, pour tous réels α et β strictement positifs :

$$\lim_{x\to+\infty} \frac{\ln^\alpha(x)}{x^\beta} = 0, \quad \lim_{x\to 0} x^\alpha \ln^\beta(x) = 0, \quad \lim_{x\to+\infty} \frac{x^\alpha}{e^{\beta x}} = 0, \quad \lim_{x\to+\infty} \frac{\ln^\alpha(x)}{e^{\beta x}} = 0$$

2. On a :

$$\forall x > 1,\ x - x^2 \neq 0$$

et :

$$\begin{aligned}\forall x > 1,\ \frac{e^x - e^{x^2}}{x - x^2} &= \frac{e^{x^2}}{x^2} \times \frac{e^{x-x^2} - 1}{\frac{1}{x} - 1}\\ &= \frac{e^{x^2}}{x^2} \times \frac{e^{x^2\left(\frac{1}{x}-1\right)} - 1}{\frac{1}{x} - 1}\end{aligned}$$

De plus on a :

$$\lim_{x\to+\infty} x^2\left(\frac{1}{x} - 1\right) = -\infty \quad \text{et} \quad \lim_{t\to-\infty} e^t = 0$$

donc :

$$\lim_{x\to+\infty} e^{x^2\left(\frac{1}{x}-1\right)} = 0$$

Il en découle :

$$\lim_{x\to+\infty} \frac{e^{x^2\left(\frac{1}{x}-1\right)} - 1}{\frac{1}{x} - 1} = 1$$

Enfin on a, par croissances comparées :

$$\lim_{x\to+\infty} \frac{e^{x^2}}{x^2} = +\infty$$

On peut désormais conclure :

$$\lim_{x\to+\infty} \frac{e^x - e^{x^2}}{x - x^2} = +\infty$$

3. On a :

Attention à ne pas voir des croissances comparées là où il n'y en a pas !

$$\forall x \in \mathbb{R}_+^*, \quad \frac{\ln(1+e^x)}{x} = \frac{\ln\left(e^x\left(e^{-x}+1\right)\right)}{x} = \frac{x+\ln(e^{-x}+1)}{x} = 1+\frac{\ln(e^{-x}+1)}{x} = 1+\frac{1}{x}\times\ln(e^{-x}+1)$$

De plus on a :

$$\lim_{x\to+\infty}(e^{-x}+1)=1 \quad \text{et} \quad \lim_{t\to 1}\ln(t)=0$$

donc :

$$\lim_{x\to+\infty}\ln(e^{-x}+1)=0$$

et ainsi (sans indétermination) :

$$\lim_{x\to+\infty}\frac{\ln(1+e^x)}{x}=1$$

Exercice 4 –

Soit $a \in \mathbb{R}$. Par définition, on a :

$$\forall n \in \mathbb{Z},\ \forall x \in [n, n+1[,\ f_a(x)=(x-n)(x-n+a).$$

Ainsi, pour tout $n \in \mathbb{Z}$, la restriction de f_a à $[n, n+1[$ est une fonction polynôme, donc continue sur $[n, n+1[$. La fonction f_a est donc continue en tout point de $\mathbb{R}\setminus\mathbb{Z}$ et continue à droite en tout n appartenant à $\mathbb{Z}$.

De plus, on a :

$$\forall n \in \mathbb{Z},\ \forall x \in [n-1, n[,\ f_a(x)=(x-n+1)(x-n+1+a)$$

donc :

$$\forall n \in \mathbb{Z},\ \lim_{x\to n^-} f_a(x)=1+a$$

Comme, pour tout $n \in \mathbb{Z}$, $f_a(n)=0$, f_a est donc continue en $n \in \mathbb{Z}$ si, et seulement si, $1+a=0$, donc si et seulement si $a=-1$.

Finalement f_a est continue sur $\mathbb{R}$ si et seulement si $a=-1$.

À retenir

Dans les questions portant sur la continuité d'une fonction, attention à la précipitation. S'il faut évidemment étudier la continuité aux points posant problème (ici les entiers relatifs), il ne faut pas oublier de justifier la continuité là où elle ne pose pas de problème.

Exercice 5 –

1. **a)** $\mathbb{R}$ est centré en 0 et, en prenant $y = -x$ dans la relation $(*)$, on obtient :

$$\forall x \in \mathbb{R},\ f(0) = f(x) + f(-x) \tag{13.2}$$

De plus, en prenant $x = y = 0$, on obtient : $f(0) = 2f(0)$. On en déduit $f(0) = 0$ et alors, d'après (13.2) :

$$\forall x \in \mathbb{R},\ f(-x) = -f(x)$$

ce qui nous permet de conclure que f est impaire.

b) Soit $(x_n)_{n\in\mathbb{N}^*}$ une famille de réels. Pour tout entier naturel n non nul, on note $\mathcal{P}(n)$: « $f\left(\sum_{k=1}^{n} x_k\right) = \sum_{k=1}^{n} f(x_k)$ ».

On montre par récurrence que $\mathcal{P}(n)$ est vraie pour tout $n \in \mathbb{N}$.

Méthode

Un grand nombre de résultats faisant intervenir une somme $\sum_{k=1}^{n}$ peuvent se prouver par récurrence.

◇ Pour $n = 1$. Comme $f(x_1) = f(x_1)$, $\mathcal{P}(1)$ est vraie.

◇ Soit $n \in \mathbb{N}^*$. Supposons que $\mathcal{P}(n)$ soit vraie. On a alors :

$$f\left(\sum_{k=1}^{n+1} x_k\right) = f\left(\sum_{k=1}^{n} x_k + x_{n+1}\right)$$

donc, comme f vérifie $(*)$:

$$f\left(\sum_{k=1}^{n+1} x_k\right) = f\left(\sum_{k=1}^{n} x_k\right) + f(x_{n+1})$$

et d'après $\mathcal{P}(n)$:

$$\begin{aligned} f\left(\sum_{k=1}^{n+1} x_k\right) &= \sum_{k=1}^{n} f(x_k) + f(x_{n+1}) \\ &= \sum_{k=1}^{n+1} f(x_k) \end{aligned}$$

Ainsi : $\mathcal{P}(n) \Rightarrow \mathcal{P}(n+1)$.

◇ On peut alors conclure :

$$\forall n \in \mathbb{N}^*,\ \forall (x_1, \ldots, x_n) \in \mathbb{R}^n,\ f\left(\sum_{k=1}^{n} x_k\right) = \sum_{k=1}^{n} f(x_k)$$

Méthode

On pouvait également remarquer, en utilisant $(*)$, que (en notant $x_0 = 0$) :

$$\forall k \in [\![1, n]\!], \ f\left(\sum_{i=0}^{k} x_i\right) = f\left(\sum_{i=0}^{k-1} x_i\right) + f(x_k)$$

soit encore :

$$\forall k \in [\![1, n]\!], \ f\left(\sum_{i=0}^{k} x_i\right) - f\left(\sum_{i=0}^{k-1} x_i\right) = f(x_k)$$

puis sommer ces égalités de $k = 1$ à $k = n$, pour obtenir, à l'aide d'un télescopage :

$$f\left(\sum_{i=0}^{n} x_i\right) - f(0) = \sum_{k=1}^{n} f(x_k)$$

2. a) On peut remarquer, en prenant $x_1 = \cdots = x_n$ dans le résultat précédent, que :

$$\forall n \in \mathbb{N}^*, \ f(n) = f\left(\sum_{k=1}^{n} 1\right) = \sum_{k=1}^{n} f(1) = n f(1)$$

Comme $f(0) = 0$ et comme f est impaire, on peut alors conclure :

$$\forall n \in \mathbb{Z}, \ f(n) = n f(1)$$

b) Soit $x \in \mathbb{Q}$. Il existe donc $p \in \mathbb{Z}$ et $q \in \mathbb{N}^*$ tels que : $x = \frac{p}{q}$. Si p est strictement positif, on a alors, d'après le résultat de la question 1(b) :

$$f(x) = f\left(\sum_{k=1}^{p} \frac{1}{q}\right) = \sum_{k=1}^{p} f\left(\frac{1}{q}\right) = p f\left(\frac{1}{q}\right)$$

Supposons maintenant que p soit strictement négatif. Comme $f(x) + f(-x) = f(0) = 0$, on a :

$$f(x) = -f\left(-\frac{p}{q}\right) = -f\left(\sum_{k=1}^{-p} \frac{1}{q}\right)$$

donc, d'après le résultat de la question 1(b) :

$$f(x) = -\sum_{k=1}^{-p} f\left(\frac{1}{q}\right) = p f\left(\frac{1}{q}\right)$$

Enfin l'égalité est évidemment vraie si $p = 0$ puisque $f(0) = 0$.
Par ailleurs, encore d'après le résultat de la question 1(b), on a de même :

$$f(1) = f\left(\sum_{k=1}^{q} \frac{1}{q}\right) = q f\left(\frac{1}{q}\right)$$

d'où :

$$f\left(\frac{1}{q}\right) = \frac{1}{q} f(1)$$

et alors :

$$f(x) = \frac{p}{q} f(1)$$

Finalement, on a donc bien :

$$\forall x \in \mathbb{Q},\ f(x) = x f(1)$$

c) Soit $x \in \mathbb{R}$. On a :

$$\forall n \in \mathbb{N}^*,\ nx - 1 < \lfloor nx \rfloor \leq nx$$

d'où :

$$\forall n \in \mathbb{N}^*,\ x - \frac{1}{n} \leq \frac{\lfloor nx \rfloor}{n} \leq x$$

Or $\lim\limits_{n \to +\infty} \left(x - \frac{1}{n}\right) = x$ donc, d'après le théorème de l'encadrement :

$$\forall x \in \mathbb{R},\ \lim_{n \to +\infty} \frac{\lfloor nx \rfloor}{n} = x$$

À retenir

On se souviendra (et on saura démontrer) que tout nombre réel est la limite d'une suite de nombres rationnels, plus précisément que :

$$\forall x \in \mathbb{R},\ \lim_{n \to +\infty} \frac{\lfloor nx \rfloor}{n} = x$$

On dit que $\mathbb{Q}$ est dense dans $\mathbb{R}$.

d) Soit $x \in \mathbb{R}$. D'après le résultat précédent et comme f est continue en x, on a :

$$f(x) = \lim_{n \to +\infty} f\left(\frac{\lfloor nx \rfloor}{n}\right)$$

De plus, d'après le résultat de la question précédente, on a :

$$\forall n \in \mathbb{N}^*,\ f\left(\frac{\lfloor nx \rfloor}{n}\right) = \frac{\lfloor nx \rfloor}{n} f(1)$$

donc :

$$\lim_{n \to +\infty} f\left(\frac{\lfloor nx \rfloor}{n}\right) = x f(1)$$

ce qui nous permet de conclure :

$$\forall x \in \mathbb{R},\ f(x) = x f(1)$$

3. On a donc montré que, s'il existe une fonction f continue sur $\mathbb{R}$ vérifiant $(*)$, alors il existe un réel a tel que f soit l'application $x \mapsto ax$, de $\mathbb{R}$ dans $\mathbb{R}$ (*i.e.* f est une fonction linéaire).

   > Une seule implication a été démontrée, il ne faut pas oublier de démontrer la réciproque !

   Réciproquement, soient a un réel quelconque et $f : x \mapsto ax$, définie sur $\mathbb{R}$.
   f est alors continue sur $\mathbb{R}$ et on a :

$$\begin{aligned}\forall (x, y) \in \mathbb{R}^2,\ f(x+y) &= a(x+y)\\ &= ax + ay\\ &= f(x) + f(y)\end{aligned}$$

   donc f vérifie $(*)$, ce qui nous permet de conclure que les applications f continues sur $\mathbb{R}$, à valeurs dans $\mathbb{R}$ et vérifiant $(*)$ sont les applications linéaires $x \mapsto ax$.

Exercice 6 –

Supposons que f soit périodique sur $\mathbb{R}$, de période $T > 0$ et admette une limite ℓ en $+\infty$.

> Pour montrer que f est constante, il suffit de prouver que $f(x) = \ell$ pour tout $x \in \mathbb{R}$.

Comme f est T-périodique, on a :

$$\forall x \in \mathbb{R},\ \forall n \in \mathbb{N},\ f(x + (n+1)T) = f(x + nT + T) = f(x + nT)$$

donc, pour tout réel x, la suite $(f(x+nT))_{n\in\mathbb{N}}$ est constante, ce qui signifie que tous les termes sont égaux au terme d'indice $n = 0$, *i.e.* :

$$\forall x \in \mathbb{R},\ \forall n \in \mathbb{N},\ f(x) = f(x + nT) \tag{13.3}$$

De plus, comme $T > 0$, on a :

$$\forall x \in \mathbb{R},\ \lim_{n\to+\infty} f(x + nT) = \ell$$

et donc, en faisant tendre n vers $+\infty$ dans (13.3) :

$$\forall x \in \mathbb{R},\ f(x) = \ell$$

ce qui prouve d'une part que ℓ est nécessairement finie, et d'autre part que f est constante

Exercice 7 –

1. • f et g sont deux fonctions continues sur le segment $[a, b]$ donc, d'après le théorème des bornes atteintes, f et g admettent toutes deux un minimum et un maximum sur $[a, b]$.

   Cours – Théorème des bornes atteintes.
   Si f est une fonction continue sur un segment $[a, b]$ de $\mathbb{R}$, alors f est bornée et atteint ses bornes sur $[a, b]$, ce qui signifie que f a un maximum et un minimum sur $[a, b]$.

   • Par définition de m_f, il existe $x_0 \in [a, b]$ tel que : $m_f = f(x_0)$. De plus $f([a, b])$ est inclus dans $g([a, b])$, donc $f(x_0)$ appartient à $g([a, b])$, ce qui signifie qu'il existe $x_1 \in [a, b]$ tel que : $g(x_1) = f(x_0)$. On a alors, comme m_g est le minimum de g sur $[a, b]$:

$$m_g \leq g(x_1)$$

d'où :

$$m_g \leq m_f$$

• De même, il existe $x_2 \in [a, b]$ tel que $M_f = f(x_2)$ et il existe $x_3 \in [a, b]$ tel que $g(x_3) = f(x_2)$. On a alors, comme M_g est le maximum de g sur $[a, b]$:

$$M_g \geq g(x_3)$$

d'où :

$$M_g \geq M_f$$

2. Supposons que $f - g$ ne soit pas de signe constant sur $[a, b]$. Il existe alors deux éléments distincts x_1 et x_2 de $[a, b]$ tels que :

$$f(x_1) - g(x_1) < 0 \quad \text{et} \quad f(x_2) - g(x_2) > 0$$

Quitte à échanger les noms, on peut supposer que : $x_1 < x_2$. Comme $f - g$ est continue sur $[x_1, x_2]$ (car f et g le sont) et comme 0 est compris entre $(f - g)(x_1)$ et $(f - g)(x_2)$, on en déduit, d'après le théorème des valeurs intermédiaires, qu'il existe $c \in [x_1, x_2]$ tel que $(f - g)(c) = 0$, donc tel que $f(c) = g(c)$, ce qui contredit l'hypothèse initiale.
On en déduit que $f - g$ est de signe constant sur $[a, b]$.

Cours – Théorème des valeurs intermédiaires.
Si f est continue sur $[a, b]$ $(a < b)$ alors, pour tout c compris entre $f(a)$ et $f(b)$, il existe $d \in [a, b]$ tel que : $f(d) = c$.

3. Supposons encore que :

$$\forall x \in [a, b],\ f(x) \neq g(x)$$

D'après le résultat de la question précédente, $f - g$ est de signe constant (et ne s'annule pas par hypothèse).
Distinguons alors les cas selon le signe de $f - g$.

On va chercher à établir une contradiction avec les inégalités obtenues dans la question 1.

- Supposons que $f - g$ soit strictement positive. On a alors :

$$\forall x \in [a, b],\ f(x) > g(x)$$

donc, comme M_f est le maximum de f sur $[a, b]$:

$$\forall x \in [a, b],\ M_f \geq f(x) > g(x)$$

et en particulier pour $\alpha \in [a, b]$ tel que $g(\alpha) = M_g$:

$$M_f > M_g$$

Il y a donc contradiction avec le résultat de la question 1.

- Supposons maintenant que $f - g$ soit strictement négative. On a alors :

$$\forall x \in [a, b],\ m_f \leq f(x) < g(x)$$

et en particulier pour $\beta \in [a, b]$ tel que $g(\beta) = m_g$:

$$m_f < m_g$$

Il y a donc contradiction avec le résultat de la question 1.

Dans tous les cas, il y a donc contradiction, ce qui nous permet de conclure qu'il existe $c \in [a, b]$ tel que $f(c) = g(c)$.

Exercice 8 –

1. Faux. Le théorème des valeurs intermédiaires garantit l'existence d'un réel c appartenant à $[-2, 2]$ tel que $f(c) = 0$, mais pas l'unicité.
Il suffit de considérer la fonction $f : x \mapsto x(x-1)(x+1)$. Celle-ci est bien continue sur $[-2, 2]$ et on a : $f(-2) = -6$ et $f(2) = 6$, pourtant f s'annule trois fois sur $[-2, 2]$.
En revanche, si f est continue et strictement monotone sur $[-2, 2]$ avec $f(-2) < 0$ et $f(2) > 0$, il existe bien un unique $c \in [-2, 2]$ tel que $f(c) = 0$.

Cours – Théorème de la bijection.

Si f est continue et strictement monotone sur un intervalle I de $\mathbb{R}$, alors f réalise une bijection de I sur $f(I)$ et $f(I)$ est un intervalle de même nature que I (*i.e.* si I est un segment, $f(I)$ est un segment, si I est ouvert, $f(I)$ est ouvert,...).

2. Vrai. Supposons que f soit continue sur $\mathbb{R}$ et tende vers $+\infty$ en $-\infty$ et $+\infty$. Par définition de la limite, on a alors d'une part :

$$\exists A < 0,\ \forall x < A,\ f(x) > f(0)$$

On utilise la définition de la limite en $-\infty$.

et d'autre part :

$$\exists B > 0,\ \forall x > B,\ f(x) > f(0)$$

On utilise la définition de la limite en $+\infty$.

En outre f est continue sur le segment $[A, B]$ donc, d'après le théorème des bornes atteintes, elle admet un minimum sur $[A, B]$, atteint en au moins un point x_0 de $[A, B]$ et on a :

$$\forall x \in [A, B],\ f(x) \geq f(x_0)$$

On en déduit, par définition de A et de B et comme $f(0) \geq f(x_0)$ (car $0 \in [A, B]$) :

$$\forall x \in \mathbb{R},\ f(x) \geq f(x_0)$$

Ainsi $f(x_0)$ est le minimum de f sur $\mathbb{R}$.

14 Fonctions : dérivation

Maîtriser le cours

Exercice 1 – Le vrai/faux du début

1. La dérivée de la fonction $x \mapsto 4x^3 + \frac{1}{x}$ sur $\mathbb{R}_+^*$ est $x \mapsto 12x^2 - \dfrac{1}{x^2}$. ☐ Vrai ☐ Faux
2. Si f est dérivable sur son ensemble de définition $\mathcal{D}_f$ et si f' est négative, alors f est décroissante sur $\mathcal{D}_f$. ☐ Vrai ☐ Faux
3. Si f est continue sur $\mathbb{R}$, alors f est dérivable sur $\mathbb{R}$. ☐ Vrai ☐ Faux

Exercice 2 –

Dans chacun des cas suivants, étudier les variations de la fonction sur son ensemble de définition. On tracera le tableau de variations et on précisera les limites aux bornes de l'ensemble de définition.

1. $f : x \mapsto \dfrac{2x-3}{x-1}$
2. $g : x \mapsto \left(x^2 - 5\right)\sqrt{x}$
3. $h : x \mapsto \dfrac{\ln(x)}{x}$

Maîtriser les méthodes fondamentales

Exercice 3 –

1. On considère la fonction φ définie sur $\mathbb{R}$ par :

$$\forall x \in \mathbb{R},\ \varphi(x) = (1+x)\,\mathrm{e}^x + 1$$

   Étudier les variations de φ sur $\mathbb{R}$.

2. On considère maintenant la fonction f définie sur $\mathbb{R}^*$ par :

$$\forall x \in \mathbb{R}^*,\ f(x) = \frac{x}{1+\mathrm{e}^{\frac{1}{x}}}$$

   a) Montrer que f se prolonge en une fonction continue sur $\mathbb{R}$. Dans la suite de l'exercice, ce prolongement est encore noté f.

   b) Étudier la dérivabilité de f sur $\mathbb{R}$.

3. **a)** Déterminer les limites respectives de f en $-\infty$ et $+\infty$.

   b) Étudier les variations de f sur $\mathbb{R}$.

Exercice 4 –
On considère la fonction f définie sur $\mathbb{R}$ par :

$$\forall x \in \mathbb{R},\ f(x) = \begin{cases} x^3 & \text{si } x \geq 0 \\ x^2 & \text{si } x < 0 \end{cases}$$

Étudier la dérivabilité de f sur $\mathbb{R}$.

Exercice 5 –
Soit a, b, c des réels et f la fonction définie sur $\mathbb{R}$ par :

$$\forall x \in \mathbb{R},\ f(x) = \begin{cases} x^2 + ax + b & \text{si } x \geq 0 \\ \dfrac{x + cx^2}{x - 2} & \text{si } x < 0 \end{cases}$$

1. Pour quelles valeur de a, b, c la fonction f est-elle continue sur $\mathbb{R}$?
2. Pour quelles valeur de a, b, c la fonction f est-elle dérivable sur $\mathbb{R}$?

Pour aller plus loin

Exercice 6 –
Soit (a, b) un couple de réels tel que $a < b$ et f une fonction dérivable sur $[a, b]$ telle que :

$$\forall x \in [a, b],\ f'(x) \leq \frac{f(b) - f(a)}{b - a}$$

Prouver que f est une fonction affine sur $[a, b]$.

Exercice 7 –
Dans cet exercice, a et b désignent deux réels tels que $a < b$.

1. Soit f une fonction continue sur $[a, b]$ et dérivable sur $]a, b[$.
   a) Montrer que f admet un minimum m et un maximum M sur $[a, b]$.
   b) En distinguant les cas $m = M$ et $m \neq M$, en déduire que f' s'annule au moins une fois sur $]a, b[$.
2. Soit g une fonction continue sur $[a, b]$ et dérivable sur $]a, b[$. En appliquant le résultat de la question précédente à une fonction f bien choisie, démontrer l'existence d'un réel c appartenant à $]a, b[$ tel que :

$$g'(c) = \frac{g(b) - g(a)}{b - a}$$

Exercice 8 – Le vrai/faux de la fin

1. La fonction $f : x \mapsto x\sqrt{x}$ est dérivable en 0. ☐ Vrai ☐ Faux
2. Il existe une fonction continue sur $\mathbb{R}$ mais non dérivable en 3. ☐ Vrai ☐ Faux
3. Si f est définie sur $\mathbb{R}$ par $f(1) = 2$ et :

$$\forall x \in \mathbb{R} \setminus \{1\},\ f(x) = \frac{\sqrt{|x|} - 3}{x - 1}$$ ☐ Vrai ☐ Faux

alors f est dérivable en 1 et $f'(1) = 0$.

4. Si f est dérivable sur $\mathbb{R}$, alors : ☐ Vrai ☐ Faux

$$\lim_{h \to 0} \frac{f(x+h) + f(x-h) - 2f(x)}{h} = 2f'(x)$$

5. La composée de fonctions dérivables sur $[0, 1]$ est dérivable sur $[0, 1]$. ☐ Vrai ☐ Faux

Solution des exercices

Exercice 1 –

1. La dérivée de la fonction $x \mapsto 4x^3 + \frac{1}{x}$ sur $\mathbb{R}_+^*$ est $x \mapsto 12x^2 - \frac{1}{x^2}$ ☒ Vrai ☐ Faux
2. Faux. Par exemple la fonction $f : x \mapsto \frac{1}{x}$ a une dérivée négative sur $\mathbb{R}^*$, mais n'est pas décroissante sur $\mathbb{R}^*$ puisque $f(-1) = -1$ et $f(1) = 1$ ($\mathbb{R}^*$ n'est pas un intervalle). ☐ Vrai ☒ Faux
3. Faux, par exemple la fonction $x \mapsto |x|$ est continue sur $\mathbb{R}$ mais pas dérivable en 0. ☐ Vrai ☒ Faux

Cours

Si f est une fonction dérivable sur un **intervalle** I de $\mathbb{R}$ et si f' est négative sur I (respectivement positive sur I), alors f est décroissante sur I (resp. croissante sur I).

Exercice 2 –

1. L'ensemble de définition de f est $\mathcal{D}_f = \mathbb{R} \setminus \{1\}$. De plus f est une fonction rationnelle donc elle est dérivable en tout point de son ensemble de définition et on a :

$$\begin{aligned}\forall x \in \mathcal{D}_f,\ f'(x) &= \frac{2 \times (x-1) - 1 \times (2x-3)}{(x-1)^2} \\ &= \frac{1}{(x-1)^2} \\ &> 0\end{aligned}$$

De plus, on peut remarquer que :

$$\forall x \in \mathcal{D}_f,\ f(x) = \frac{x\left(2-\frac{3}{x}\right)}{x\left(1-\frac{1}{x}\right)} = \frac{2-\frac{3}{x}}{1-\frac{1}{x}}$$

donc :

$$\lim_{x\to-\infty} f(x) = 2 \quad \text{et} \quad \lim_{x\to+\infty} f(x) = 2$$

Par ailleurs, on a :

$$\lim_{x\to 1}(2x-3) = -1$$

et :

$$\lim_{x\to 1^-}(x-1) = 0^- \qquad \lim_{x\to 1^+}(x-1) = 0^+$$

d'où :

$$\lim_{x\to 1^-} f(x) = +\infty \qquad \lim_{x\to 1^+} f(x) = -\infty$$

On en déduit le tableau de variations suivant :

x	$-\infty$		1		$+\infty$
$f'(x)$		$+$	||	$+$	
f	2	↗	$+\infty$ || $-\infty$	↗	2

Ainsi f est croissante sur $]-\infty, 1[$ et sur $]1, +\infty[$.

Attention à ne pas dire que f est croissante sur $\mathcal{D}_f$, ce qui n'est pas vrai : $\mathcal{D}_f$ n'est pas un intervalle.

2. L'ensemble de définition de g est $\mathbb{R}_+$ et g est dérivable sur $\mathbb{R}_+^*$ comme produit de fonctions qui le sont. De plus on a :

La fonction $t \to \sqrt{t}$ est définie sur $\mathbb{R}_+$, mais dérivable uniquement sur $\mathbb{R}_+^*$.

$$\begin{aligned}\forall x \in \mathbb{R}_+^*,\ g'(x) &= 2x\sqrt{x} + \left(x^2-5\right)\frac{1}{2\sqrt{x}} \\ &= \frac{4x^2}{2\sqrt{x}} + \left(x^2-5\right)\frac{1}{2\sqrt{x}} \\ &= \frac{5\left(x^2-1\right)}{2\sqrt{x}}\end{aligned}$$

On en déduit le tableau de variations suivant (la limite en $+\infty$ est obtenue directement, sans indétermination) :

x	0		1		$+\infty$
$g'(x)$		$-$	0	$+$	
g	0	↘	-4	↗	$+\infty$

3. L'ensemble de définition de h est $\mathcal{D}_h = \mathbb{R}_+^*$. De plus h est dérivable en tout point de son ensemble de définition comme produit de fonctions qui le sont et on a :

$$\forall x \in \mathcal{D}_h,\ h'(x) = \frac{\frac{1}{x} \times x - 1 \times \ln(x)}{x^2} = \frac{1 - \ln(x)}{x^2}$$

On en déduit que $h'(x)$ est du signe de $1 - \ln(x)$, donc strictement positif lorsque $0 < x < \mathrm{e}$ et strictement négatif lorsque $x > \mathrm{e}$.
De plus on a, sans indétermination :

$$\lim_{x \to 0^+} h(x) = -\infty$$

et, par croissances comparées :

$$\lim_{x \to +\infty} h(x) = 0$$

On en déduit le tableau de variations suivant :

x	0		e		$+\infty$
$h'(x)$		$+$	0	$+$	
h	$-\infty$	↗	e^{-1}	↘	0

Exercice 3 –

1. φ est dérivable sur $\mathbb{R}$ comme produit et somme de fonctions qui le sont et on a :

$$\forall x \in \mathbb{R},\ \varphi'(x) = (2 + x)\,\mathrm{e}^x$$

On en déduit que $\varphi(x)$ est du signe de $2 + x$, ce qui nous permet de dresser le tableau de variations de φ sur $\mathbb{R}$, les limites étant obtenues de manière immédiate avec les limites usuelles :

x	$-\infty$		-2		$+\infty$
$\varphi'(x)$		$-$	0	$+$	
φ	1	$\searrow$	$1-\mathrm{e}^{-2}$	$\nearrow$	$+\infty$

2. **a)** La fonction $x \mapsto \frac{1}{x}$ est continue sur $\mathbb{R}_-^*$ et sur $\mathbb{R}_+^*$ et la fonction exponentielle est continue sur $\mathbb{R}$, à valeurs dans $\mathbb{R}_+^*$, donc f est continue sur $\mathbb{R}_-^*$ et $\mathbb{R}_+^*$ comme quotient, dont le dénominateur ne s'annule pas sur ces intervalles, de fonctions qui le sont. De plus, on a :

$$\lim_{x\to 0^+} \frac{1}{x} = +\infty \quad \text{et} \quad \lim_{t\to +\infty} \mathrm{e}^t = +\infty$$

donc, par composition :

$$\lim_{x\to 0^+} \left(1 + \mathrm{e}^{\frac{1}{x}}\right) = +\infty$$

d'où :

$$\lim_{x\to 0^+} f(x) = 0$$

Par ailleurs, on a :

$$\lim_{x\to 0^-} \frac{1}{x} = -\infty \quad \text{et} \quad \lim_{t\to -\infty} \mathrm{e}^t = 0$$

donc, par composition :

$$\lim_{x\to 0^-} \left(1 + \mathrm{e}^{\frac{1}{x}}\right) = 1$$

d'où :

$$\lim_{x\to 0^-} f(x) = 0$$

Comme les limites à gauche et à droite en 0 sont égales, on en déduit :

$$\lim_{x\to 0} f(x) = 0$$

ce qui nous permet de conclure que f se prolonge en une fonction continue sur $\mathbb{R}$ en posant $f(0) = 0$.

b) La fonction $x \mapsto \frac{1}{x}$ est dérivable sur $\mathbb{R}_-^*$ et sur $\mathbb{R}_+^*$ et la fonction exponentielle est dérivable sur $\mathbb{R}$, à valeurs dans $\mathbb{R}_+^*$, donc f est le quotient, dont le dénominateur ne s'annule pas sur $\mathbb{R}_-^*$ et $\mathbb{R}_+^*$, de fonctions dérivables sur ces intervalles. Par conséquent f est dérivable sur $\mathbb{R}_-^*$ et $\mathbb{R}_+^*$.

De plus on a :

$$\forall x \in \mathbb{R}^*, \quad \frac{f(x) - f(0)}{x - 0} = \frac{1}{1 + \mathrm{e}^{\frac{1}{x}}}$$

donc de même que dans la question précédente :

$$\lim_{x\to 0^+} \frac{f(x) - f(0)}{x - 0} = 0 \quad \text{et} \quad \lim_{x\to 0^-} \frac{f(x) - f(0)}{x - 0} = 1,$$

ce qui nous permet de conclure, ces deux limites étant différentes, que f n'est pas dérivable en 0. Cependant f est dérivable à gauche et à droite en 0 et sa courbe représentative admet donc une demi-tangente d'équation $y = 0$ à droite en 0 (car $f'_d(0) = 0$ et $f(0) = 0$) et une demi-tangente d'équation $y = x$ à gauche en 0 (car $f'_g(0) = 1$ et $f(0) = 0$).

3. **a)** On a :

$$\lim_{x\to+\infty} \frac{1}{x} = \lim_{x\to-\infty} \frac{1}{x} = 0 \quad \text{et} \quad \lim_{t\to 0} \mathrm{e}^t = 1$$

donc :

$$\lim_{x\to+\infty} \left(1 + \mathrm{e}^{\frac{1}{x}}\right) = \lim_{x\to+\infty} \left(1 + \mathrm{e}^{\frac{1}{x}}\right) = 2$$

d'où :

$$\lim_{x\to+\infty} f(x) = +\infty \quad \text{et} \quad \lim_{x\to-\infty} f(x) = -\infty$$

b) On a :

$$\forall x \in \mathbb{R}^*,\ f'(x) = \frac{\left(1 + \mathrm{e}^{\frac{1}{x}}\right) - x \times \left(-\frac{1}{x^2}\right)\mathrm{e}^{\frac{1}{x}}}{\left(1 + \mathrm{e}^{\frac{1}{x}}\right)^2}$$

$$= \frac{\varphi\left(\frac{1}{x}\right)}{x^2\left(1 + \mathrm{e}^{\frac{1}{x}}\right)^2}.$$

Or, d'après la question 1 et comme $1-\mathrm{e}^{-2}$ est strictement positif, φ est strictement positive sur $\mathbb{R}$, donc :

$$\forall x \in \mathbb{R}^*,\ f'(x) > 0$$

ce qui nous permet de conclure, comme f est continue en 0, que f est strictement croissante sur $\mathbb{R}$.

Exercice 4 –

Méthode

Pour étudier la dérivabilité d'une fonction sur un intervalle I de $\mathbb{R}$, on commence par justifier la dérivabilité à l'aide des théorèmes généraux (fonctions usuelles, somme, produit, quotient, composée de fonctions dérivables) puis on étudie les éventuels points à problème (comme dans cet exercice 0 car f n'est pas définie de la même façon à gauche et à droite de 0).

Si l'on veut étudier la dérivabilité de f en $a \in I$, on étudie alors la limite de $\dfrac{f(x) - f(a)}{x - a}$ lorsque x tend vers a (éventuellement en étudiant séparément les limites à gauche et à droite); f est dérivable en a si et seulement si cette limite existe et est finie et dans ce cas :

$$f'(a) = \lim_{x\to a} \frac{f(x) - f(a)}{x - a}$$

La fonction $x \mapsto x^3$ est dérivable sur $\mathbb{R}_+^*$ et la fonction $x \mapsto x^2$ est dérivable sur $\mathbb{R}_-^*$ (car ce sont des fonctions polynômiales) donc f est dérivable en tout point de $\mathbb{R}^*$.

De plus, on a :

$$\forall x \in \mathbb{R}, \quad \frac{f(x)-f(0)}{x-0} = \begin{cases} x^2 & \text{si } x \geq 0 \\ x & \text{si } x < 0 \end{cases}$$

donc on a :

$$\lim_{x\to 0^+} \frac{f(x)-f(0)}{x-0} = 0 \quad \text{et} \quad \lim_{x\to 0^-} \frac{f(x)-f(0)}{x-0} = 0$$

Ces deux limites étant égales, on en déduit que f est aussi dérivable en 0 et $f'(0) = 0$. Finalement f est dérivable sur $\mathbb{R}$ et on a :

$$\forall x \in \mathbb{R}, \; f(x) = \begin{cases} 3x^2 & \text{si } x \geq 0 \\ 0 & \text{si } x = 0 \\ 2x & \text{si } x < 0 \end{cases}$$

soit encore :

$$\forall x \in \mathbb{R}, \; f(x) = \begin{cases} 3x^2 & \text{si } x \geq 0 \\ 2x & \text{si } x < 0 \end{cases}$$

Exercice 5 –

1. Soit $(a, b, c) \in \mathbb{R}^3$. La fonction $x \mapsto x^2 + ax + b$ est continue sur $\mathbb{R}^+$ en tant que fonction polynôme donc f est continue sur $\mathbb{R}_+^*$ et continue à droite en 0.

   On commence par justifier la continuité là où il n'y a pas de problème.

   La fonction $x \mapsto \frac{x+cx^2}{x-2}$ est continue sur $\mathbb{R}_-^*$ en tant que fonction rationnelle bien définie sur $\mathbb{R}_-^*$ donc f est continue sur $\mathbb{R}_-^*$.
   De plus, on a :

   Il reste à étudier la continuité à gauche en 0.

   $$\lim_{x\to 0^-} f(x) = 0$$

   donc, comme $f(0) = b$, f est continue à gauche en 0 si et seulement si $b = 0$. Finalement, f est continue sur $\mathbb{R}$ si et seulement si $b = 0$.

2. Soit $(a, b, c) \in \mathbb{R}^3$. D'après le résultat précédent, pour que f soit continue sur $\mathbb{R}$, il faut que b soit nul.

   Si f est dérivable sur $\mathbb{R}$, alors f est continue sur $\mathbb{R}$.

   On pose donc $b = 0$. La fonction $x \mapsto x^2 + ax$ est dérivable sur $\mathbb{R}^+$ en tant que fonction polynôme donc f est dérivable sur $\mathbb{R}_+^*$ et dérivable à droite en 0 et on a :

   $$\forall x \in \mathbb{R}_+^*, \; f'(x) = 2x + a \quad \text{et} \quad f'_d(0) = a$$

   La fonction $x \mapsto \frac{x+cx^2}{x-2}$ est dérivable sur $\mathbb{R}_-^*$ en tant que fonction rationnelle bien définie sur $\mathbb{R}_-^*$ donc f est dérivable sur $\mathbb{R}_-^*$.
   Enfin, on a :

   Il reste à étudier la dérivabilité à gauche en 0.

   $$\forall x \in \mathbb{R}_-^*, \quad \frac{f(x)-f(0)}{x-0} = \frac{1+cx}{x-2}$$

   donc :

   $$\lim_{x\to 0^-} \frac{f(x)-f(0)}{x-0} = -\frac{1}{2}$$

   Ainsi f est dérivable en 0 à gauche et on a : $f'_g(0) = -\frac{1}{2}$. Comme $f'_d(0) = a$, on en déduit que f est dérivable en 0 si et seulement $a = -\frac{1}{2}$.
   Finalement, f est dérivable sur $\mathbb{R}$ si et seulement si $a = -\frac{1}{2}$ et $b = 0$.

Exercice 6 –

À retenir

Si (a, c) et (b, d) sont deux couples de réels tels que $a \neq b$, l'unique fonction affine f telle que $f(a) = c$ et $f(b) = d$ est la fonction f définie par :

$$\forall x \in \mathbb{R},\ f(x) = \frac{d-c}{b-a}(x-a) + c$$

Considérons la fonction affine g définie sur $\mathbb{R}$ par :

$$\forall x \in \mathbb{R},\ g(x) = \frac{f(b) - f(a)}{b-a}(x-a) + f(a)$$

Méthode

Si f et g sont deux fonctions dérivables sur un intervalle I de $\mathbb{R}$, pour montrer que $f = g$, on peut montrer que $h = f - g$ est constante sur I et qu'il existe $c \in \mathbb{R}$ tel que $h(c) = 0$.

La fonction $h = g - f$ est dérivable sur $[a, b]$ comme somme de fonctions qui le sont et on a :

$$\forall x \in \mathbb{R},\ h'(x) = f'(x) - \frac{f(b) - f(a)}{b-a}$$

donc, par hypothèse sur f :

$$\forall x \in \mathbb{R},\ h'(x) \leq 0$$

Ainsi h est décroissante sur $\mathbb{R}$ donc :

$$\forall x \in [a, b],\ h(b) \leq h(x) \leq h(a)$$

d'où, comme $h(a) = h(b) = 0$:

$$\forall x \in [a, b],\ h(x) = 0$$

On a donc :

$$\forall x \in [a, b],\ f(x) = \frac{f(b) - f(a)}{b-a}(x-a) + f(a)$$

donc f est affine sur $[a, b]$.

Exercice 7 –

1. **a)** La fonction f est continue sur le segment $[a, b]$ donc, d'après le théorème des bornes atteintes, f admet un minimum m et un maximum M sur $[a, b]$.

b) Deux cas se présentent.

- Si $m = M$, alors f est constante sur $[a, b]$, donc sa dérivée est constante nulle et il existe bien $c \in \,]a, b[$ tel que $f'(c) = 0$.
- Si $m \neq M$, alors, comme $f(a) = f(b)$, l'un au moins des extremums m et M est atteint en un point c de $]a, b[$. Ainsi f admet un extremum en c sur l'intervalle ouvert $]a, b[$ donc, comme f est dérivable sur $]a, b[$, on a nécessairement : $f'(c) = 0$.

Cours

Se souvenir que, si f est une fonction dérivable sur un intervalle **ouvert** I de $\mathbb{R}$ et si f admet un extremum en $a \in I$, alors $f'(a) = 0$.
Attention, le fait que I soit un intervalle ouvert est fondamental (on pourra remarquer par exemple que $f : x \to x$ admet un maximum sur $[0, 1]$ atteint en 1, bien que sa dérivée ne s'annule pas en 1).

2. Montrer qu'il existe un réel $c \in]a, b[$ tel que $g'(c) = \frac{g(b)-g(a)}{b-a}$ équivaut à démontrer l'existence d'un réel $c \in]a, b[$ tel que $f'(c) = 0$ si l'on choisit une fonction f telle que $f' = g' - \frac{g(b)-g(a)}{b-a}$.
On considère donc la fonction f définie sur $[a, b]$ par :

$$\forall x \in [a, b],\ f(x) = g(x) - \frac{g(b) - g(a)}{b - a} x$$

f est alors une fonction continue sur $[a, b]$ et dérivable sur $]a, b[$ comme différence de fonctions qui le sont et on a :

$$\begin{aligned} f(b) - f(a) &= \left[g(b) - \frac{g(b) - g(a)}{b - a} b\right] - \left[g(a) - \frac{g(b) - g(a)}{b - a} a\right] \\ &= g(b) - g(a) - \frac{g(b) - g(a)}{b - a}(b - a) \\ &= 0 \end{aligned}$$

Ainsi $f(a) = f(b)$. On en déduit, d'après le résultat de la question précédente, qu'il existe $c \in \left]a, b\right[$ tel que $f'(c) = 0$. Enfin on a :

$$\forall x \in \left]a, b\right[,\ f'(x) = g'(x) - \frac{g(b) - g(a)}{b - a}$$

ce qui nous permet de conclure qu'il existe $c \in \left]a, b\right[$ tel que :

$$g'(c) = \frac{g(b) - g(a)}{b - a}$$

Exercice 8 –

1. Vrai. On a :

$$\forall x \in \mathbb{R}_+^*,\ \frac{f(x) - f(0)}{x - 0} = \sqrt{x}$$

donc :

$$\lim_{x \to 0} \frac{f(x) - f(0)}{x - 0} = 0$$

À retenir

Si l'on sait que le produit $f \times g$ de fonctions dérivables sur I est une fonction dérivable sur I, on se souviendra que $f \times g$ peut être dérivable sur I même si f et g ne le sont pas.

2. Vrai. Il suffit de considérer la fonction $f : x \mapsto |x-3|$. Celle-ci est bien continue sur $\mathbb{R}$, mais on a :

$$\lim_{x\to 3^-} \frac{f(x)-f(3)}{x-3} = \lim_{x\to 3^-} \frac{3-x}{x-3} = -1$$

et :

$$\lim_{x\to 3^+} \frac{f(x)-f(3)}{x-3} = \lim_{x\to 3^+} \frac{x-3}{x-3} = 1$$

donc, comme les limites à gauche et à droite sont distinctes, la fonction $x \mapsto \frac{f(x)-f(3)}{x-3}$ n'a pas de limite en 3.

3. Faux. On peut remarquer que f n'est pas continue en 1 puisque :

> Attention à la (grave) erreur consistant à penser que $f(1) = 2$ implique que f est dérivable en 1 et que $f'(1) = 0$.

$$\lim_{x\to 1^+} f(x) = -\infty$$

4. Faux. Soit $x \in \mathbb{R}$. On peut remarquer que :

> On peut faire apparaître des taux d'accroissement.

$$\forall h \in \mathbb{R}^*, \quad \frac{f(x+h)+f(x-h)-2f(x)}{h} = \frac{f(x+h)-f(x)}{h} + \frac{f(x-h)-f(x)}{h}$$

De plus, comme f est dérivable en x, on a :

$$\lim_{h\to 0} \frac{f(x+h)-f(x)}{(x+h)-x} = \lim_{h\to 0} \frac{f(x-h)-f(x)}{(x-h)-x} = f'(x)$$

donc :

$$\lim_{h\to 0} \frac{f(x+h)-f(x)}{h} = \lim_{h\to 0} \frac{f(x-h)-f(x)}{-h} = f'(x)$$

d'où :

$$\lim_{h\to 0} \frac{f(x+h)+f(x-h)-2f(x)}{h} = f'(x) - f'(x) = 0$$

5. Faux. La composée $f \circ g$ de deux fonctions dérivables sur $[0, 1]$ peut ne pas être définie... Par exemple les fonctions $f : x \mapsto \frac{1}{x-2}$ et $g : x \mapsto 2 - x$ sont dérivables sur $[0, 1]$, mais $f \circ g$ n'est pas définie en 0.

Cours

Si g est dérivable sur I, à valeurs dans J, et si f est dérivable sur J, alors $f \circ g$ est dérivable sur I.

15 Fonctions usuelles

Maîtriser le cours

Exercice 1 – Le vrai/faux du début

Dans cet exercice, a, b et y désignent des réels strictement positifs, x un réel quelconque et n un entier naturel.

1. $a^{y^x} = a^{xy}$. ☐ Vrai ☐ Faux
2. $a^{-x+\frac{y}{2}} = \dfrac{\sqrt{a^y}}{a^x}$. ☐ Vrai ☐ Faux
3. $\ln(4) > 2$. ☐ Vrai ☐ Faux
4. $\ln\left(\frac{a}{2}\right) = \sqrt{\ln(a)}$. ☐ Vrai ☐ Faux
5. $\ln\left(\frac{a^2}{b}\right) = \ln(a) - \ln\left(\frac{b}{a}\right)$. ☐ Vrai ☐ Faux

Exercice 2 –

Étudier les variations de la fonction f définie sur $\mathbb{R}_+$ par :

$$\forall x \in \mathbb{R}^+,\ f(x) = \sqrt{x^2 + x} - x$$

Exercice 3 –

1. Étudier les variations de la fonction $f : x \mapsto \mathrm{e}^x - 1 - x$ sur $\mathbb{R}$ (on précisera les limites en $-\infty$ et en $+\infty$).
2. En déduire que :
$$\forall x \in \mathbb{R},\ \mathrm{e}^x \geq 1 + x$$
3. Démontrer alors que :
$$\forall x \in \mathbb{R}_+^*,\ \ln(x) \leq x - 1$$

Maîtriser les méthodes fondamentales

Exercice 4 –

Prouver que :

$$\forall x \in \mathbb{R}_+,\ 1 - x \leq \mathrm{e}^{-x} \leq 1 - x + \frac{x^2}{2}$$

Exercice 5 –
On considère la fonction f définie sur $\mathbb{R}_+^*$ par :

$$\forall x \in \mathbb{R}_+^*,\ f(x) = \left(1 + \frac{1}{x}\right)^x$$

Déterminer les limites de f en 0 et $+\infty$.

Exercice 6 –

On considère la fonction $f : x \mapsto \left(x + \frac{1}{2}\right)e^{-x^2}$, définie sur $\mathbb{R}$.

1. Calculer les limites de f en $-\infty$ et $+\infty$.
2. Étudier les variations de f.

Exercice 7 –
Soit α un élément de $]0, 1[$.

1. Étudier les variations de la fonction $f : x \mapsto (x+1)^\alpha - x^\alpha$.
2. En déduire que :
$$\forall (a, b) \in (\mathbb{R}_+^*)^2,\ (a+b)^\alpha \leq a^\alpha + b^\alpha$$
3. Justifier que :
$$\forall (a, b) \in (\mathbb{R}_+^*)^2,\ \sqrt{a+b} \leq \sqrt{a} + \sqrt{b}$$

Pour aller plus loin

Exercice 8 –
On définit la fonction ch par :

$$\forall x \in \mathbb{R},\ \mathrm{ch}(x) = \frac{e^x + e^{-x}}{2}$$

1. Prouver que : $\forall x \in \mathbb{R},\ \mathrm{ch}(x) \geq 1$.
2. Montrer que la fonction ch induit une bijection g de $\mathbb{R}^+$ sur $[1, +\infty[$ et déterminer sa réciproque, notée Argch.

Exercice 9 –
On définit la fonction th sur $\mathbb{R}$ par :

$$\forall x \in \mathbb{R},\ \mathrm{th}(x) = \frac{e^x - e^{-x}}{e^x + e^{-x}}$$

1. Prouver que :
$$\forall x \in \mathbb{R}^*,\ \mathrm{th}(x) = \frac{2}{\mathrm{th}(2x)} - \frac{1}{\mathrm{th}(x)}$$
2. En déduire, pour tout $x \in \mathbb{R}^*$ et $n \in \mathbb{N}^*$, la valeur de : $\sum_{k=0}^{n-1} 2^k \mathrm{th}(2^k x)$.

Exercice 10 – Le vrai/faux de la fin

1. Par croissances comparées : $\lim_{x\to+\infty} \frac{\ln(e^x+1)}{x} = 0$. ☐ Vrai ☐ Faux
2. La fonction $x \mapsto -x\ln(x) + e^x$ admet un maximum et un minimum sur $]0, \pi]$. ☐ Vrai ☐ Faux

Solution des exercices

Exercice 1 –

1. Ne pas confondre a^{y^x} et $(a^y)^x$. ☐ Vrai ☒ Faux
2. $a^{-x+\frac{y}{2}} = \frac{\sqrt{a^y}}{a^x}$. ☒ Vrai ☐ Faux
3. ln 4) = 2 ln(2) et 2 = 2 ln(e) donc ln(4) < 2. ☐ Vrai ☒ Faux
4. Faux car, par exemple si $a = 2$, $\ln\left(\frac{a}{2}\right) = 0$ et $\sqrt{\ln(a)} \neq 0$. ☐ Vrai ☒ Faux
5. $\ln\left(\frac{a^2}{b}\right) = \ln(a) - \ln\left(\frac{b}{a}\right)$. ☒ Vrai ☐ Faux

Exercice 2 –

La fonction $x \mapsto x^2 + x$ est dérivable sur $\mathbb{R}_+^*$, à valeurs dans $\mathbb{R}_+^*$ et la fonction $t \mapsto \sqrt{t}$ est dérivable sur $\mathbb{R}_+^*$ donc $x \mapsto \sqrt{x^2+x}$ est dérivable sur $\mathbb{R}_+^*$.

> Attention aux justifications dans le cas d'une composée. La fonction $t \mapsto \sqrt{t}$ n'est pas dérivable en 0.

Dès lors f est dérivable sur $\mathbb{R}_+^*$ comme différence de fonctions qui le sont. De plus on a :

$$\forall x \in \mathbb{R}_+^*,\ f'(x) = \frac{2x+1}{2\sqrt{x^2+x}} - 1 = \frac{(2x+1) - 2\sqrt{x^2+x}}{2\sqrt{x^2+x}}$$

Méthode

Quand on étudie le signe d'une expression de la forme $a - \sqrt{b}$, il est souvent intéressant de multiplier et diviser par l'expression conjuguée $a + \sqrt{b}$ pour simplifier en utilisant l'identité remarquable $(x-y)(x+y) = x^2 - y^2$.

On a donc :

$$\begin{aligned}\forall x \in \mathbb{R}_+^*,\ f'(x) &= \frac{(2x+1)^2 - 4\left(x^2+x\right)}{2\sqrt{x^2+x}\left[2x+1+2\sqrt{x^2+x}\right]} \\ &= \frac{1}{2\sqrt{x^2+x}\left[2x+1+2\sqrt{x^2+x}\right]} \\ &> 0\end{aligned}$$

Par ailleurs f est continue en 0 comme somme de fonctions qui le sont, donc f est strictement croissante sur $\mathbb{R}_+$.

Exercice 3 –

1. f est dérivable sur $\mathbb{R}$ comme somme de fonctions qui le sont et on a :

$$\forall x \in \mathbb{R},\ f'(x) = \mathrm{e}^x - 1$$

donc, comme la fonction exponentielle est strictement croissante sur $\mathbb{R}$ et comme $\mathrm{e}^0 = 1$:

$$\begin{aligned}f'(x) > 0 &\iff \mathrm{e}^x > 1 \\ &\iff x > 0\end{aligned}$$

Par ailleurs, on a, sans indétermination :

$$\lim_{x \to -\infty} f(x) = +\infty$$

En outre, on a :

$$\forall x \in \mathbb{R}^*,\ f(x) = \mathrm{e}^x\left(1 - x\mathrm{e}^{-x}\right) - 1$$

Or on a, par croissances comparées :

$$\lim_{x \to +\infty} x\mathrm{e}^{-x} = 0$$

donc :

$$\lim_{x \to +\infty} f(x) = +\infty$$

On en déduit le tableau de variations suivant :

x	$-\infty$		0		$+\infty$
$f'(x)$		$-$	0	$+$	
f	$+\infty$	↘	0	↗	$+\infty$

2. D'après le résultat précédent, on a :

$$\forall x \in \mathbb{R},\ f(x) \geq 0$$

d'où :

$$\forall x \in \mathbb{R},\ e^x \geq 1 + x$$

À retenir

Bien retenir la méthode utilisée ici. Pour démontrer une inégalité de la forme

$$\forall x \in I,\ f(x) \leq g(x)$$

on peut montrer que la fonction $g - f$ est positive en étudiant ses variations.

3. D'après le résultat précédent, on a :

$$\forall y \in \mathbb{R},\ y \leq e^y - 1$$

On en déduit, en prenant $y = \ln(x)$ (pour $x > 0$) :

$$\forall x \in \mathbb{R}_+^*,\ \ln(x) \leq x - 1$$

On aurait aussi pu étudier les variations de la fonction $x \mapsto x - 1 - \ln(x)$, mais c'était plus long.

Exercice 4 –

▶ La fonction $f : x \mapsto e^{-x} - 1 + x$ est dérivable sur $\mathbb{R}_+$ comme somme de fonctions qui le sont, et on a :

$$\forall x \in \mathbb{R}_+,\ f'(x) = -e^{-x} + 1$$

donc, comme $e^0 = 1$ et comme la fonction exponentielle est croissante sur $\mathbb{R}$:

$$\forall x \in \mathbb{R}_+,\ f'(x) \geq 0$$

Ainsi f est croissante sur $\mathbb{R}_+$. Comme $f(0) = 0$, on en déduit que f est positive sur $\mathbb{R}_+$, donc que :

$$\forall x \in \mathbb{R}_+,\ 1 - x \leq e^{-x} \tag{15.1}$$

▶ La fonction $g : x \mapsto 1 - x + \frac{x^2}{2} - e^{-x}$ est dérivable sur $\mathbb{R}_+$ comme somme de fonctions qui le sont, et on a :

$$\forall x \in \mathbb{R}_+,\ g'(x) = -1 + x + e^{-x}$$

donc, d'après (15.1) :

$$\forall x \in \mathbb{R}_+,\ g'(x) \geq 0$$

Ainsi g est croissante sur $\mathbb{R}_+$. Comme $g(0) = 0$, on en déduit que g est positive sur $\mathbb{R}_+$, donc que :

$$\forall x \in \mathbb{R}_+,\ e^{-x} \leq 1 - x + \frac{x^2}{2}$$

Exercice 5 –

Méthode

Quand on étudie une fonction de la forme $x \longmapsto [g(x)]^x$ (calculs de limites, variations, ...), il est le plus souvent recommandé d'utiliser les propriétés des fonctions exponentielle et ln en remarquant que, si g est une fonction strictement positive : $[g(x)]^x = \exp(x\ln(g(x)))$.

- La fonction $x \longmapsto 1+\frac{1}{x}$ est strictement positive sur $\mathbb{R}_+^*$ donc on a :

$$\forall x \in \mathbb{R}_+^*,\ f(x) = \exp\left(x\ln\left(1+\frac{1}{x}\right)\right)$$

De plus, on sait que :

On utilise la définition du nombre dérivé.

$$\lim_{t\to 1} \frac{\ln(t)-\ln(1)}{t-1} = 1$$

donc, comme $\lim\limits_{x\to+\infty}\left(1+\frac{1}{x}\right) = 1$:

$$\lim_{x\to+\infty} \frac{\ln\left(1+\frac{1}{x}\right)}{\left(1+\frac{1}{x}\right)-1} = 1$$

c'est-à-dire :

$$\lim_{x\to+\infty} x\ln\left(1+\frac{1}{x}\right) = 1$$

donc, comme la fonction exponentielle est continue en 1 :

$$\lim_{x\to+\infty} f(x) = \mathrm{e}$$

- On a :

$$\forall x \in \mathbb{R}_+^*,\ x\ln\left(1+\frac{1}{x}\right) = x\ln(x+1) - x\ln(x)$$

De plus on a :

$$\lim_{x\to 0^+} x\ln(x+1) = 0$$

et, par croissances comparées :

$$\lim_{x\to 0^+} x\ln(x) = 0$$

d'où :

$$\lim_{x\to 0^+} x\ln\left(1+\frac{1}{x}\right) = 0$$

donc, comme la fonction exponentielle est continue en 0 :

$$\lim_{x\to 0^+} f(x) = 1$$

Cours – Croissances comparées.

Se souvenir que :

$$\lim_{x\to+\infty} \frac{e^x}{x} = +\infty \qquad \lim_{x\to+\infty} x\,e^{-x} = 0$$

$$\lim_{x\to+\infty} \frac{x}{\ln(x)} = +\infty \qquad \lim_{x\to+\infty} \frac{\ln(x)}{x} = 0 \qquad \lim_{x\to 0} x\ln(x) = 0$$

Exercice 6 –

1. On a :

$$\forall x \in \mathbb{R}^*,\ f(x) = \frac{2x+1}{2}\,e^{-x^2} = \frac{2x+1}{2x^2} \times x^2\,e^{-x^2}$$

Méthode

Quand on souhaite calculer la limite d'une fonction en un point et qu'il y a une indétermination faisant intervenir des fonctions usuelles, il est fréquent que l'on utilise les croissances comparées.
Attention cependant à la précipitation et à ne pas invoquer les croissances comparées à tort et à travers.

De plus on a, par croissances comparées :

$$\lim_{t\to+\infty} t\,e^{-t} = 0$$

donc, comme $\lim_{x\to+\infty} x^2 = \lim_{x\to-\infty} x^2 = +\infty$:

$$\lim_{x\to+\infty} x^2\,e^{-x^2} = \lim_{x\to-\infty} x^2\,e^{-x^2} = 0$$

Par ailleurs, on a :

$$\lim_{x\to+\infty} \frac{2x+1}{2x^2} = \lim_{x\to-\infty} \frac{2x+1}{2x^2} = 0$$

On en déduit alors :

$$\lim_{x\to+\infty} f(x) = \lim_{x\to-\infty} f(x) = 0$$

2. La fonction $x \mapsto -x^2$ est dérivable sur $\mathbb{R}$, à valeurs dans $\mathbb{R}$, et la fonction exponentielle est dérivable sur $\mathbb{R}$ donc la fonction $x \mapsto e^{-x^2}$ est dérivable sur $\mathbb{R}$. Il en découle que f est dérivable sur $\mathbb{R}$ comme produit de fonctions qui le sont. De plus on a :

$$\begin{aligned}\forall x \in \mathbb{R},\ f'(x) &= e^{-x^2} - 2x\left(x + \frac{1}{2}\right)e^{-x^2}\\ &= \left(1 - x - 2x^2\right)e^{-x^2}\end{aligned}$$

De plus la fonction polynôme $x \mapsto 1 - x - 2x^2$ admet pour racines -1 et $\frac{1}{2}$ donc, comme son coefficient dominant est égal à -2, elle est positive sur $\left[-1, \frac{1}{2}\right]$ et négative en dehors.

On peut calculer le discriminant, mais aussi remarquer que -1 est racine évidente puis que le produit des racines est égal à $-\frac{1}{2}$.

On en déduit le tableau de variations suivant :

x	$-\infty$		-1		$\frac{1}{2}$		$+\infty$
$f'(x)$		$-$	0	$+$	0	$-$	
f	0	$\searrow$	$-\frac{1}{2e}$	$\nearrow$	$e^{-\frac{1}{4}}$	$\searrow$	0

Cours

Se souvenir que, si λ et μ sont les racines du polynôme $aX^2 + bX + c$ (où $a \neq 0$), alors :

$$\lambda + \mu = -\frac{b}{a} \quad \text{et} \quad \lambda\mu = \frac{c}{a}$$

Exercice 7 –

Cours

Pour tout **réel** α, la fonction $\varphi : x \longmapsto x^\alpha$ est définie sur $\mathbb{R}_+^*$ par :

$$x^\alpha = e^{\alpha \ln(x)}$$

De plus cette fonction est dérivable sur $\mathbb{R}_+^*$ et on a :

$$\forall x \in \mathbb{R}_+^*, \ \varphi'(x) = \alpha x^{\alpha-1}$$

Enfin φ est strictement croissante sur $\mathbb{R}_+^*$ si $\alpha > 0$ et strictement décroissante sur $\mathbb{R}_+^*$ si $\alpha < 0$.

1. La fonction $x \longmapsto x^\alpha$ est dérivable sur $\mathbb{R}_+^*$ (c'est une fonction de référence). De plus la fonction $x \longmapsto x + 1$ est dérivable sur $\mathbb{R}_+^*$, à valeurs dans $\mathbb{R}_+^*$ donc, par composition, $x \longmapsto (x+1)^\alpha$ est dérivable sur $\mathbb{R}_+^*$. f est donc dérivable sur $\mathbb{R}_+^*$ comme somme de fonctions qui le sont, et on a :

$$\begin{aligned} \forall x \in \mathbb{R}_+^*, \ f'(x) &= \alpha\,(x+1)^{\alpha-1} - \alpha x^{\alpha-1} \\ &= \alpha\left[(x+1)^{\alpha-1} - x^{\alpha-1}\right] \end{aligned}$$

De plus $\alpha < 1$ donc $\alpha - 1 < 0$. La fonction $x \longmapsto x^{\alpha-1}$ est donc strictement décroissante sur $\mathbb{R}_+^*$, d'où :

$$\forall x \in \mathbb{R}_+^*, \ (x+1)^{\alpha-1} < x^{\alpha-1}$$

donc :

$$\forall x \in \mathbb{R}_+^*, \ f'(x) < 0$$

Ainsi f est strictement décroissante sur $\mathbb{R}_+^*$.

2. Soit $(a, b) \in (\mathbb{R}_+^*)^2$. On peut remarquer que, comme $b^\alpha > 0$:

> On cherche un lien avec f donc on divise par b^α pour faire apparaître une expression de la forme $(x+1)^\alpha$.

$$\begin{aligned}(a+b)^\alpha \leq a^\alpha + b^\alpha &\iff \left(\frac{a+b}{b}\right)^\alpha \leq \frac{a^\alpha + b^\alpha}{b^\alpha} \\ &\iff \left(\frac{a}{b}+1\right)^\alpha \leq \left(\frac{a}{b}\right)^\alpha + 1 \\ &\iff f\left(\frac{a}{b}\right) \leq 1 \qquad (15.2)\end{aligned}$$

Or, d'après le résultat de la question précédente, f est décroissante sur $\mathbb{R}_+^*$. Par ailleurs, on sait que, comme $\alpha > 0$:

$$\lim_{t \to 0^+} t^\alpha = 0 \quad \text{et} \quad \lim_{t \to 1} t^\alpha = 1$$

donc :

$$\lim_{x \to 0^+} f(x) = 1$$

On en déduit, f étant décroissante sur $\mathbb{R}_+^*$:

$$\forall x \in \mathbb{R}_+^*,\ f(x) \leq 1$$

ce qui nous permet de conclure, avec (15.2)

$$\forall (a, b) \in (\mathbb{R}_+^*)^2,\ (a+b)^\alpha \leq a^\alpha + b^\alpha$$

3. En particulier, pour $\alpha = \frac{1}{2}$, on a donc :

$$\forall (a, b) \in (\mathbb{R}_+^*)^2,\ \sqrt{a+b} \leq \sqrt{a} + \sqrt{b}$$

Exercice 8 –

1. ch est dérivable sur $\mathbb{R}$ comme somme de fonctions qui le sont et on a :

$$\begin{aligned}\forall x \in \mathbb{R},\ \text{ch}'(x) &= \frac{e^x - e^{-x}}{2} \\ &= \frac{e^{-x}\left(e^{2x} - 1\right)}{2}\end{aligned}$$

d'où le tableau de variations suivant :

x	$-\infty$		0		$+\infty$
$\mathrm{ch}'(x)$		$-$	0	$+$	
ch	$+\infty$	$\searrow$	1	$\nearrow$	$+\infty$

On en déduit :

$$\forall x \in \mathbb{R},\ \mathrm{ch}(x) \geq 1$$

2. D'après le résultat précédent, la restriction g de ch à $\mathbb{R}^+$ est une application de $\mathbb{R}^+$ dans $[1, +\infty[$.
Soit $y \in [1, +\infty[$ et $x \in \mathbb{R}^+$. On a :

On cherche à résoudre l'équation $\mathrm{ch}(x) = y$.

$$\begin{aligned} \mathrm{ch}(x) = y &\iff \mathrm{e}^x + \mathrm{e}^{-x} = 2y \\ &\iff \mathrm{e}^x - 2y + \mathrm{e}^{-x} = 0 \end{aligned}$$

et comme $\mathrm{e}^x \neq 0$:

En posant $X = \mathrm{e}^x$, on obtient une équation du second degré.

$$\mathrm{ch}(x) = y \iff \mathrm{e}^{2x} - 2y\mathrm{e}^x + 1 = 0$$

De plus l'équation $X^2 - 2yX + 1 = 0$ admet pour discriminant $\Delta = 4\left(y^2 - 1\right)$ qui est positif ou nul donc :

- Si $y = 1$, $X_1 = 1$ est l'unique solution de l'équation $X^2 - 2yX + 1 = 0$; ainsi, on a dans ce cas :

$$\begin{aligned} \mathrm{ch}(x) = y &\iff \mathrm{e}^x = X_1 \\ &\iff x = 0 \end{aligned}$$

- Si $y > 1$, l'équation $X^2 - 2yX + 1 = 0$ admet deux solutions réelles, qui sont :

$$X_1 = y + \sqrt{y^2 - 1} \quad \text{et} \quad X_2 = y - \sqrt{y^2 - 1}$$

On peut également remarquer que, dans ce cas, on a :

On sait que $X_1X_2 = 1$ et $X_1 \geq y > 1$

$$X_2 < 1 < X_1$$

On a donc, dans ce cas, comme $\mathrm{e}^x \geq 1$ (car $x \geq 0$) :

$$\mathrm{ch}(x) = y \iff \mathrm{e}^x = X_1 = y + \sqrt{y^2 - 1}$$

donc, comme la fonction exp est bijective de $\mathbb{R}$ sur $\mathbb{R}_+^*$:

$$\mathrm{ch}(x) = y \iff x = \ln\left(y + \sqrt{y^2 - 1}\right)$$

On constate que le cas $y = 1$ rejoint le cas général, ce qui nous permet de conclure, comme $\ln\left(y + \sqrt{y^2 - 1}\right)$ appartient bien à $\mathbb{R}^+$, que ch induit une bijection g de $\mathbb{R}^+$ sur $[1, +\infty[$ et que :

$$\forall y \in [1, +\infty[,\ \mathrm{Argch}(y) = \ln\left(y + \sqrt{y^2 - 1}\right)$$

Exercice 9 –

1. Notons déjà que :

$$\forall x \in \mathbb{R}^*,\ \text{th}(x) = \frac{e^x - e^{-x}}{e^x + e^{-x}} \neq 0$$

On peut alors écrire :

$$\forall x \in \mathbb{R}^*,\ \frac{2}{\text{th}(2x)} - \frac{1}{\text{th}(x)} = \frac{2\left(e^{2x} + e^{-2x}\right)}{e^{2x} - e^{-2x}} - \frac{e^x + e^{-x}}{e^x - e^{-x}}$$

donc :

$$\begin{aligned}\forall x \in \mathbb{R}^*,\ \frac{2}{\text{th}(2x)} - \frac{1}{\text{th}(x)} &= \frac{2\left(e^{2x} + e^{-2x}\right)}{(e^x - e^{-x})(e^x + e^{-x})} - \frac{e^x + e^{-x}}{e^x - e^{-x}} \\ &= \frac{2\left(e^{2x} + e^{-2x}\right) - (e^x + e^{-x})^2}{(e^x - e^{-x})(e^x + e^{-x})} \\ &= \frac{e^{2x} + e^{-2x} - 2\,e^x e^{-x}}{(e^x - e^{-x})(e^x + e^{-x})} \\ &= \frac{(e^x - e^{-x})^2}{(e^x - e^{-x})(e^x + e^{-x})} \\ &= \frac{e^x - e^{-x}}{e^x + e^{-x}}\end{aligned}$$

et finalement :

$$\forall x \in \mathbb{R}^*,\ \text{th}(x) = \frac{2}{\text{th}(2x)} - \frac{1}{\text{th}(x)}$$

2. Soit $x \in \mathbb{R}^*$ et $n \in \mathbb{N}^*$. On en déduit :

$$\begin{aligned}\sum_{k=0}^{n-1} 2^k \text{th}(2^k x) &= \sum_{k=0}^{n-1} 2^k \left[\frac{2}{\text{th}(2^{k+1}x)} - \frac{1}{\text{th}(2^k x)}\right] \\ &= \sum_{k=0}^{n-1} \left[\frac{2^{k+1}}{\text{th}(2^{k+1}x)} - \frac{2^k}{\text{th}(2^k x)}\right]\end{aligned}$$

et donc, en reconnaissant une somme télescopique :

$$\sum_{k=0}^{n-1} 2^k \text{th}(2^k x) = \frac{2^n}{\text{th}(2^n x)} - \frac{1}{\text{th}(x)}$$

Exercice 10 –

1. Faux. D'une part on ne peut utiliser ici les croissances comparées car il faudrait $\frac{\ln(x)}{x}$ ou $\dfrac{\ln(e^x+1)}{e^x+1}$; d'autre part on a :

$$\forall x \in \mathbb{R}_+^*, \quad \frac{\ln(e^x+1)}{x} = \frac{\ln\left(e^x\left(1+e^{-x}\right)\right)}{x} = \frac{\ln(e^x)+\ln(1+e^{-x})}{x} = 1 + \frac{\ln(1+e^{-x})}{x}$$

De plus on a :

$$\lim_{x\to+\infty}(1+e^{-x}) = 1, \quad \lim_{t\to 1}\ln(t) = 0$$

d'où, par composition :

$$\lim_{x\to+\infty}\ln(1+e^{-x}) = 0$$

donc, par produit, comme $\lim\limits_{x\to+\infty}\dfrac{1}{x} = 0$:

$$\lim_{x\to+\infty}\frac{\ln(1+e^{-x})}{x} = 0$$

Finalement, on a :

$$\lim_{x\to+\infty}\frac{\ln(e^x+1)}{x} = 1$$

2. Vrai. La fonction $f : x \mapsto -x\ln(x) + e^x$ est continue sur $]0,\pi]$ et on a, par croissances comparées :

$$\lim_{x\to 0} x\ln(x) = 0$$

donc, comme $\lim\limits_{x\to 0} e^x = 1$:

$$\lim_{x\to 0} f(x) = 1$$

On peut donc prolonger f en une fonction continue sur $[0,\pi]$ en posant $f(0) = 0$ et alors, d'après le théorème des bornes atteintes, f est majorée sur $[0,\pi]$, donc sur $]0,\pi]$.

16 Calcul intégral

Maîtriser le cours

Exercice 1 – Le vrai/faux du début

1. $x \longmapsto -\frac{e^{-x^2}}{2x}$ est une primitive de $x \longmapsto e^{-x^2}$ sur $\mathbb{R}_+^*$. ☐ Vrai ☐ Faux
2. $t \longmapsto \frac{\ln^2(t)}{2}$ est une primitive de $t \longmapsto \frac{\ln(t)}{t}$ sur $\mathbb{R}_+^*$. ☐ Vrai ☐ Faux
3. $t \longmapsto \frac{2}{3}(1+t)\sqrt{1+t}$ est une primitive de $t \longmapsto \sqrt{1+t}$ sur $\mathbb{R}_+$. ☐ Vrai ☐ Faux
4. Si f est impaire et continue sur $\mathbb{R}$, alors $\int_{-1}^{1} f(x)\,dx = 0$. ☐ Vrai ☐ Faux

Exercice 2 –

Calculer les intégrales suivantes :

$$\int_2^3 \frac{t^3 - 3t^2 + t + 1}{1-t}\,dt \qquad \int_0^1 \frac{t}{t+1}\,dt \qquad \int_0^1 \frac{t^2}{\sqrt{1+t^3}}\,dt \qquad \int_0^1 2^x\,dx$$

Maîtriser les méthodes fondamentales

Exercice 3 –

1. Déterminer trois réels a, b et c tels que :

$$\forall x \in [0,1],\ \frac{12}{x^3 + x^2 - 4x - 4} = \frac{a}{x+1} + \frac{b}{x-2} + \frac{c}{x+2}$$

2. En déduire la valeur de $\int_0^1 \frac{dx}{x^3 + x^2 - 4x - 4}$.

Exercice 4 –

À l'aide d'intégrations par parties, calculer les intégrales suivantes :

$$\int_0^1 x e^{-x}\,dx, \qquad \int_1^e x\ln(x)\,dx$$

Exercice 5 –

1. En effectuant le changement de variable $u = e^x$, calculer l'intégrale $\displaystyle\int_0^1 \frac{e^x}{1 + e^x}\,dx$.

2. En effectuant le changement de variable $u = \ln(t)$, calculer l'intégrale $\displaystyle\int_1^{e^{-1/2}} \frac{dt}{t\sqrt{1 + \ln(t)}}$.

Exercice 6 –

On considère la fonction $f : x \mapsto \displaystyle\int_x^{x^2} \frac{\ln(t)}{t - 1}\,dt$, définie sur $]1, +\infty[$.

1. Justifier que f est bien définie sur $]1, +\infty[$.
2. Prouver que f est de classe $\mathscr{C}^1$ sur $]1, +\infty[$ et calculer sa dérivée.

Pour aller plus loin

Exercice 7 –

1. Démontrer que :

$$\forall x \in \mathbb{R}_+,\ \forall t \in [0, x],\ \frac{1}{1 + x} \leq \frac{1}{1 + t} \leq 1$$

2. En déduire que :

$$\forall x \in \mathbb{R}_+,\ \frac{x}{1 + x} \leq \ln(1 + x) \leq x$$

Exercice 8 –

1. Déterminer deux réels a et b tels que : $\forall t \in \mathbb{R} \setminus \{-1, 0\},\ \dfrac{1}{t\,(1 + t)} = \dfrac{a}{t} + \dfrac{b}{t + 1}$.

2. Calculer l'intégrale $\displaystyle\int_1^2 \frac{\ln(1 + t)}{t^2}\,dt$.

Exercice 9 –

On pose :

$$\forall n \in \mathbb{N},\ I_n = \int_1^e (\ln(t))^n\,dt$$

1. Déterminer, pour tout entier naturel n, une expression de I_{n+1} en fonction de I_n.
2. En déduire que :

$$\forall n \in \mathbb{N},\ I_n = (-1)^n\, n! \left[e \sum_{k=0}^{n} \frac{(-1)^k}{k!} - 1 \right]$$

Exercice 10 –

Soit f une fonction continue sur $\mathbb{R}$ et à valeurs dans $\mathbb{R}$. On définit la fonction φ sur $\mathbb{R}$ par :

$$\forall x \in \mathbb{R},\ \varphi(x) = \int_0^x f(x - t)\,e^t\,dt$$

Prouver que φ est de classe $\mathscr{C}^1$ sur $\mathbb{R}$ et expliciter φ'.

Exercice 11 –

Pour tout entier naturel n, on pose :

$$u_n = \int_0^1 \frac{x^n}{\sqrt{1+x}}\,\mathrm{d}x.$$

1. Justifier que la suite $(u_n)_{n\in\mathbb{N}}$ est bien définie.
2. a) Prouver que la suite u est monotone et convergente.

   b) Démontrer que :

   $$\forall n \in \mathbb{N},\ 0 \leqslant u_n \leqslant \frac{1}{n+1}$$

   c) En déduire :

   $$\lim_{n\to+\infty} u_n = 0.$$

Exercice 12 – Le vrai/faux de la fin

1. Si f est continue sur $[0, 1]$ et $\int_0^1 f(x)\,\mathrm{d}x = 0$ alors : ☐ Vrai ☐ Faux

   $$\forall x \in [0,1],\ f(x) = 0$$

2. La fonction $x \mapsto \int_x^{x^2} \frac{\mathrm{e}^t}{t}\,\mathrm{d}t$ est croissante sur $\mathbb{R}_+^*$. ☐ Vrai ☐ Faux
3. Si f et g sont deux fonctions continues sur $\mathbb{R}$ telles que, pour tout $x \in \mathbb{R}$, $f(x) \leq g(x)$, alors : ☐ Vrai ☐ Faux

   $$\forall (a,b) \in \mathbb{R}^2,\ \int_a^b f(x)\,\mathrm{d}x \leq \int_a^b g(x)\,\mathrm{d}x$$

Solution des exercices

Exercice 1 –

1. Il suffit de dériver $x \mapsto -\frac{\mathrm{e}^{-x^2}}{2x}$ pour conclure. ☐ Vrai ☒ Faux
2. $t \mapsto \frac{\ln^2(t)}{2}$ est une primitive de $t \mapsto \frac{\ln(t)}{t}$ sur $\mathbb{R}_+^*$. ☒ Vrai ☐ Faux
3. Il suffit de dériver $t \mapsto \frac{2}{3}(1+t)\sqrt{1+t}$ ou de remarquer que $\sqrt{1+t} = (1+t)^{\frac{1}{2}}$ sur $\mathbb{R}_+$. ☒ Vrai ☐ Faux
4. Si f est impaire et continue sur $\mathbb{R}$, alors $\int_{-1}^1 f(x)\,\mathrm{d}x = 0$. ☒ Vrai ☐ Faux

Exercice 2 –

Méthode

Quand on cherche à calculer une intégrale $\int_a^b f(x)\,\mathrm{d}x$, on commence par chercher une primitive de f, en se posant les questions suivantes :

- La fonction f est-elle une fonction usuelle? On utilise alors les primitives connues des fonctions usuelles.
- La fonction f peut-elle s'écrire sous forme d'une dérivée usuelle? Penser notamment que l'on sait intégrer les fonctions de la forme $u' \times u^\alpha$ si $\alpha \neq -1$ (en $\frac{u^{\alpha+1}}{\alpha+1}$), $\frac{u'}{u}$ (en $\ln|u|$), $u' \times v' \circ u$ (en $v \circ u$).
- Puis-je modifier la forme de f pour me ramener à une des situations précédentes? On pensera notamment que, parfois, ajouter et retrancher (ou multiplier et diviser) une même quantité permet de se ramener à des situations simples).

- La fonction $t \longmapsto \frac{t^3-3t^2+t+1}{1-t}$ est continue sur $[2,3]$ comme fonction rationnelle bien définie sur cet intervalle.

  Penser à vérifier que la fonction est bien continue avant de calculer une intégrale.

  On remarque que 1 est racine de la fonction polynôme $t \longmapsto t^3 - 3t^2 + t + 1$ donc on peut factoriser et on obtient :

$$\forall t \in [2,3],\ t^3 - 3t^2 + t + 1 = (t-1)(t^2 - 2t - 1)$$

  donc :

$$\begin{aligned}\int_2^3 \frac{t^3 - 3t^2 + t + 1}{1-t}\,\mathrm{d}t &= \int_2^3 (-t^2 + 2t + 1)\,\mathrm{d}t \\ &= \left[-\frac{t^3}{3} + t^2 + t\right]_2^3 \\ &= \left(-\frac{3^3}{3} + 3^2 + 3\right) - \left(-\frac{2^3}{3} + 2^2 + 2\right)\end{aligned}$$

  d'où :

$$\int_2^3 \frac{t^3 - 3t^2 + t + 1}{1-t}\,\mathrm{d}t = -\frac{1}{3}$$

- La fonction $t \longmapsto \frac{t}{t+1}$ est continue sur $[0,1]$ et on a :

  On sait intégrer $t \longmapsto \frac{1}{1+t}$ donc on modifie la forme du numérateur pour simplifier.

$$\begin{aligned}\int_0^1 \frac{t}{t+1}\,\mathrm{d}t &= \int_0^1 \frac{t+1-1}{t+1}\,\mathrm{d}t \\ &= \int_0^1 \left[1 - \frac{1}{t+1}\right]\mathrm{d}t \\ &= [t - \ln|t+1|]_0^1 \\ &= 1 - \ln(2)\end{aligned}$$

- La fonction $t \mapsto \frac{t^2}{\sqrt{1+t^3}}$ est continue sur $[0, 1]$ et on a :

On reconnaît une expression de la forme $\frac{u'}{2\sqrt{u}}$.

$$\int_0^1 \frac{t^2}{\sqrt{1+t^3}}\,\mathrm{d}t = \int_0^1 \frac{2}{3} \times \frac{3t^2}{2\sqrt{1+t^3}}\,\mathrm{d}t$$
$$= \left[\frac{2}{3}\sqrt{1+t^3}\right]_0^1$$
$$= \frac{2\sqrt{2}-2}{3}$$

- La fonction $x \mapsto 2^x = \mathrm{e}^{x\ln(2)}$ est continue sur $\mathbb{R}$ et on a :

$$\int_0^1 2^x\,\mathrm{d}x = \int_0^1 \mathrm{e}^{x\ln(2)}\,\mathrm{d}x$$
$$= \left[\frac{\mathrm{e}^{x\ln(2)}}{\ln(2)}\right]_0^1$$
$$= \frac{\mathrm{e}^{\ln(2)}-1}{\ln(2)}$$
$$= \frac{1}{\ln(2)}$$

Exercice 3 –

1. Pour tout $(a, b, c) \in \mathbb{R}^3$, on a :

$$\forall x \in [0,1],\ \frac{a}{x+1} + \frac{b}{x-2} + \frac{c}{x+2} = \frac{a\,(x-2)\,(x+2) + b\,(x+1)\,(x+2) + c\,(x+1)\,(x-2)}{(x+1)(x-2)(x+2)}$$
$$= \frac{(a+b+c)\,x^2 + (3b-c)\,x + (-4a+2b-2c)}{x^3+x^2-4x-4}$$

Par conséquent, pour que l'égalité recherchée soit vérifiée, il suffit d'avoir :

$$\begin{cases} a+b+c=0 \\ 3b-c=0 \\ -4a+2b-2c=12 \end{cases}$$

soit encore :

$$\begin{cases} a+b+c=0 \\ c=3b \\ a=-b-3 \end{cases}$$

donc il suffit d'avoir :

$$\begin{cases} -3+c=0 \\ c=3b \\ a=-b-3 \end{cases}$$

donc $(a, b, c) = (-4, 1, 3)$ convient.

À retenir

Il y a en fait unicité du triplet (a, b, c) : on cherche une égalité valable pour tout $x \in [0, 1]$ et on sait que deux fonctions polynômes sont égales sur un intervalle non réduit à un point si et seulement si leurs coefficients sont égaux.

2. La fonction $x \mapsto \frac{1}{x^3+x^2-4x-4}$ est continue sur $[0, 1]$ et on a, d'après le résultat de la question précédente :

$$\begin{aligned}\int_0^1 \frac{\mathrm{d}x}{x^3+x^2-4x-4} &= \int_0^1 \frac{1}{12}\left(-\frac{4}{x+1}+\frac{1}{x-2}+\frac{3}{x+2}\right)\mathrm{d}x \\ &= \frac{1}{12}\left[-4\ln|x+1|+\ln|x-2|+3\ln|x+2|\right]_0^1 \\ &= \frac{\ln(3)}{4}-\frac{\ln(4)}{3}\end{aligned}$$

Attention à ne pas oublier la valeur absolue : $x-2$ est négatif sur $[0, 1]$.

Exercice 4 –

- Les fonctions $u : x \mapsto x$ et $v : x \mapsto -\mathrm{e}^x$ sont de classe $\mathscr{C}^1$ sur $[0, 1]$ et on a :

$$\forall x \in [0, 1],\ u'(x) = 1 \quad \text{et} \quad v'(x) = \mathrm{e}^{-x}$$

donc on obtient, à l'aide d'une intégration par parties :

$$\begin{aligned}\int_0^1 x\mathrm{e}^{-x}\,\mathrm{d}x &= \left[-x\mathrm{e}^{-x}\right]_0^1 + \int_0^1 \mathrm{e}^{-x}\,\mathrm{d}x \\ &= \left[-x\mathrm{e}^{-x}\right]_0^1 + \left[-\mathrm{e}^{-x}\right]_0^1 \\ &= 1-2\mathrm{e}^{-1}\end{aligned}$$

Méthode

Quand on souhaite calculer une intégrale $\int_a^b f(x)\,\mathrm{d}x$ et que l'on ne trouve pas de primitive simple, on essaie en général d'intégrer par parties : pour cela, on écrit f sous forme d'un produit uv'. C'est le cas notamment lorsque f est :

— le produit d'un logarithme et d'une fonction polynôme (dans ce cas u est le logarithme),

— le produit d'une fonction polynôme et d'une exponentielle, d'un cos ou d'un sin (dans ce cas u est la fonction polynôme),

— le produit d'une exponentielle et d'une fonction sin ou cos (dans ce cas le choix de u et de v est le plus souvent indifférent).

- Les fonctions $x \mapsto \frac{x^2}{2}$ et ln sont de classe $\mathscr{C}^1$ sur $[1, e]$ donc, par intégration par parties :

$$\begin{aligned}\int_1^e x\ln(x)\,dx &= \left[\frac{x^2}{2}\ln(x)\right]_1^e - \int_1^e \frac{x^2}{2}\times\frac{1}{x}\,dx\\ &= \left[\frac{x^2}{2}\ln(x)\right]_1^e - \int_1^e \frac{x}{2}\,dx\\ &= \left[\frac{x^2}{2}\ln(x)\right]_1^e - \left[\frac{x^2}{4}\right]_1^e\\ &= \frac{e^2}{2} - \frac{e^2}{4} + \frac{1}{4}\end{aligned}$$

d'où :

$$\int_1^e x\ln(x)\,dx = \frac{e^2+1}{4}$$

À retenir

Se souvenir que, quand on souhaite calculer une intégrale à l'aide d'intégrations par parties, il peut arriver que plusieurs intégrations par parties soient nécessaires. C'est le cas notamment lorsqu'on dérive une fonction polynôme (dans ce cas, on fera parfois autant d'intégrations par parties que le degré du polynôme).
On retiendra également que, dans le cadre du calcul d'une intégrale I, l'intégration par parties peut avoir plusieurs finalités :

— obtenir une nouvelle intégrale facile à calculer (comme dans le cas de la première intégrale),

— obtenir une équation dont I est l'inconnue (comme dans le cas de la dernière intégrale),

— obtenir une relation de récurrence (dans le cas où I dépend d'un entier naturel n).

Exercice 5 –

1. La fonction $x \mapsto \frac{e^x}{1+e^x}$ est continue sur $[0, 1]$. De plus la fonction $x \mapsto e^x$ est de classe $\mathscr{C}^1$ sur $[0, 1]$ donc, en effectuant le changement de variable $u = e^x$ (si $x = 0$ alors $u = 1$, si $x = 1$ alors $u = e$, et $du = e^x\,dx$) :

$$\begin{aligned}\int_0^1 \frac{e^x}{1+e^x}\,dx &= \int_1^e \frac{du}{1+u}\\ &= [\ln|1+u|]_1^e\\ &= \ln(1+e) - \ln(2)\end{aligned}$$

Méthode

Quand on souhaite calculer une intégrale $\int_a^b f(x)\,\mathrm{d}x$ et que les méthodes précédentes (recherche de primitive, intégration par parties) sont infructueuses, on procède le plus souvent à un changement de variable. Il ne faudra alors évidemment pas oublier de vérifier les hypothèses, mais également de modifier les bornes et le $\mathrm{d}x$.
Il n'aura échappé à personne qu'ici le changement de variable n'était pas nécessaire au calcul de l'intégrale puisque $x \mapsto \ln(1+\mathrm{e}^x)$ est une primitive de $x \mapsto \frac{\mathrm{e}^x}{1+\mathrm{e}^x}$; cette question n'avait pour but que la pratique du changement de variable dans un cas simple.

2. La fonction $t \mapsto 1+\ln(t)$ est continue et strictement positive sur $[\mathrm{e}^{-\frac{1}{2}}, 1]$ et la fonction $u \mapsto \frac{1}{\sqrt{u}}$ est continue sur $\mathbb{R}_+^*$. La fonction $t \mapsto \frac{1}{t\sqrt{1+\ln(t)}}$ est donc continue sur $[\mathrm{e}^{-\frac{1}{2}}, 1]$.

   De plus la fonction ln est de classe $\mathscr{C}^1$ sur $[\mathrm{e}^{-\frac{1}{2}}, 1]$ donc, en effectuant le changement de variable $u = \ln(t)$ ($\mathrm{d}u = \frac{\mathrm{d}t}{t}$), on obtient :

$$\begin{aligned}\int_1^{\mathrm{e}^{-1/2}} \frac{\mathrm{d}t}{t\sqrt{1+\ln(t)}} &= \int_0^{-\frac{1}{2}} \frac{\mathrm{d}u}{\sqrt{1+u}} \\ &= \left[2\sqrt{1+u}\right]_0^{-\frac{1}{2}} \\ &= \sqrt{2}-2\end{aligned}$$

Exercice 6 –

1. La fonction $t \mapsto \frac{\ln(t)}{t-1}$ est continue sur $]1, +\infty[$ comme produit de fonctions qui le sont. De plus, pour tout $x > 1$, le segment $[x, x^2]$ est inclus dans $]1, +\infty[$, donc $t \mapsto \frac{\ln(t)}{t-1}$ est continue sur $]1, +\infty[$ et f est bien définie sur $]1, +\infty[$.

2. Comme la fonction $g : t \mapsto \frac{\ln(t)}{t-1}$ est continue sur $]1, +\infty[$, elle admet une primitive G, de classe $\mathscr{C}^1$ sur $]1, +\infty[$ et on a :

$$\forall x \in]1, +\infty[,\ f(x) = G(x^2) - G(x)$$

   De plus la fonction $x \mapsto x^2$ est de classe $\mathscr{C}^1$ sur $]1, +\infty[$ et à valeurs dans $]1, +\infty[$ donc, par composition, la fonction $x \mapsto G(x^2)$ est de classe $\mathscr{C}^1$ sur $]1, +\infty[$. On en déduit que f est de classe $\mathscr{C}^1$ sur $]1, +\infty[$ comme différence de fonctions qui le sont et que :

$$\begin{aligned}\forall x \in]1, +\infty[,\ f'(x) &= 2xG'(x^2) - G'(x) \\ &= 2xg(x^2) - g(x) \\ &= \frac{2x\ln(x^2)}{x^2-1} - \frac{\ln(x)}{x-1} \\ &= \frac{4x\ln(x)}{x^2-1} - \frac{(x+1)\ln(x)}{x^2-1} \\ &= \frac{(3x-1)\ln(x)}{x^2-1}\end{aligned}$$

Méthode

Soit g une fonction continue sur un intervalle I de $\mathbb{R}$, u et v deux fonctions dérivables sur un intervalle J de $\mathbb{R}$ et à valeurs dans I.
Pour montrer que la fonction $f : x \longmapsto \int_{u(x)}^{v(x)} g(t)\,\mathrm{d}t$ est dérivable sur I et calculer sa dérivée, on introduit une primitive G de g sur I (qui existe car g est continue sur I) et on remarque que :

$$\forall x \in I,\ f(x) = G(v(x)) - G(u(x))$$

On peut alors utiliser les théorèmes généraux de dérivation pour conclure.

Exercice 7 –

1. On a :

$$\forall x \in \mathbb{R}_+,\ \forall t \in [0, x],\ 0 < 1 \leq 1 + t \leq 1 + x$$

donc, comme la fonction inverse est décroissante sur $\mathbb{R}_+^*$:

$$\forall x \in \mathbb{R}_+,\ \forall t \in [0, x],\ \frac{1}{1+x} \leq \frac{1}{1+t} \leq 1$$

2. Comme les fonctions en présence sont continues sur $\mathbb{R}_+$, on en déduit, par croissance de l'intégration, avec $0 \leq x$:

$$\forall x \in \mathbb{R}_+,\ \int_0^x \frac{\mathrm{d}t}{1+x} \leq \int_0^x \frac{\mathrm{d}t}{1+t} \leq \int_0^x 1 \cdot \mathrm{d}t$$

d'où :

> Si a, b, c sont des constantes réelles, alors $\int_a^b c \cdot \mathrm{d}t = c\,(b-a)$.

$$\forall x \in \mathbb{R}_+,\ \frac{x}{1+x} \leq \ln(1+x) \leq x$$

Exercice 8 –

1. On a :

$$\forall t \in \mathbb{R} \setminus \{-1, 0\},\ \frac{1}{t\,(1+t)} = \frac{1+t-1}{t\,(1+t)} = \frac{1}{t} - \frac{1}{1+t}$$

donc $(a, b) = (1, -1)$ convient.

2. La fonction $t \longmapsto \frac{\ln(1+t)}{t^2}$ est continue sur $[1, 2]$.

> Il n'y a pas de primitive évidente, donc on procède à une intégration par parties.

Les fonctions $t \longmapsto \ln(1+t)$ et $t \longmapsto -\frac{1}{t}$ sont de classe $\mathscr{C}^1$ sur $[1, 2]$ donc, par intégration par parties :

$$\begin{aligned}\int_1^2 \frac{\ln(1+t)}{t^2}\,\mathrm{d}t &= \left[-\frac{\ln(1+t)}{t}\right]_1^2 + \int_1^2 \frac{\mathrm{d}t}{t\,(1+t)} \\ &= \left[-\frac{\ln(1+t)}{t}\right]_1^2 + \int_1^2 \left(\frac{1}{t} - \frac{1}{1+t}\right)\mathrm{d}t\end{aligned}$$

d'où :

$$\int_1^2 \frac{\ln(1+t)}{t^2}\,dt = \left[-\frac{\ln(1+t)}{t}\right]_1^2 + [\ln|t| - \ln|1+t|]_1^2$$
$$= 3\ln(2) - \frac{3\ln(3)}{2}$$

Exercice 9 –

1. Soit $n \in \mathbb{N}$. Les fonctions $t \mapsto t$ et $t \mapsto \ln^{n+1}(t)$ sont de classe C^1 sur $[1, e]$ donc, par intégration par parties :

$$I_{n+1} = \left[t\ \ln^{n+1}(t)\right]_1^e - (n+1)\int_1^e t \times \frac{1}{t}\ \ln^n(t)\,dt$$

et donc :

$$\boxed{\forall n \in \mathbb{N},\ I_{n+1} = e - (n+1)I_n}$$

2. On pourrait raisonner par récurrence, mais on peut aussi remarquer que :

$$\forall k \in \mathbb{N},\ \frac{(-1)^{k+1}}{(k+1)!}\ I_{k+1} = \frac{(-1)^{k+1}}{(k+1)!}\ e + \frac{(-1)^k}{k!}\ I_k$$

et donc :

$$\forall k \in \mathbb{N},\ \frac{(-1)^{k+1}}{(k+1)!}\ I_{k+1} - \frac{(-1)^k}{k!}\ I_k = \frac{(-1)^{k+1}}{(k+1)!}\ e$$

d'où, en sommant de $k = 0$ à $k = n - 1$:

$$\forall n \in \mathbb{N}^*,\ \frac{(-1)^n}{n!}\ I_n - I_0 = \sum_{k=0}^{n-1} \frac{(-1)^{k+1}}{(k+1)!}\ e$$

et finalement, comme $I_0 = e - 1$ et en vérifiant que l'égalité est vraie pour $n = 0$:

$$\boxed{\forall n \in \mathbb{N},\ I_n = (-1)^n\, n!\left[e\sum_{k=0}^{n} \frac{(-1)^k}{k!} - 1\right]}$$

Exercice 10 –

Méthode

Penser que l'on ne sait pas, en général, étudier la dérivabilité d'une fonction de la forme

$$x \mapsto \int_a^b g(x,t)\,\mathrm{d}t$$

Quand l'intégrande dépend de x, le plus simple est en général de modifier l'intégrale pour que l'intégrande ne dépende plus de x. On pourra pour cela utiliser un changement de variable et/ou la linéarité de l'intégration.

Soit $x \in \mathbb{R}$. La fonction $t \mapsto f(x-t)\,\mathrm{e}^t$ est continue sur $[0,x]$. De plus la fonction $t \mapsto x-t$ est de classe $\mathscr{C}^1$ sur $[0,x]$ donc, en effectuant le changement de variable $u = x-t$, $\mathrm{d}u = -\mathrm{d}t$, on obtient :

On effectue le changement de variable affine $u = x - t$ pour obtenir un intégrande indépendant de x.

$$\varphi(x) = -\int_x^0 f(u)\,\mathrm{e}^{x-u}\,\mathrm{d}u$$
$$= \int_0^x f(u)\,\mathrm{e}^{x-u}\,\mathrm{d}u$$

et par linéarité de l'intégration :

$\mathrm{e}^{x-u} = \mathrm{e}^x\,\mathrm{e}^{-u}$

$$\varphi(x) = \mathrm{e}^x \int_0^x f(u)\,\mathrm{e}^{-u}\,\mathrm{d}u$$

De plus, comme $g : u \mapsto f(u)\,\mathrm{e}^{-u}$ est continue sur $\mathbb{R}$, la fonction $G : x \mapsto \int_0^x f(u)\,\mathrm{e}^{-u}\,\mathrm{d}u$ en est une primitive, donc elle est de classe $\mathscr{C}^1$ sur $\mathbb{R}$. Il en découle que φ est de classe $\mathscr{C}^1$ sur $\mathbb{R}$ comme produit de fonctions qui le sont et de plus :

$$\varphi'(x) = \mathrm{e}^x G(x) + \mathrm{e}^x G'(x)$$
$$= \mathrm{e}^x \int_0^x f(u)\,\mathrm{e}^{-u}\,\mathrm{d}u + \mathrm{e}^x f(x)\,\mathrm{e}^{-x}$$
$$= \varphi(x) + f(x)$$

Exercice 11 –

1. Pour tout $n \in \mathbb{N}$, la fonction $x \mapsto \sqrt{1+x}$ est continue et ne s'annule pas sur $[0,1]$ et la fonction $x \mapsto x^n$ est continue sur $[0,1]$, donc la fonction $x \mapsto \dfrac{x^n}{\sqrt{1+x}}$ est continue sur $[0,1]$ et la suite $(u_n)_{n\in\mathbb{N}}$ est bien définie.
2. **a)** On a :

$$\forall n \in \mathbb{N},\ \forall x \in [0,1],\ 0 \leqslant x^{n+1} \leqslant x^n$$

donc, en divisant par $\sqrt{1+x} > 0$:

$$\forall n \in \mathbb{N},\ \forall x \in [0,1],\ 0 \leqslant \frac{x^{n+1}}{\sqrt{1+x}} \leqslant \frac{x^n}{\sqrt{1+x}}$$

et alors, par croissance de l'intégration, les fonctions en présence étant continues sur $[0, 1]$ (avec $0 \leqslant 1$) :

$$\forall n \in \mathbb{N},\ 0 \leqslant u_{n+1} \leqslant u_n$$

Ainsi, la suite u est décroissante et minorée donc la suite u est décroissante et convergente.

b) On a :

$$\forall n \in \mathbb{N},\ \forall x \in [0,1],\ 0 \leqslant \frac{x^n}{\sqrt{1+x}} \leqslant x^n$$

donc, par croissance de l'intégration, les fonctions en présence étant continues sur $[0, 1]$ (avec $0 \leqslant 1$) :

$$\begin{aligned}\forall n \in \mathbb{N},\ 0 \leqslant u_n &\leqslant \int_0^1 x^n \,\mathrm{d}x \\ &\leqslant \frac{1}{n+1}\end{aligned}$$

c) On a :

$$\lim_{n\to+\infty} \frac{1}{n+1} = 0$$

ce qui nous permet de conclure, avec le résultat précédent et le théorème de l'encadrement :

$$\lim_{n\to+\infty} u_n = 0$$

Exercice 12 –

1. Faux. Il suffit de considérer la fonction $f : x \mapsto x - \frac{1}{2}$, qui est continue mais n'est pas nulle sur $[0, 1]$ et vérifie pourtant :

$$\int_0^1 f(x)\,\mathrm{d}x = \left[\frac{x^2 - x}{2}\right]_0^1 = 0$$

En revanche, si f est une fonction continue **et de signe constant** sur $[0, 1]$, alors :

$$\int_0^1 f(x)\,\mathrm{d}x = 0 \Longrightarrow \forall x \in [0,1],\ f(x) = 0$$

2. Vrai. En effet, la fonction $g : t \mapsto \frac{\mathrm{e}^t}{t}$ est continue sur $\mathbb{R}_+^*$, donc admet une primitive G, dérivable sur $\mathbb{R}_+^*$ et on a :

$$\forall x \in \mathbb{R}_+^*,\ f(x) = G(x^2) - G(x)$$

On en déduit que f est dérivable sur $\mathbb{R}_+^*$ et que :

$$\begin{aligned}\forall x \in \mathbb{R}_+^*,\ f'(x) &= 2x\, G'(x^2) - G'(x) \\ &= 2x\,\frac{e^{x^2}}{x^2} - \frac{e^x}{x} \\ &= \frac{2e^{x^2} - e^x}{x} \\ &= \frac{e^{\ln(2)} e^{x^2} - e^x}{x} \\ &= \frac{e^x\left(e^{x^2 - x + \ln(2)} - 1\right)}{x}\end{aligned}$$

De plus la fonction polynôme $x \mapsto x^2 - x + \ln(2)$ est strictement positive sur $\mathbb{R}$ (elle n'a pas de racine réelle et son coefficient dominant est positif) donc, comme la fonction exponentielle est strictement croissante sur $\mathbb{R}$:

$$\forall x \in \mathbb{R}_+^*,\ f'(x) > 0$$

3. Faux. Il suffit de considérer les fonctions $f : x \mapsto 0$ et $g : x \mapsto 1$ avec $a = 1$ et $b = 0$, pour remarquer que :

$$\forall x \in \mathbb{R},\ f(x) \leq g(x)$$

mais que :

$$\int_a^b f(x)\,dx = 0 \quad \text{et} \quad \int_a^b g(x)\,dx = -1$$

En revanche, le résultat est correct si l'on impose $a \leq b$.

Cours – Croissance de l'intégration.

Si (a, b) est un couple de réels tel que $a \leq b$ et si f et g sont deux fonctions continues sur $[a, b]$ telles que, pour tout $x \in [a, b]$, $f(x) \leq g(x)$, alors :

$$\int_a^b f(x)\,dx \leq \int_a^b g(x)\,dx$$

17 Équations différentielles linéaires

Dans la suite, I désigne un intervalle de $\mathbb{R}$ contenant au moins deux points.

Maîtriser le cours

Exercice 1 – Le vrai/faux du début

Soit $a \in \mathbb{R}$ et (E) l'équation différentielle $y' = ay$.

1. Les solutions de (E) sont de la forme $x \mapsto Ke^{ax}$ où $K \in \mathbb{R}$. ☐ Vrai ☐ Faux
2. Les solutions de (E) sont de la forme $x \mapsto Ke^{-ax}$ où $K \in \mathbb{R}$. ☐ Vrai ☐ Faux

Exercice 2 –

Trouver une solution particulière de l'équation différentielle suivante :

$$y' + y = t + 1 + e^t$$

Maîtriser les méthodes fondamentales

Exercice 3 –

Résoudre $y' + 4y = t^2e^{-4t}$ sur $\mathbb{R}$. On cherchera une solution particulière $f : \mathbb{R} \to \mathbb{R}$ définie par :

$$\forall x \in \mathbb{R},\ f(x) = k(x)e^{-4x}$$

où $k : \mathbb{R} \to \mathbb{R}$ est une fonction dérivable.

Exercice 4 –

Résoudre $y' + y = e^t$ sur $\mathbb{R}$.

Exercice 5 –

Résoudre les équations différentielles suivantes définies sur $\mathbb{R}$.

1. $y'' - 4y' + 3y = 0$.
2. $y'' - 2y' + y = 0$.

Exercice 6 –

Résoudre $y'' - 4y' + 3y = e^x$. On cherchera une solution particulière de l'équation sous la forme :

$$g : x \mapsto axe^x \qquad \text{où } a \in \mathbb{R}$$

Pour aller plus loin

Exercice 7 –

Soit $y : \mathbb{R} \to \mathbb{R}$ de classe $\mathscr{C}^2$ sur $\mathbb{R}$ telle que :

$$\forall x \in \mathbb{R},\ (1 + x^2)y''(x) + 4xy'(x) + (1 - x^2)y(x) = 0$$

et vérifiant $y(0) = 1$ et $y(1) = 0$.

1. On pose, pour tout réel x,
$$z(x) = (1 + x^2)y(x)$$
Justifier que z est de classe $\mathscr{C}^2$ sur $\mathbb{R}$ puis déterminer les expressions de y' et y'' en fonction de z et z''.
2. Montrer que z est solution d'une équation différentielle du second ordre.
3. En déduire l'expression de y.

Exercice 8 – Le vrai/faux de la fin

Soit $a \in \mathbb{R}$ et (E) l'équation différentielle $y' = ay$ définie sur $\mathbb{R}_+$.

1. (E) admet toujours une solution bornée, peu importe la valeur de a.	☐ Vrai	☐ Faux
2. Si $a > 0$, (E) admet une unique solution bornée.	☐ Vrai	☐ Faux
3. Si $a < 0$, (E) admet une unique solution bornée.	☐ Vrai	☐ Faux

Solution des exercices

Exercice 1 –

1. Les solutions de (E) sont de la forme $x \mapsto K\mathrm{e}^{ax}$ où $K \in \mathbb{R}$.	☒ Vrai	☐ Faux
2. Les solutions de (E) sont de la forme $x \mapsto K\mathrm{e}^{-ax}$ où $K \in \mathbb{R}$.	☐ Vrai	☒ Faux

Exercice 2 –

On utilise le principe de superposition. Il est clair que $t \mapsto t$ est solution de $y' + y = t + 1$. De plus, on remarque que $t \mapsto \frac{\mathrm{e}^t}{2}$ est solution de $y' + y = \mathrm{e}^t$. Ainsi,

$$t \mapsto t + \frac{\mathrm{e}^t}{2}$$

est une solution particulière de $y' + y = t + 1 + \mathrm{e}^t$.

Méthode

Soit $a \in \mathbb{R}$ et b_1, b_2 des fonctions continues sur I.
Si y_1 (respectivement y_2) est solution de $y' = ay + b_1$ (respectivement $y' = ay + b_2$) alors $y_1 + y_2$ est solution de $y' = ay + b_1 + b_2$.

Exercice 3 –

L'équation considérée est une équation différentielle linéaire du premier ordre dont le coefficient est constant et le second membre est une fonction continue. Les solutions de l'équation homogène associée sont les fonctions de la forme :

$$x \longmapsto K\mathrm{e}^{-4x}$$

où $K \in \mathbb{R}$.

Soit $k : \mathbb{R} \to \mathbb{R}$ une fonction dérivable. Soit $f : \mathbb{R} \to \mathbb{R}$ définie par :

$$\forall x \in \mathbb{R},\ f(x) = k(x)\mathrm{e}^{-4x}$$

La fonction f est dérivable (par produit) et on a pour tout réel x,

$$f'(x) = k'(x)\mathrm{e}^{-4x} + k(x)(-4)\mathrm{e}^{-4x}$$

La fonction f est solution de l'équation considérée si et seulement si :

$$\forall x \in \mathbb{R},\ f'(x) + 4f(x) = x^2\mathrm{e}^{-4x}$$

ou encore si et seulement si :

$$\forall x \in \mathbb{R},\ k'(x)\mathrm{e}^{-4x} + k(x)(-4)\mathrm{e}^{-4x} + 4k(x)\mathrm{e}^{-4x} = x^2\mathrm{e}^{-4x}$$

ce qui est encore équivalent à (sachant que l'exponentielle ne s'annule pas) :

$$\forall x \in \mathbb{R},\ k'(x) = x^2$$

Ainsi, $k : x \longmapsto \frac{x^3}{3}$ convient et $f : x \longmapsto \frac{x^3}{3}\mathrm{e}^{-4x}$ est une solution particulière. On en déduit que les solutions de l'équation sont de la forme :

$$x \longmapsto \frac{x^3}{3}\mathrm{e}^{-4x} + \lambda\mathrm{e}^{-4x} \qquad \text{où } \lambda \in \mathbb{R}$$

Cours

Considérons l'équation différentielle linéaire du premier ordre $y' + ay = b$ où $a \in \mathbb{R}$ et $b : I \to \mathbb{R}$ est une fonction continue. Les solutions de cette équation sont les fonctions :

$$\begin{array}{rcccl} y & : & I & \to & \mathbb{R} \\ & & t & \mapsto & f_p(t) + \lambda\mathrm{e}^{-at} \end{array}$$

où $\lambda \in \mathbb{R}$ et f_p est une solution particulière de l'équation.

Exercice 4 –

L'équation considérée est une équation différentielle linéaire du premier ordre dont le coefficient est constant et le second membre est une fonction continue. Les solutions de l'équation homogène sont les fonctions de la forme :

$$t \longmapsto K\mathrm{e}^{-t}$$

où $K \in \mathbb{R}$.

Il est clair que la fonction :

$$t \longmapsto \frac{1}{2}\mathrm{e}^{t}$$

est solution de $y' + y = \mathrm{e}^t$. On en déduit que les solutions de l'équation sont les fonctions de la forme :

$$t \longmapsto K\mathrm{e}^{-t} + \frac{1}{2}\mathrm{e}^{t}$$

À retenir

Il est toujours intéressant de chercher une solution particulière en testant quelques fonctions simples.

Exercice 5 –

1. On reconnait une équation différentielle linéaire du second ordre, à coefficients constants et homogène. Son équation caractéristique est $x^2 - 4x + 3 = 0$. Celle-ci admet deux solutions : 1 et 3. On en déduit que les solutions de cette équation sont les fonctions définies sur $\mathbb{R}$ de la forme :

$$x \longmapsto \lambda\mathrm{e}^{x} + \mu\mathrm{e}^{3x}$$

où $(\lambda, \mu) \in \mathbb{R}^2$.

2. On reconnait une équation différentielle linéaire du second ordre, à coefficients constants et homogène. Son équation caractéristique est $x^2 - 2x + 1 = 0$. Celle-ci admet une unique solution : 1. On en déduit que les solutions de cette équation sont les fonctions définies sur $\mathbb{R}$ de la forme :

$$x \longmapsto (\lambda + \mu x)\mathrm{e}^{x}$$

où $(\lambda, \mu) \in \mathbb{R}^2$.

Cours

Soit (E) l'équation différentielle linéaire d'ordre deux *homogène* définie sur I par :

$$(E) \quad x'' + ax' + bx = 0$$

où a et b sont deux réels. On note (EC), l'équation caractéristique associée à (E) :

$$z^2 + az + b = 0 \text{ où } z \in \mathbb{R}$$

— Si (EC) admet deux solutions distinctes r_1 et r_2 dans $\mathbb{R}$ alors $x : I \to \mathbb{R}$ est solution de (E) si et seulement si il existe $(\lambda, \mu) \in \mathbb{R}^2$ tel que :

$$\forall t \in I, \; x(t) = \lambda e^{r_1 t} + \mu e^{r_2 t}$$

— Si (EC) admet une racine double r_0 dans $\mathbb{R}$ alors $x : I \to \mathbb{R}$ est solution de (E) si et seulement si il existe $(\lambda, \mu) \in \mathbb{R}^2$ tel que :

$$\forall t \in I, \; x(t) = (\lambda + \mu t)e^{r_0 t}$$

Exercice 6 –

L'équation considérée est une équation différentielle linéaire du second ordre à coefficients constants dont le second membre est une fonction continue sur $\mathbb{R}$. D'après l'exercice 5, les solutions de l'équation homogène associée sont les fonctions définies sur $\mathbb{R}$ de la forme :

$$x \longmapsto \lambda e^x + \mu e^{3x}$$

où $(\lambda, \mu) \in \mathbb{R}^2$.

Méthode

Pour obtenir l'ensemble des solutions d'une équation différentielle linéaire d'ordre deux à coefficients constants et dont le second membre est une fonction continue, on suit la démarche suivante :

— On résout l'équation homogène associée à l'aide de l'équation caractéristique (on note $\mathcal{S}_H$ son ensemble de solutions).

— On détermine une solution particulière f_p de l'équation.

— Les solutions de l'équation s'écrivent alors $f_p + f$ où $f \in \mathcal{S}_H$.

On cherche maintenant une solution particulière de l'équation sous la forme :

$$g : x \longmapsto axe^x$$

où $a \in \mathbb{R}$. La fonction g est dérivable sur $\mathbb{R}$ et on a :

$$\forall x \in \mathbb{R}, \; g'(x) = a(x+1)e^x$$

et :

$$\forall x \in \mathbb{R}, \; g''(x) = a(x+2)e^x$$

La fonction g est solution de l'équation si et seulement si : Raisonner par équivalences !

$$\forall x \in \mathbb{R},\ a(x+2)e^x - 4a(x+1)e^x + 3axe^x = e^x$$

ou encore sachant que l'exponentielle ne s'annule pas sur $\mathbb{R}$, si et seulement si :

$$\forall x \in \mathbb{R},\ a(x+2) - 4a(x+1) + 3ax = 1$$

ce qui se réécrit :

$$\forall x \in \mathbb{R},\ -2a = 1$$

Ainsi, $a = -\frac{1}{2}$ convient. On en déduit que les solutions de l'équation considérée sont les fonctions définies sur $\mathbb{R}$ de la forme :

$$x \longmapsto \lambda e^x + \mu e^{3x} - \frac{xe^x}{2}$$

où $(\lambda, \mu) \in \mathbb{R}^2$.

Exercice 7 –

1. La fonction z est de classe $\mathscr{C}^2$ sur $\mathbb{R}$ (car y l'est et $x \mapsto (1+x^2)$ aussi) et on a :

$$\forall x \in \mathbb{R},\ y(x) = \frac{z(x)}{1+x^2}$$

ce qui donne en dérivant :

$$y'(x) = \frac{z'(x)}{1+x^2} - \frac{2xz(x)}{(1+x^2)^2}$$

puis :

$$y''(x) = \frac{z''(x)}{1+x^2} - \frac{2xz'(x)}{(1+x^2)^2} - \left(\frac{2z(x) + 2xz'(x)}{(1+x^2)^2} - 4x\frac{2xz(x)}{(1+x^2)^3}\right)$$

ou encore :

$$y''(x) = \frac{z''(x)}{1+x^2} - \frac{4xz'(x)}{(1+x^2)^2} - \frac{2z(x)}{(1+x^2)^2} + \frac{8x^2z(x)}{(1+x^2)^3}$$

2. On sait que :

$$\forall x \in \mathbb{R},\ (1+x^2)y''(x) + 4xy'(x) + (1-x^2)y(x) = 0$$

En injectant dans cette équation les expressions obtenues dans la question précédente, on obtient que :

$$\forall x \in \mathbb{R},\ z''(x) - z(x) = 0$$

3. D'après la question précédente, on sait qu'il existe $(\lambda, \mu) \in \mathbb{R}^2$ tel que :

$$\forall x \in \mathbb{R},\ z(x) = \lambda e^x + \mu e^{-x}$$

On en déduit que y est de la forme :

$$y : x \longmapsto \frac{\lambda e^x + \mu e^{-x}}{1+x^2}$$

où $\lambda, \mu \in \mathbb{R}$. Or on sait que $y(0) = 1$ donc $\lambda + \mu = 1$. De même, $y(1) = 0$ donc :

$$\frac{\lambda e + \mu e^{-1}}{2} = 0$$

On résout donc le système suivant :

$$\begin{cases} \lambda + \mu &= 1 \\ \lambda e + \mu e^{-1} &= 0 \end{cases}$$

L'opération $L_2 \leftarrow L_2 - eL_1$ permet d'obtenir le système équivalent suivant :

$$\begin{cases} \lambda + \mu &= 1 \\ \mu(e^{-1} - e) &= -e \end{cases}$$

On en déduit que :

$$\mu = \frac{e}{e - e^{-1}}$$

et

$$\lambda = 1 - \mu = 1 - \frac{e}{e - e^{-1}} = \frac{e^{-1}}{e^{-1} - e}$$

Finalement, on a :

$$\forall x \in \mathbb{R},\ y(x) = \frac{1}{1 + x^2}\left[\frac{e^{-1}}{e^{-1} - e}e^{x} + \frac{e}{e - e^{-1}}e^{-x}\right]$$

Exercice 8 –

Les solutions sont de la forme $x \mapsto Ke^{ax}$ où $K \in \mathbb{R}$. La fonction nulle est solution pour toute valeur de a. Si $a > 0$ et $K \neq 0$, les fonctions considérées ont pour limite $\pm\infty$ en $+\infty$ et si $a < 0$ et $K \neq 0$, les fonctions sont clairement bornées (pour tout réel $t \leq 0$, $e^t \in [0, 1]$ et pour tout réel $x \geq 0$, $ax \leq 0$).

1. (E) admet toujours une solution bornée, peu importe la valeur de a.	☒ Vrai	☐ Faux
2. Si $a > 0$, (E) admet une unique solution bornée.	☒ Vrai	☐ Faux
3. Si $a < 0$, (E) admet une unique solution bornée.	☐ Vrai	☒ Faux

18 Études de suites

Maîtriser le cours

Exercice 1 – Le vrai/faux du début

1. Une suite convergente est bornée. ☐ Vrai ☐ Faux
2. Une suite bornée est convergente. ☐ Vrai ☐ Faux
3. Il existe des suites divergentes et bornées. ☐ Vrai ☐ Faux

Exercice 2 –

Déterminer les limites des suites dont les termes généraux sont :

1. $\forall n \geq 0,\ u_n = \dfrac{1}{2^n} + n - 1.$
2. $\forall n \geq 2,\ v_n = \dfrac{1}{n^2}\left(1 + \dfrac{1}{\ln(n)}\right).$
3. $\forall n \geq 0,\ w_n = \dfrac{n^2 - 4n + 3}{n^3 + 1}.$
4. $\forall n \geq 0,\ z_n = \dfrac{e^n - n^2 + 3}{n^2 + 5}.$

Exercice 3 –

Étudier les variations de la suite $(u_n)_{n\geq 1}$ dont le terme général est donné par :

$$\forall n \geq 1,\ u_n = \sum_{k=n+1}^{2n} \frac{1}{k}$$

Maîtriser les méthodes fondamentales

Exercice 4 –

On pose pour tout $n \in \mathbb{N}^*$,

$$u_n = \left(\sum_{k=1}^{n} \frac{1}{\sqrt{k}}\right) - 2\sqrt{n} \quad \text{et} \quad v_n = \left(\sum_{k=1}^{n} \frac{1}{\sqrt{k}}\right) - 2\sqrt{n+1}$$

Montrer que les suites $(u_n)_{n\geq 1}$ et $(v_n)_{n\geq 1}$ sont convergentes et convergent vers la même limite.

Exercice 5 –

Soit $\alpha \in \mathbb{R}_+^*$ et $(u_n)_{n\geq 1}$ la suite définie par :

$$\forall n \geq 1,\ u_n = \sum_{k=1}^{n} \frac{(-1)^k}{k^\alpha}$$

Montrer que $(u_{2n})_{n\geq 0}$ et $(u_{2n+1})_{n\geq 0}$ sont adjacentes. Qu'en déduit-on ?

Exercice 6 –

Soit $x \in \mathbb{R}$. On pose pour tout $n \geq 1$,

$$u_n = \frac{1}{n^2} \sum_{k=1}^{n} \lfloor kx \rfloor$$

Étudier la convergence de la suite $(u_n)_{n\geq 1}$ en utilisant le théorème d'encadrement.

Exercice 7 –

1. Montrer, pour tout entier $n \geq 2$, l'existence d'un unique solution à l'équation $x^n - x - 1 = 0$ sur $]1, +\infty[$. On note cette solution x_n.
2. Déterminer le sens de variation de la suite $(x_n)_{n\geq 2}$.
3. Montrer que $(x_n)_{n\geq 2}$ converge et déterminer sa limite ℓ.

Pour aller plus loin

Exercice 8 –

Soit $\ell > 0$ et $(u_n)_{n\geq 0}$ une suite avec des termes non nuls vérifiant la propriété suivante :

$$\exists N \in \mathbb{N},\ \forall n \in \mathbb{N},\ n \geq N \Longrightarrow \left|\frac{u_{n+1}}{u_n}\right| \leq \ell$$

1. Supposons que $\ell < 1$. Montrer que $(u_n)_{n\geq 0}$ converge vers 0. On pourra commencer par montrer que :

$$\forall n \geq N,\ |u_n| \leq |u_N|\, \ell^{n-N}$$

2. Le résultat précédent est-il vrai si $\ell = 1$?
3. Étudier la convergence de la suite $(u_n)_{n\geq 0}$ définie par : pour tout $n \geq 0$, $u_n = \frac{x^n}{n!}$ où $x \in \mathbb{R}$.

Exercice 9 – Le vrai/faux de la fin

Soit $u = (u_n)_{n\geq 0}$ une suite et $\ell \in \mathbb{R}$.

1. Si u est convergente de limite ℓ alors $(u_{2n})_{n\geq 0}$ aussi. ☐ Vrai ☐ Faux
2. Si $(u_{2n})_{n\geq 0}$ et $(u_{2n+1})_{n\geq 0}$ convergent alors u est convergente. ☐ Vrai ☐ Faux

Solution des exercices

Exercice 1 –

1. Une suite convergente est bornée. ☒ Vrai ☐ Faux
2. Une suite bornée est convergente. ☐ Vrai ☒ Faux
3. Il existe des suites divergentes et bornées. ☒ Vrai ☐ Faux

À retenir

La suite $((-1)^n)_{n\geq 0}$ est le contre-exemple classique à retenir pour les suites : c'est une suite bornée mais divergente.

Exercice 2 –

1. On a $\lim\limits_{n\to+\infty} \frac{1}{2^n} = 0$ car $-1 < \frac{1}{2} < 1$ et $\lim\limits_{n\to+\infty} (n-1) = +\infty$ et ainsi par somme :

$$\lim_{n\to+\infty} u_n = +\infty$$

À retenir

Soit $q \in \mathbb{R}$ tel que $|q| < 1$. Alors :

$$\lim_{n\to+\infty} q^n = 0$$

2. On a :

$$\lim_{n\to+\infty} \frac{1}{n^2} = 0 \text{ et } \lim_{n\to+\infty} 1 + \frac{1}{\ln(n)} = 1$$

donc par produit :

$$\lim_{n\to+\infty} v_n = 0$$

3. Nous somme face à une forme indéterminée. Retravaillons l'expression du terme général de cette suite. Pour tout $n > 0$,

$$\begin{aligned} w_n &= \frac{n^2 - 4n + 3}{n^3 + 1} \\ &= \frac{n^2\left(1 - \frac{4}{n} + \frac{3}{n^2}\right)}{n^3\left(1 + \frac{1}{n^3}\right)} \\ &= \frac{n^2}{n^3} \times \frac{1 - \frac{4}{n} + \frac{3}{n^2}}{1 + \frac{1}{n^3}} \\ &= \frac{1}{n} \times \frac{1 - \frac{4}{n} + \frac{3}{n^2}}{1 + \frac{1}{n^3}} \end{aligned}$$

Par produit et quotient, on en déduit que :

$$\lim_{n \to +\infty} w_n = 0$$

Méthode

Pour lever une forme indéterminée, on factorise par le (ou les) termes prépondérant(s).

4. Nous somme face à une forme indéterminée. Retravaillons l'expression du terme général de cette suite. Pour tout $n > 0$,

$$\begin{aligned} z_n &= \frac{e^n - n^2 + 3}{n^2 + 5} \\ &= \frac{e^n \left(1 - \frac{n^2}{e^n} + \frac{3}{e^n}\right)}{n^2 \left(1 + \frac{5}{n^2}\right)} \\ &= \frac{e^n}{n^2} \times \frac{1 - \frac{n^2}{e^n} + \frac{3}{e^n}}{1 + \frac{5}{n^2}} \end{aligned}$$

Par théorème des croissances comparées, on a :

$$\lim_{n \to +\infty} \frac{e^n}{n^2} = +\infty$$

puis par somme et théorème des croissances comparées, on a :

$$\lim_{n \to +\infty} \left(1 - \frac{n^2}{e^n} + \frac{3}{e^n}\right) = 1$$

et

$$\lim_{n \to +\infty} \left(1 + \frac{5}{n^2}\right) = 1$$

Finalement, par produit et quotient on a :

$$\lim_{n \to +\infty} z_n = +\infty$$

Cours – Théorème des croissances comparées.

Pour tout $(\alpha, \beta) \in (\mathbb{R}_+^*)^2$, on a :

- $\lim\limits_{n \to +\infty} \dfrac{e^n}{n^\alpha} = +\infty$.
- $\lim\limits_{n \to +\infty} \dfrac{n^\beta}{[\ln(n)]^\alpha} = +\infty$.

Exercice 3 –

Soit $n \in \mathbb{N}^*$. On a :

$$u_{n+1} - u_n = \sum_{k=n+2}^{2(n+1)} \frac{1}{k} - \sum_{k=n+1}^{2n} \frac{1}{k} = \sum_{k=n+2}^{2n+2} \frac{1}{k} - \sum_{k=n+1}^{2n} \frac{1}{k}$$

ou encore :

$$u_{n+1} - u_n = \frac{1}{n+2} + \cdots + \frac{1}{2n+2} - \left(\frac{1}{n+1} + \frac{1}{n+2} + \cdots + \frac{1}{2n}\right)$$

Après simplification des termes, on obtient :

$$\begin{aligned}
u_{n+1} - u_n &= \frac{1}{2n+1} + \frac{1}{2n+2} - \frac{1}{n+1} \\
&= \frac{1}{2n+1} + \frac{1}{2(n+1)} - \frac{1}{n+1} \\
&= \frac{1}{2n+1} + \frac{1-2}{2(n+1)} \\
&= \frac{2(n+1) - (2n+1)}{2(2n+1)(n+1)} \\
&= \frac{1}{2(2n+1)(n+1)} \geq 0
\end{aligned}$$

Ainsi $(u_n)_{n\geq 1}$ est croissante.

Cours

Soit $(u_n)_{n\geq 0}$ une suite. On dit que :

- $(u_n)_{n\geq 0}$ est *croissante* si : $\forall n \geq 0,\ u_{n+1} \geq u_n$.
- $(u_n)_{n\geq 0}$ est *décroissante* si : $\forall n \geq 0,\ u_{n+1} \leq u_n$.
- $(u_n)_{n\geq 0}$ est *strictement croissante* si : $\forall n \geq 0,\ u_{n+1} > u_n$.
- $(u_n)_{n\geq 0}$ est *strictement décroissante* si : $\forall n \geq 0,\ u_{n+1} < u_n$.
- $(u_n)_{n\geq 0}$ est *monotone* si elle est croissante ou décroissante.
- $(u_n)_{n\geq 0}$ est *strictement monotone* si elle est strictement croissante ou strictement décroissante.

La définition s'adapte facilement si le premier indice de la suite n'est pas 0.

Exercice 4 –

Montrons que $(u_n)_{n\geq 1}$ et $(v_n)_{n\geq 1}$ sont adjacentes.

- Soit $n \in \mathbb{N}^*$. Alors :

$$\begin{aligned}
u_{n+1} - u_n &= \sum_{k=1}^{n+1} \frac{1}{\sqrt{k}} - 2\sqrt{n+1} - \sum_{k=1}^{n} \frac{1}{\sqrt{k}} + 2\sqrt{n} \\
&= \frac{1}{\sqrt{n+1}} - 2(\sqrt{n+1} - \sqrt{n})
\end{aligned}$$

Or on a :

Quantité conjuguée

$$\sqrt{n+1}-\sqrt{n}=\frac{(\sqrt{n+1}-\sqrt{n})(\sqrt{n+1}+\sqrt{n})}{\sqrt{n+1}+\sqrt{n}}=\frac{n+1-n}{\sqrt{n+1}+\sqrt{n}}=\frac{1}{\sqrt{n+1}+\sqrt{n}}$$

Ainsi :

$$u_{n+1}-u_n=\frac{1}{\sqrt{n+1}}-\frac{2}{\sqrt{n+1}+\sqrt{n}}$$

Pour tout entier $n \geq 1$,

$$0<\sqrt{n+1}+\sqrt{n}\leq 2\sqrt{n+1}$$

donc :

Décroissance de la fonction inverse sur $\mathbb{R}_+^*$

$$\frac{1}{\sqrt{n+1}+\sqrt{n}}\geq\frac{1}{2\sqrt{n+1}}$$

d'où :

$$\frac{2}{\sqrt{n+1}+\sqrt{n}}\geq\frac{1}{\sqrt{n+1}}$$

et ainsi :

$$u_{n+1}-u_n\leq 0$$

La suite $(u_n)_{n\geq 1}$ est donc décroissante.

— Soit $n\in\mathbb{N}^*$. Alors :

$$\begin{aligned}v_{n+1}-v_n&=\sum_{k=1}^{n+1}\frac{1}{\sqrt{k}}-2\sqrt{n+2}-\sum_{k=1}^{n}\frac{1}{\sqrt{k}}+2\sqrt{n+1}\\&=\frac{1}{\sqrt{n+1}}-2(\sqrt{n+2}-\sqrt{n+1})\\&=\frac{1}{\sqrt{n+1}}-\frac{2}{\sqrt{n+2}+\sqrt{n+1}}\end{aligned}$$

Pour tout entier $n \geq 1$,

$$\sqrt{n+2}+\sqrt{n+1}\geq 2\sqrt{n+1}>0$$

donc :

Décroissance de la fonction inverse sur $\mathbb{R}_+^*$

$$\frac{1}{\sqrt{n+2}+\sqrt{n+1}}\leq\frac{1}{2\sqrt{n+1}}$$

d'où :

$$\frac{2}{\sqrt{n+2}+\sqrt{n+1}}\leq\frac{1}{\sqrt{n+1}}$$

et ainsi :

$$v_{n+1}-v_n\geq 0$$

La suite $(v_n)_{n\geq 1}$ est donc croissante.

— Soit $n \geq 1$. Alors :

Quantité conjuguée

$$v_n - u_n = -2\sqrt{n+1} + 2\sqrt{n} = -2(\sqrt{n+1} - \sqrt{n}) = -\frac{2}{\sqrt{n+1} + \sqrt{n}}$$

et ainsi :

$$\lim_{n \to +\infty} v_n - u_n = 0$$

On en déduit que les suites $(u_n)_{n \geq 1}$ et $(v_n)_{n \geq 1}$ sont adjacentes. Elles sont donc convergentes et convergent vers une même limite.

Cours

Deux suites $(u_n)_{n \geq 0}$ et $(v_n)_{n \geq 0}$ sont dites *adjacentes* lorsque :

- $(u_n)_{n \geq 0}$ est croissante et $(v_n)_{n \geq 0}$ est décroissante (ou le contraire).
- La suite $(v_n - u_n)_{n \geq 0}$ converge vers 0.

Deux suites adjacentes sont convergentes et elles convergent vers la même limite. De plus, si ℓ est la limite et que $(u_n)_{n \geq 0}$ est croissante et $(v_n)_{n \geq 0}$ est décroissante, alors :

$$\forall n \geq 0,\ u_n \leq \ell \leq v_n$$

À retenir

Si l'on souhaite montrer que deux suites convergent vers la même limite, il est légitime d'essayer de montrer qu'elles sont adjacentes.

Exercice 5 –

Pour tout $n \geq 1$,

$$u_{2n+2} - u_{2n} = \frac{(-1)^{2n+2}}{(2n+2)^\alpha} + \frac{(-1)^{2n+1}}{(2n+1)^\alpha} = \frac{1}{(2n+2)^\alpha} - \frac{1}{(2n+1)^\alpha} \leq 0$$

car $2n + 2 \geq 2n + 1$ et $\alpha > 0$. Ainsi $(u_{2n})_{n \geq 0}$ est décroissante.

Pour tout $n \geq 1$,

$$u_{2n+3} - u_{2n+1} = \frac{(-1)^{2n+3}}{(2n+3)^\alpha} + \frac{(-1)^{2n+2}}{(2n+2)^\alpha} = -\frac{1}{(2n+3)^\alpha} + \frac{1}{(2n+2)^\alpha} \geq 0$$

car $2n + 3 \geq 2n + 2$ et $\alpha > 0$. Ainsi $(u_{2n+1})_{n \geq 0}$ est croissante. On a :

$$u_{2n+1} - u_{2n} = \frac{(-1)^{2n+1}}{(2n+1)^\alpha} = -\frac{1}{(2n+1)^\alpha} \underset{n \to +\infty}{\longrightarrow} 0$$

Ainsi $(u_{2n})_{n \geq 0}$ et $(u_{2n+1})_{n \geq 0}$ sont adjacentes et convergent donc vers la même limite. On en déduit que la suite $(u_n)_{n \geq 0}$ est convergente.

Cours

Soit $(u_n)_{n\geq 0}$ une suite et $\ell \in \mathbb{R}$. Les assertions suivantes sont équivalentes :

1. u_n tend vers ℓ quand n tend vers $+\infty$.
2. u_{2n} et u_{2n+1} tendent vers ℓ quand n tend vers $+\infty$.

Exercice 6 –

À retenir

Pour tout réel y :

$$\lfloor y \rfloor \leq y < \lfloor y \rfloor + 1$$

et il faut savoir en déduire :

$$y - 1 < \lfloor y \rfloor \leq y$$

Soit $x \in \mathbb{R}$ et $n \geq 1$. Pour tout $k \in \{1, \dots, n\}$,

$$kx - 1 \leq \lfloor kx \rfloor \leq kx$$

On obtient alors :

$$\sum_{k=1}^{n}(kx - 1) \leq \sum_{k=1}^{n}\lfloor kx \rfloor \leq \sum_{k=1}^{n} kx$$

ou encore :

$1+2+\cdots+n = \frac{n(n+1)}{2}$

$$x \times \frac{n(n+1)}{2} - n \leq \sum_{k=1}^{n}\lfloor kx \rfloor \leq x \times \frac{n(n+1)}{2}$$

En divisant par $n^2 > 0$, on obtient finalement :

$$x\frac{n(n+1)}{2n^2} - \frac{1}{n} \leq \frac{1}{n^2}\sum_{k=1}^{n}\lfloor kx \rfloor \leq x\frac{n(n+1)}{2n^2}$$

On a (en utilisant les termes de plus haut degré) :

$$\lim_{n\to+\infty}\left[x\frac{n(n+1)}{2n^2} - \frac{1}{n}\right] = \lim_{n\to+\infty} x\frac{n(n+1)}{2n^2} = \frac{x}{2}$$

Par le théorème d'encadrement, on en déduit que $(u_n)_{n\geq 0}$ converge et :

$$\lim_{n\to+\infty} u_n = \frac{x}{2}$$

À retenir

Si les termes d'une suite sont définies à l'aide d'une somme, un encadrement permet souvent d'obtenir certaines propriétés (minoration, majoration, convergence ...).

Cours – Théorème d'encadrement.

Soit $(u_n)_{n\geq 0}$, $(a_n)_{n\geq 0}$ et $(b_n)_{n\geq 0}$ trois suites et $\ell \in \mathbb{R}$.

On suppose que :

— Pour tout $n \in \mathbb{N}$, $a_n \leq u_n \leq b_n$.

— Les suites $(a_n)_{n\geq 0}$ et $(b_n)_{n\geq 0}$ convergent vers ℓ.

Alors la suite $(u_n)_{n\geq 0}$ converge et :

$$\lim_{n\to+\infty} u_n = \ell$$

Exercice 7 –

1. Soit $n \geq 2$. On pose pour tout réel $x \in I =]1, +\infty[$,

$$f_n(x) = x^n - x - 1$$

La fonction f_n est dérivable sur I (c'est une fonction polynomiale) et pour tout $x > 1$ on a :

$$f_n'(x) = nx^{n-1} - 1$$

Or si $x > 1$ alors $x^{n-1} > 1$ (par stricte croissance de $x \mapsto x^{n-1}$ sur $\mathbb{R}_+$) ce qui implique :

$$nx^{n-1} \geq n \geq 2$$

donc $f_n'(x) \geq 1 > 0$. Ainsi f_n est strictement croissante sur I. En considérant le terme de plus haut degré, on a :

$$\lim_{x\to+\infty} f_n(x) = +\infty$$

De plus, $\lim_{x\to 1} f_n(x) = -1$.

On obtient alors le tableau de variations suivant :

x	1	$+\infty$
$f_n'(x)$	$+$	
$f(x)$	-1 ↗	$+\infty$

La fonction f_n est continue et strictement croissante sur I, on a :

$$\lim_{x\to 1} f_n(x) = -1, \quad \lim_{x\to+\infty} f_n(x) = +\infty$$

et $0 \in]-1, +\infty[$. D'après le théorème de la bijection, il existe un unique réel $x_n \in I$ tel que $f_n(x_n) = 0$.

2. Pour tout réel $x > 1$, $f_{n+1}(x) = x^{n+1} - x - 1$. Ainsi,

$$f_{n+1}(x_n) = x_n^{n+1} - x_n - 1$$

Or par définition , $f_n(x_n) = x_n^n - x_n - 1 = 0$ ce qui est équivalent à $x_n^n = x_n + 1$. Alors :

$$\begin{aligned} f_{n+1}(x_n) &= x_n^{n+1} - x_n - 1 \\ &= x_n^n \times x_n - x_n - 1 \\ &= (x_n + 1)x_n - x_n - 1 \\ &= x_n^2 + x_n - x_n - 1 \\ &= x_n^2 - 1 \end{aligned}$$

Or $x_n > 1$ donc $x_n^2 > 1^2 = 1$ (par stricte croissance de la fonction carré sur $\mathbb{R}_+$) et ainsi $f_{n+1}(x_n) > 0$. On a donc :

$$0 = f_{n+1}(x_{n+1}) < f_{n+1}(x_n)$$

et par stricte croissance de f_{n+1} sur I (x_n et x_{n+1} appartiennent à cet intervalle) on a $x_{n+1} < x_n$. Ainsi, $(x_n)_{n\geq 2}$ est strictement décroissante.

À retenir

Pour ce type d'exercice, il est difficile de comparer x_n et x_{n+1} directement. Il est préférable de comparer $f_n(x_n)$ et $f_n(x_{n+1})$ ou $f_{n+1}(x_n)$ et $f_{n+1}(x_{n+1})$.

3. On sait que pour tout entier $n \geq 2$, $x_n > 1$. la suite $(x_n)_{n\geq 2}$ est donc minorée par 1 (et décroissante d'après la question précédente). D'après le théorème de limite monotone, la suite $(x_n)_{n\geq 2}$ est donc convergente vers un réel $\ell \geq 1$ (par passage à la limite avec les inégalités).

Supposons par l'absurde que la suite $(x_n)_{n\geq 2}$ ne converge pas vers 1. Elle converge donc vers un réel ℓ strictement plus grand que 1 d'après la question précédente. Or on sait que pour tout $n \geq 2$, $f_n(x_n) = 0$ ce qui est équivalent à :

$$x_n^n = x_n + 1$$

On a :

$$\lim_{n\to+\infty} (x_n + 1) = \ell + 1$$

De plus, $x_n > 0$ pour tout $n \geq 2$ donc :

$$\ln(x_n^n) = n\ln(x_n)$$

Or comme ln est continue en $\ell > 0$:

$$\lim_{n\to+\infty} \ln(x_n) = \ln(\ell)$$

De plus, $\ell > 1$ donc $\ln(\ell) > 0$ et ainsi :

$$\lim_{n\to+\infty} n\ln(x_n) = +\infty$$

par produit de limites. Par composition avec la fonction exponentielle, on a alors :

$$\lim_{n\to+\infty} x_n^n = \lim_{n\to+\infty} e^{n\ln(x_n)} = +\infty$$

Ceci est absurde car :

$$\lim_{n\to+\infty} x_n^n = \lim_{n\to+\infty} (x_n + 1) = \ell + 1 \in \mathbb{R}$$

Ainsi, par l'absurde, on a montré que $(x_n)_{n\geq 2}$ converge vers 1.

À retenir

Dans le raisonnement précédent, il n'est pas envisageable d'écrire « ℓ^n » : c'est une faute très courante.

Cours

Soit $(u_n)_{n\geq 0}$ une suite.

— Si $(u_n)_{n\geq 0}$ est croissante et majorée alors elle converge.

— Si $(u_n)_{n\geq 0}$ est croissante et non majorée alors elle diverge vers $+\infty$.

— Si $(u_n)_{n\geq 0}$ est décroissante et minorée alors elle converge.

— Si $(u_n)_{n\geq 0}$ est décroissante et non minorée alors elle diverge vers $-\infty$.

À retenir

Une suite définie de la manière précédente est dite implicite. On procède généralement de la manière suivante pour son étude :

— On justifie l'existence de chaque terme à l'aide du théorème de la bijection.

— On étudie les variations de la suite.

— On cherche un majorant ou un minorant de la suite, si cela existe.

Exercice 8 –

1. Montrons par récurrence que pour tout entier $n \geq N$,

$$|u_n| \leq |u_N|\,\ell^{n-N}$$

Cette propriété est vraie au rang N car :

$$|u_N|\,\ell^{N-N} = |u_N|$$

Soit n un entier naturel supérieur ou égal à N tel que :

$$|u_n| \leq |u_N|\,\ell^{n-N}$$

D'après l'énoncé, et sachant que $|u_n| > 0$, on a :

$$|u_{n+1}| \leq |u_n|\,\ell$$

et d'après l'hypothèse de récurrence (et positivité des termes) :

$$|u_{n+1}| \leq |u_N|\,\ell^{n-N} \times \ell = |u_N|\,\ell^{n+1-N}$$

La propriété est donc vraie au rang $n+1$. La propriété est donc vraie au rang N et est héréditaire. Par principe de récurrence, elle est vraie pour tout entier $n \geq N$ donc :

$$0 \leq |u_n| \leq |u_N|\, \ell^{n-N}$$

Sachant que $\ell \in]0,1[$, on sait que :

$$\lim_{n \to +\infty} |u_N|\, \ell^{n-N} = 0$$

Donc par encadrement, on en déduit que $(|u_n|)_{n\geq 0}$ converge et que sa limite est 0. Ainsi, il en est de même pour $(u_n)_{n\geq 0}$.

2. Non car toute suite constante non nulle vérifie la propriété.

3. Soit $x \in \mathbb{R}$. Si x est nul alors pour tout entier $n \geq 1$, $u_n = 0$ donc la suite $(u_n)_{n\geq 0}$ converge vers 0. Supposons maintenant que x est non nul. Alors pour tout entier $n \geq 0$,

$$\left|\frac{u_{n+1}}{u_n}\right| = \frac{|x|}{n+1}$$

Remarquons que :

$$\frac{|x|}{n+1} \leq \frac{1}{2} \iff 2|x| \leq n+1 \iff 2|x| - 1 \leq n$$

En posant $N = \max(0, \lfloor 2|x| \rfloor)$, la propriété de la question 1 est vérifiée et ainsi $(u_n)_{n\geq 0}$ converge.

Exercice 9 –

1. Si u est convergente de limite ℓ alors $(u_{2n})_{n\geq 0}$ aussi.	☒ Vrai	☐ Faux
2. Elles doivent converger vers la même limite.	☐ Vrai	☒ Faux

19 Suites usuelles

Maîtriser le cours

Exercice 1 – Le vrai/faux du début

Soit $u = (u_n)_{n\geq 0}$ la suite géométrique de premier terme $u_1 = 2$ et de raison 3.

1. La suite u converge. ☐ Vrai ☐ Faux
2. La suite u diverge vers $+\infty$. ☐ Vrai ☐ Faux
3. $u_{100} = 2 \times 3^{100}$. ☐ Vrai ☐ Faux
4. $u_1 + \cdots + u_{20} = 3^{20} - 1$. ☐ Vrai ☐ Faux

Exercice 2 –

Soit $(v_n)_{n\geq 0}$ la suite définie par $v_0 = 1$ et :

$$\forall n \geq 0,\ v_{n+1} = 3v_n + 3^n$$

Pour tout entier naturel n, on pose :

$$u_n = \frac{v_n}{3^n}$$

1. Montrer que la suite $(u_n)_{n\geq 0}$ est arithmétique.
2. Donner l'expression de u_n puis de v_n en fonction de $n \in \mathbb{N}$.

Maîtriser les méthodes fondamentales

Exercice 3 –

Déterminer le terme général de la suite définie par $u_0 = 2$ et :

$$\forall n \geq 0,\ u_{n+1} = 3u_n - 2$$

Exercice 4 –

Déterminer le terme général des suites définies de la manière suivante :

1. $(u_n)_{n\geq 0}$ définie par $u_0 = 1$, $u_1 = 0$ et pour tout $n \in \mathbb{N}$, $u_{n+2} = 4u_{n+1} - 4u_n$.
2. $(u_n)_{n\geq 0}$ définie par $u_0 = 1$, $u_1 = -1$ et pour tout $n \in \mathbb{N}$, $2u_{n+2} = 3u_{n+1} - u_n$.

Exercice 5 –

Soit $(u_n)_{n\geq 0}$ la suite définie par $u_0 = 1$ et :

$$\forall n \geq 0,\ u_{n+1} = \ln(1 + u_n)$$

1. Montrer que pour tout entier naturel n, u_n est bien défini et strictement positif.
2. Montrer que $(u_n)_{n\geq 0}$ est décroissante. Qu'en déduit-on ?
3. En déduire que cette suite converge vers un réel $\ell \geq 0$, puis déterminer ℓ.

Pour aller plus loin

Exercice 6 –

Déterminer les suites $(v_n)_{n\geq 0}$ telles que $v_0 > 0$, $v_1 > 0$ et vérifiant :

$$\forall n \geq 0,\ v_{n+2} = \left(\frac{v_{n+1}}{v_n}\right)^4$$

Exercice 7 – Le vrai/faux de la fin

Soit $u = (u_n)_{n\geq 0}$ une suite réelle définie par un réel u_0 et : $\forall n \geq 0,\ u_{n+1} = 3u_n - 6$.

1. u converge peu importe la valeur de u_0.	☐ Vrai	☐ Faux
2. u diverge peu importe la valeur de u_0.	☐ Vrai	☐ Faux
3. u converge pour une seule valeur fixée de u_0.	☐ Vrai	☐ Faux
4. Si $u_0 = 4$, $u_0 + \cdots + u_{19} = 60 + \frac{1}{2}(3^{20} - 1)$.	☐ Vrai	☐ Faux

Solution des exercices

Exercice 1 –

1. La suite u converge.	☐ Vrai	☒ Faux
2. La suite u diverge vers $+\infty$.	☒ Vrai	☐ Faux
3. $u_{100} = 2 \times 3^{100}$.	☐ Vrai	☒ Faux
4. $u_1 + \cdots + u_{20} = 3^{20} - 1$.	☒ Vrai	☐ Faux

Cours

Soit $(u_n)_{n\geq 0}$ une suite géométrique de raison q. Alors :

— $\forall n, p \in \mathbb{N}, u_n = u_p \times q^{n-p}$.

— En particulier : $\forall n \in \mathbb{N}, u_n = u_0 q^n$.

La somme de termes consécutifs d'une suite géométrique, dont la raison q est différente de 1, vaut :

$$\text{premier terme} \times \frac{1 - q^{\text{nombre de termes}}}{1-q}$$

Exercice 2 –

1. Soit $n \geq 0$. Alors :

$$u_{n+1} - u_n = \frac{v_{n+1}}{3^{n+1}} - \frac{v_n}{3^n} = \frac{v_{n+1} - 3v_n}{3^{n+1}} = \frac{3^n}{3^{n+1}} = \frac{1}{3}$$

Ainsi, $(u_n)_{n\geq 0}$ est une suite arithmétique de raison $\frac{1}{3}$.

Méthode

Pour montrer qu'une suite est arithmétique, on calcule la quantité $u_{n+1} - u_n$ (pour $n \geq 0$ *quelconque*) et on montre que cette quantité est constante.

2. On sait que :

$$\forall n \geq 0,\ u_n = u_0 + \frac{n}{3} = \frac{v_0}{3^0} + \frac{n}{3} = 1 + \frac{n}{3}$$

donc :

$$\forall n \geq 0,\ v_n = 3^n u_n = 3^n \left(1 + \frac{n}{3}\right)$$

Cours

Soit $(u_n)_{n\geq 0}$ une suite arithmétique de raison r. Alors :

— $\forall n, p \in \mathbb{N}, u_n = u_p + (n-p)r$.

— En particulier : $\forall n \geq 0, u_n = u_0 + nr$.

Si p et n sont deux entiers naturels avec $p \leq n$, alors :

$$\sum_{k=p}^{n} u_k = (n-p+1)\frac{u_p + u_n}{2}$$

Exercice 3 –

On résout l'équation $x = 3x - 2$ d'inconnue $x \in \mathbb{R}$:

On reconnait une suite arithmético-géométrique

$$x = 3x - 2 \iff x = 1$$

On a donc pour tout entier $n \geq 0$,

$$\begin{cases} u_{n+1} = 3u_n - 2 \\ 1 = 3 \times 1 - 2 \end{cases}$$

En soustrayant les égalités, on a alors :

$$u_{n+1} - 1 = 3(u_n - 1)$$

Ainsi $(u_n - 1)_{n\geq 0}$ est géométrique de raison 3. Pour tout $n \geq 0$, on a alors :

$$u_n - 1 = (u_0 - 1) \times 3^n = 3^n$$

Ainsi, pour tout $n \geq 0$,

$$u_n = 1 + 3^n$$

Cours

On dit qu'une suite $(u_n)_{n\geq 0}$ est *arithmético-géométrique* lorsqu'il existe deux nombres réels a et b tels que pour tout $n \in \mathbb{N}$, $u_{n+1} = au_n + b$.

— Si $a = 1$ alors la suite $(u_n)_{n\geq 0}$ est arithmétique de raison b.

— Si $a \neq 1$ et x est le réel vérifiant $x = ax + b$, alors la suite $(u_n - x)_{n\geq 0}$ est géométrique de raison a.

Exercice 4 –

Cours

On dit qu'une suite $(u_n)_{n\geq 0}$ est *récurrente linéaire d'ordre 2* lorsqu'il existe deux nombres réels a et b tels que pour tout $n \in \mathbb{N}$, $u_{n+2} = au_{n+1} + bu_n$. L'équation caractéristique associée à cette suite est :

$$x^2 - ax - b = 0$$

d'inconnue $x \in \mathbb{R}$.

1. On résout l'équation caractéristique d'inconnue $x \in \mathbb{R}$ suivante :

$$x^2 - 4x + 4 = 0$$

Celle-ci est équivalente à $(x-2)^2 = 0$ donc admet 2 pour unique solution. Il existe donc un couple de réels (λ, μ) tel que pour entier $n \geq 0$,

$$u_n = (\lambda + \mu n)2^n$$

On sait que $u_0 = 1$ donc $\lambda = 1$ et $u_1 = 0$ donc $2(\lambda + \mu) = 0$ donc $\mu = -\lambda = -1$. Ainsi, pour tout $n \geq 0$,

$$u_n = (1 - n)2^n$$

Méthode

Si l'équation caractéristique admet une unique racine r_0 alors le terme général de la suite $(u_n)_{n\geq 0}$ est donné par $u_n = (\lambda + \mu n)(r_0)^n$ pour tout $n \geq 0$ avec $(\lambda, \mu) \in \mathbb{R}^2$.

2. On résout l'équation caractéristique d'inconnue $x \in \mathbb{R}$ suivante :

$$2x^2 - 3x + 1 = 0$$

Le trinôme associé a deux racines, 1 et $\frac{1}{2}$, donc il existe un couple de réels (λ, μ) tel que pour entier $n \geq 0$,

$$u_n = \lambda 1^n + \frac{\mu}{2^n} = \lambda + \frac{\mu}{2^n}$$

On sait que $u_0 = 1$ donc $\lambda + \mu = 1$ et $u_1 = -1$ donc $\lambda + \frac{\mu}{2} = -1$ ce qui implique que $\mu = 4$ et $\lambda = -3$. Ainsi, pour tout $n \geq 0$,

$$u_n = -3 + \frac{4}{2^n}$$

Méthodc

Si l'équation caractéristique admet deux racines distinctes r_1 et r_2 alors le terme général de la suite $(u_n)_{n\geq 0}$ est donné par $u_n = \lambda(r_1)^n + \mu(r_2)^n$ pour tout $n \geq 0$ avec $(\lambda, \mu) \in \mathbb{R}^2$.

Exercice 5 –

1. Montrons par récurrence que, pour tout entier naturel n, u_n est bien défini et strictement positif.

   Le premier terme de la suite u_0 est bien défini d'après l'énoncé et il est strictement positif.

   Soit $n \in \mathbb{N}$ tel que u_n soit bien défini et strictement positif. Alors :

   $$1 + u_n > 1$$

   Ainsi, $\ln(1 + u_n)$ existe et par stricte croissance de la fonction logarithme népérien sur $\mathbb{R}_+^*$, on a :

   $$\ln(1 + u_n) > \ln(1) = 0$$

   Ainsi, u_{n+1} existe et $u_{n+1} > 0$.

   Par récurrence, on a montré que pour tout entier naturel n, u_n est bien défini et strictement positif.

2. Pour tout entier $n \geq 0$,

   $$u_{n+1} - u_n = \ln(1 + u_n) - u_n$$

   On sait que :

   Inégalité de convexité

   $$\forall x > -1,\ \ln(1 + x) \leq x$$

   avec égalité si et seulement si $x = 0$. Sachant que pour tout $n \geq 0$, $u_n \geq 0$, on en déduit alors que :

   $$u_{n+1} - u_n \leq 0$$

   donc la suite $(u_n)_{n\geq 0}$ est décroissante.

3. La suite $(u_n)_{n\geq 0}$ est minorée par 0 donc d'après le théorème de la limite monotone, $(u_n)_{n\geq 0}$ converge vers un réel $\ell \geq 0$. On sait que pour tout $n \geq 0$,

$$u_{n+1} = \ln(1 + u_n)$$

On sait que :

$$\lim_{n\to+\infty} u_{n+1} = \ell$$

et par continuité de la fonction logarithme en $1 + \ell \geq 1$, on a :

$$\lim_{n\to+\infty} \ln(1 + u_n) = \ln(1 + \ell)$$

Par unicité de la limite, on en déduit que :

$$\ell = \ln(1 + \ell)$$

Or le seul réel positif vérifiant cette égalité est 0 donc $\ell = 0$ et ainsi $(u_n)_{n\geq 0}$ converge vers 0.

Exercice 6 –

Raisonnons par analyse-synthèse.

Analyse. Soit $(v_n)_{n\geq 0}$ une suite vérifiant la propriété de l'énoncé. Une récurrence (double) immédiate montre que pour tout entier $n \geq 0$, $v_n > 0$.

Posons pour tout entier $n \geq 0$, $u_n = \ln(v_n)$. Pour tout entier $n \geq 0$, on a alors :

$$\begin{aligned} u_{n+2} &= \ln(v_{n+2}) \\ &= \ln\left(\left(\frac{v_{n+1}}{v_n}\right)^4\right) \\ &= 4\ln(v_{n+1}) - 4\ln(v_n) \\ &= 4u_{n+1} - 4u_n \end{aligned}$$

Ainsi, $(u_n)_{n\geq 0}$ est une suite récurrente linéaire d'ordre 2.

D'après la question 1 de l'exercice 4, on en déduit qu'il existe deux réels λ et μ tels que :

$$\forall n \geq 0,\ u_n = (\lambda + \mu n)2^n$$

et ainsi :

$$\forall n \geq 0,\ v_n = \exp((\lambda + \mu n)2^n)$$

À retenir

Si les premiers termes de la suite ne sont pas connus, on ne peut pas obtenir λ et μ ce qui donne une infinité de possibilités.

Synthèse. Soit $(v_n)_{n\geq 0}$ une suite définie par :

$$\forall n \geq 0,\ v_n = \exp((\lambda + \mu n)2^n)$$

où $(\lambda, \mu) \in \mathbb{R}^2$. Il est clair que $v_0 > 0$ et $v_1 > 0$. La suite $(v_n)_{n\geq 0}$ est strictement positive et pour tout entier $n \geq 0$,

$$\begin{aligned}\frac{v_{n+1}}{v_n} &= \frac{\exp((\lambda + \mu(n+1))2^{n+1})}{\exp((\lambda + \mu n)2^n)} \\ &= \exp\left((\lambda + \mu(n+1))2^{n+1} - (\lambda + \mu n)2^n\right) \\ &= \exp\left(\lambda(2^{n+1} - 2^n) + \mu(n(2^{n+1} - 2^n) + 2^{n+1}\right) \\ &= \exp\left(\lambda 2^n + \mu(n2^n + 2^{n+1})\right) \\ &= \exp\left((\lambda + \mu(n+2))2^n\right)\end{aligned}$$

et ainsi :

$$\begin{aligned}\left(\frac{v_{n+1}}{v_n}\right)^4 &= \left(\exp\left((\lambda + \mu(n+2))2^n\right)\right)^4 \\ &= \exp\left((\lambda + \mu(n+2))2^n \times 4\right) \\ &= \exp\left((\lambda + \mu(n+2))2^{n+2}\right) \\ &= v_{n+2}\end{aligned}$$

Exercice 7 –

La méthode usuelle permet d'obtenir :

$$\forall n \geq 0,\ u_n = 3 + 3^n(u_0 - 3)$$

ce qui implique par linéarité :

$$\sum_{k=0}^{19} u_k = \left(\sum_{k=0}^{19} 3\right) + (u_0 - 3)\sum_{k=0}^{19} 3^k = 20 \times 3 + \frac{3^{20} - 1}{3 - 1} = 60 + \frac{1}{2}(3^{20} - 1)$$

1. u converge peu importe la valeur de u_0.	☐ Vrai	☒ Faux
2. u diverge peu importe la valeur de u_0.	☐ Vrai	☒ Faux
3. u converge pour une seule valeur fixée de u_0.	☒ Vrai	☐ Faux
4. Si $u_0 = 4$, $u_0 + \cdots + u_{19} = 60 + \frac{1}{2}(3^{20} - 1)$.	☒ Vrai	☐ Faux

À retenir

Si $q \in \mathbb{R}$ est différent de 1 alors :

$$\forall n \geq 0,\ 1 + q + \cdots + q^n = \frac{q^{n+1} - 1}{q - 1}$$

20 Dérivation : compléments

Maîtriser le cours

Exercice 1 – Le vrai/faux du début

1. $\forall \alpha \in \mathbb{R},\ \lim\limits_{x\to 0} \frac{(1+x)^\alpha - 1}{x} = \alpha.$ ☐ Vrai ☐ Faux
2. Si f est une fonction définie sur un intervalle contenant a, f est dérivable en a si et seulement si f a un développement limité à l'ordre 1 en a. ☐ Vrai ☐ Faux
3. Si f est dérivable sur un intervalle I et admet un extremum en $a \in I$, alors $f'(a) = 0$. ☐ Vrai ☐ Faux
4. $\forall (x, y) \in [0, 1]^2,\ \left|e^x - e^y\right| \leq 3\left|x - y\right|.$ ☐ Vrai ☐ Faux
5. Si f est de classe $\mathscr{C}^2$ sur $\mathbb{R}$ et si f'' est positive, alors f est concave. ☐ Vrai ☐ Faux

Exercice 2 –

On considère la fonction $f : \mathbb{R} \to \mathbb{R}$ définie par :

$$\forall x \in \mathbb{R},\ f(x) = \frac{x^2 - 1}{x^2 + 3}$$

1. Démontrer que :
$$\forall x \in \mathbb{R},\ |3x| \leq 3 + x^2$$
2. En déduire que :
$$\forall x \in \mathbb{R},\ \left|f'(x)\right| \leq \frac{8}{9}$$
3. Prouver alors que :
$$\forall (x, y) \in \mathbb{R}^2,\ \left|f(x) - f(y)\right| \leq \frac{8}{9}\left|x - y\right|$$

Maîtriser les méthodes fondamentales

Exercice 3 –

1. Démontrer que : $\forall x \in \mathbb{R}_+^*,\ \dfrac{1}{x+1} \leq \ln(x+1) - \ln(x) \leq \dfrac{1}{x}.$

2. En déduire que : $\forall x \in \mathbb{R}_+^*, \left(1+\dfrac{1}{x}\right)^x \leq \mathrm{e} \leq \left(1+\dfrac{1}{x}\right)^{x+1}$.

Exercice 4 –

On considère la fonction f définie sur $\mathbb{R}_+^*$ par :

$$\forall x \in \mathbb{R}_+^*,\ f(x) = \mathrm{e}^{-\frac{1}{x}}$$

1. Montrer que f est de classe $\mathscr{C}^\infty$ sur $\mathbb{R}_+^*$ et que, pour tout $n \in \mathbb{N}$, il existe une fonction polynôme P_n telle que :

$$\forall n \in \mathbb{N},\ \forall x \in \mathbb{R}_+^*,\ f^{(n)}(x) = P_n\left(\frac{1}{x}\right) f(x)$$

On vérifiera que :

$$\forall n \in \mathbb{N},\ \forall x \in \mathbb{R},\ P_{n+1}(x) = x^2\,[P_n(x) - P_n'(x)]$$

2. **a)** Déterminer les fonctions polynômes P_0, P_1, P_2 et P_3.

b) Pour tout $n \in \mathbb{N}$, déterminer le monôme de plus haut degré de P_n.

Exercice 5 –

Pour tout $n \in \mathbb{N}^*$, déterminer la dérivée $n^{ème}$ des fonctions suivantes sur un intervalle que l'on précisera :

1. $f : x \mapsto \ln(x)$.

2. $g : x \mapsto \mathrm{e}^{-2x}$.

Pour aller plus loin

Exercice 6 –

On considère la fonction f définie par :

$$\forall x \in \mathbb{R}^+,\ f(x) = \frac{\mathrm{e}^x}{x+2}$$

1. **a)** Étudier les variations de f et vérifier que l'intervalle $[0, 1]$ est stable par f.

b) Démontrer que l'équation $f(x) = x$ admet une unique solution α sur $[0, 1]$.

c) Prouver que :

$$\forall x \in [0, 1],\ \frac{1}{4} \leq f'(x) \leq \frac{2}{3}$$

2. On considère la suite u définie par son premier terme $u_0 = 0$ et, pour tout $n \in \mathbb{N}$, $u_{n+1} = f(u_n)$.

a) Montrer que la suite u est bien définie et que ses termes appartiennent tous à $[0, 1]$.

b) Prouver, à l'aide de l'inégalité des accroissements finis, que :

$$\forall n \in \mathbb{N},\ |u_{n+1} - \alpha| \leq \frac{2}{3}\,|u_n - \alpha|$$

c) En déduire que : $\forall n \in \mathbb{N},\ |u_n - \alpha| \leq \left(\frac{2}{3}\right)^n$.

d) Prouver enfin que la suite u converge vers α.

Exercice 7 – Le vrai/faux de la fin

1. Si f est de classe $\mathscr{C}^2$ et convexe sur $[0, 1]$, alors : ☐ Vrai ☐ Faux

$$f'(0) \leq f(1) - f(0) \leq f'(1)$$

2. La fonction $f : x \mapsto \frac{1}{1+x}$ est de classe $\mathscr{C}^\infty$ sur $]-1, +\infty[$ et : ☐ Vrai ☐ Faux

$$\forall n \in \mathbb{N},\ \forall x \in]-1, +\infty[,\ f^{(n)}(x) = \frac{(-1)^n n}{(1+x)^{n+1}}$$

Solution des exercices

Exercice 1 –

1. On reconnaît la limite du taux d'accroissement au voisinage de 0 d'une fonction dérivable en 0. ☒ Vrai ☐ Faux

2. Si f est une fonction définie sur un intervalle contenant a, f est dérivable en a si et seulement si f a un développement limité à l'ordre 1 en a. ☒ Vrai ☐ Faux

3. Faux si I n'est pas ouvert. On peut considérer par exemple la fonction $f : x \mapsto x$ sur $I = [0, 1]$: celle-ci admet un maximum en 1 mais $f'(1) \neq 0$. ☐ Vrai ☒ Faux

4. C'est l'inégalité des accroissements finis, avec : ☒ Vrai ☐ Faux

$$\forall t \in [0, 1],\ |\exp'(t)| = \mathrm{e}^t \leq 3$$

5. Faux : f est convexe. ☐ Vrai ☒ Faux

Exercice 2 –

1. On a :

$$\begin{aligned}\forall x \in \mathbb{R},\ x^2 + 3 - |3x| &= |x|^2 - 2 \times \frac{3}{2} \times |x| + \frac{9}{4} + \frac{3}{4} \\ &= \left(|x| - \frac{3}{2}\right)^2 + \frac{3}{4} \\ &\geq 0\end{aligned}$$

donc :

$$\forall x \in \mathbb{R},\ |3x| \leq 3 + x^2$$

2. f est dérivable sur $\mathbb{R}$ en tant que fonction rationnelle bien définie sur $\mathbb{R}$ et on a :

> Ne pas oublier de justifier que f est dérivable avant de calculer $f'(x)$.

$$\forall x \in \mathbb{R},\ f'(x) = \frac{2x\left(x^2+3\right) - 2x\left(x^2-1\right)}{(x^2+3)^2}$$
$$= \frac{8x}{(x^2+3)^2}$$

donc :

$$\forall x \in \mathbb{R},\ \left|f'(x)\right| = \frac{|3x|}{x^2+3} \times \frac{\frac{8}{3}}{x^2+3}$$

De plus, d'après le résultat précédent et comme $3 + x^2$ est strictement positif, on a :

$$\forall x \in \mathbb{R},\ 0 \leq \frac{|3x|}{x^2+3} \leq 1$$

Par ailleurs, on a :

$$\forall x \in \mathbb{R},\ 0 \leq \frac{\frac{8}{3}}{x^2+3} \leq \frac{8}{9}$$

donc :

$$\forall x \in \mathbb{R},\ \left|f'(x)\right| \leq \frac{8}{9}$$

3. Comme f est continue et dérivable sur $\mathbb{R}$, on en déduit, d'après l'inégalité des accroissements finis :

$$\boxed{\forall (x,y) \in \mathbb{R}^2,\ \left|f(x) - f(y)\right| \leq \frac{8}{9}\left|x-y\right|}$$

Cours – Inégalité des accroissements finis.

Soit f une fonction dérivable sur un intervalle I de $\mathbb{R}$, m, M et k des réels.

- Si, pour tout $t \in I$, $m \leq f'(t) \leq M$, alors :

$$\forall (x,y) \in I^2,\ x \leq y,\ m\left(x-y\right) \leq f(x) - f(y) \leq M\left(x-y\right)$$

- Si, pour tout $t \in I$, $\left|f'(t)\right| \leq k$, alors : $\forall (x,y) \in I^2$, $\left|f(x) - f(y)\right| \leq k\left|x-y\right|$.

Exercice 3 –

Méthode

Quand on veut encadrer une expression de la forme $f(b) - f(a)$ ou majorer une expression de la forme $\left|f(b) - f(a)\right|$, on peut le plus souvent utiliser l'inégalité des accroissements finis (en s'assurant au préalable que f est bien une fonction dérivable sur un intervalle contenant a et b).

1. Soit $x \in \mathbb{R}_+^*$. La fonction ln est dérivable sur $[x, x+1]$ et on a :

$$\forall t \in [x, x+1],\ \ln'(t) = \frac{1}{t}$$

donc, comme la fonction inverse est décroissante sur $\mathbb{R}_+^*$:

$$\forall t \in [x, x+1],\ \frac{1}{x+1} \leq \ln'(t) \leq \frac{1}{x}$$

On en déduit, d'après l'inégalité des accroissements finis :

$$\frac{1}{x+1}\,[(x+1)-x] \leq \ln(x+1) - \ln(x) \leq \frac{1}{x}\,[(x+1)-x]$$

c'est-à-dire :

$$\forall x \in \mathbb{R}_+^*,\ \frac{1}{x+1} \leq \ln(x+1) - \ln(x) \leq \frac{1}{x}$$

2. Soit $x \in \mathbb{R}_+^*$. Comme la fonction ln est strictement croissante sur $\mathbb{R}_+^*$, on a :

On commence par simplifier l'inégalité à démontrer en utilisant les propriétés de la fonction ln.

$$\left(1+\frac{1}{x}\right)^x \leq \mathrm{e} \leq \left(1+\frac{1}{x}\right)^{x+1} \iff x\ln\left(\frac{x+1}{x}\right) \leq 1 \leq (x+1)\ln\left(\frac{x+1}{x}\right)$$
$$\iff x\,[\ln(x+1)-\ln(x)] \leq 1 \leq (x+1)\,[\ln(x+1)-\ln(x)] \quad (20.2)$$

Or, d'après le résultat de la question précédente, on a :

$$\ln(x+1)-\ln(x) \leq \frac{1}{x} \quad \text{et} \quad \frac{1}{x+1} \leq \ln(x+1)-\ln(x)$$

donc :

$$x\,[\ln(x+1)-\ln(x)] \leq 1 \quad \text{et} \quad 1 \leq (x+1)\,[\ln(x+1)-\ln(x)]$$

donc finalement :

$$\forall x \in \mathbb{R}_+^*,\ \left(1+\frac{1}{x}\right)^x \leq \mathrm{e} \leq \left(1+\frac{1}{x}\right)^{x+1}$$

Exercice 4 –

1.
- La fonction exponentielle est de classe $\mathscr{C}^1$ sur $\mathbb{R}$ et la fonction $x \mapsto -\frac{1}{x}$ est de classe $\mathscr{C}^1$ sur $\mathbb{R}_+^*$, à valeurs dans $\mathbb{R}$ donc f est de classe $\mathscr{C}^1$ sur $\mathbb{R}_+^*$.
- Démontrons par récurrence que, pour tout entier naturel n, la proposition $\mathcal{P}(n)$: « il existe une fonction polynôme P_n telle que : $\forall x \in \mathbb{R}_+^*,\ f^{(n)}(x) = P_n\left(\frac{1}{x}\right)f(x)$ » est vraie.

  Les questions portant sur les dérivées successives d'une fonction se traitent très souvent par récurrence.

  - ◇ Pour $n = 0$. En posant $P_0 = 1$, on peut remarquer que $\mathcal{P}(0)$ est vraie.
  - ◇ Soit $n \in \mathbb{N}$. Supposons que $\mathcal{P}(n)$ soit vraie. On a alors :

$$\forall x \in \mathbb{R}_+^*,\ f^{(n+1)}(x) = (f^{(n)})'(x)$$

Ne pas écrire $f^{(n+1)}(x) = (f^{(n)}(x))'$

On en déduit que :

$$\forall x \in \mathbb{R}_+^*,\ f^{(n+1)}(x) = -\frac{1}{x^2} P_n'\left(\frac{1}{x}\right) \mathrm{e}^{-\frac{1}{x}} + P_n\left(\frac{1}{x}\right) \times \frac{1}{x^2} \mathrm{e}^{-\frac{1}{x}}$$
$$= \frac{1}{x^2}\left[P_n\left(\frac{1}{x}\right) - P_n'\left(\frac{1}{x}\right)\right] f(x)$$

donc, en notant, pour tout $x \in \mathbb{R}$, $P_{n+1}(x) = x^2\,[P_n(x) - P_n'(x)]$, P_{n+1} est une fonction polynôme (comme somme et produit de fonctions polynômes) et on a :

$$\forall x \in \mathbb{R}_+^*,\ f^{(n+1)}(x) = P_{n+1}\left(\frac{1}{x}\right) f(x)$$

et : $\mathcal{P}(n) \Rightarrow \mathcal{P}(n+1)$.

◇ On peut alors conclure que, pour tout $n \in \mathbb{N}$, il existe une fonction polynôme P_n telle que :

$$\forall x \in \mathbb{R}_+^*,\ f^{(n)}(x) = P_n\left(\frac{1}{x}\right) f(x)$$

De plus, on a :

$$P_0(X) = 1 \quad \text{et} \quad \forall n \in \mathbb{N},\ \forall x \in \mathbb{R},\ P_{n+1}(x) = x^2\,[P_n(x) - P_n'(x)]$$

2. **a)** En utilisant la relation de récurrence trouvée précédemment, on obtient :

$$\forall x \in \mathbb{R},\ P_0(x) = 1, \quad P_1(x) = x^2, \quad P_2(x) = x^4 - 2x^3 \quad \text{et} \quad P_3(x) = x^6 - 6x^5 + 6x^4$$

b) Montrons alors par récurrence que, pour tout entier naturel n, la proposition $\mathcal{H}(n)$: « le monôme de plus haut degré de P_n est X^{2n} » est vraie.

◇ Pour $n = 0$. Comme $P_0 = 1$, on peut remarquer que $\mathcal{H}(0)$ est vraie.

◇ Soit $n \in \mathbb{N}$. Supposons que $\mathcal{H}(n)$ soit vraie. On a vu que :

$$\forall x \in \mathbb{R},\ P_{n+1}(x) = x^2\,[P_n(x) - P_n'(x)]$$

De plus, on sait que le degré de P_n' est strictement inférieur à celui de P_n, donc le monôme de plus haut degré de $P_n - P_n'$ est celui de P_n, c'est-à-dire x^{2n}. Finalement, le monôme de plus haut degré de P_{n+1} est donc x^{2n+2} et : $\mathcal{H}(n) \Rightarrow \mathcal{H}(n+1)$.

◇ On peut alors conclure que, pour tout $n \in \mathbb{N}$, le monôme de plus haut degré de P_n est x^{2n}.

Exercice 5 –

1. f est de classe $\mathscr{C}^\infty$ sur $\mathbb{R}_+^*$ et on a :

$$\forall x \in \mathbb{R}_+^*,\ \begin{cases} f^{(1)}(x) = \dfrac{1}{x} \\ f^{(2)}(x) = -\dfrac{1}{x^2} \\ f^{(3)}(x) = \dfrac{2}{x^3} \end{cases}$$

> Le calcul des dérivées successives d'une fonction se fait le plus souvent par récurrence. On calcule les premières dérivées pour conjecturer le cas général.

Montrons alors par récurrence que la proposition $\mathcal{P}(n)$: « $\forall x \in \mathbb{R}_+^*,\ f^{(n)}(x) = \dfrac{(-1)^{n-1}(n-1)!}{x^n}$ » est vraie pour tout $n \in \mathbb{N}^*$.

◇ On a :

$$\forall x \in \mathbb{R}_+^*,\ f^{(1)}(x) = \frac{1}{x} = \frac{(-1)^0 0!}{x^1}$$

donc $\mathcal{P}(1)$ est vraie.

◇ Soit $n \in \mathbb{N}^*$. On a :

$$\forall x \in \mathbb{R}_+^*,\ f^{(n+1)}(x) = (f^{(n)})'(x)$$

donc, d'après l'hypothèse de récurrence :

$$\begin{aligned}\forall x \in \mathbb{R}_+^*,\ f^{(n+1)}(x) &= -\frac{(-1)^{n-1}(n-1)! \times nx^{n-1}}{x^{2n}}\\ &= \frac{(-1)^n n!}{x^{n+1}}\end{aligned}$$

donc $\mathcal{P}(n) \Longrightarrow \mathcal{P}(n+1)$.

◇ On peut maintenant conclure :

$$\forall n \in \mathbb{N}^*,\ \forall x \in \mathbb{R}_+^*,\ f^{(n)}(x) = \frac{(-1)^{n-1}(n-1)!}{x^n}$$

2. g est de classe $\mathscr{C}^\infty$ sur $\mathbb{R}$ et on a :

$$\forall x \in \mathbb{R},\ \begin{cases} g^{(1)}(x) = -2\mathrm{e}^{-2x} \\ f^{(2)}(x) = 4\mathrm{e}^{-2x} \\ f^{(3)}(x) = -8\mathrm{e}^{-2x} \end{cases}$$

Montrons alors par récurrence que la proposition $\mathcal{P}(n)$: « $\forall x \in \mathbb{R},\ g^{(n)}(x) = (-2)^n \mathrm{e}^{-2x}$ » est vraie pour tout $n \in \mathbb{N}$.

◇ On a :

$$\forall x \in \mathbb{R}_+^*,\ g^{(0)}(x) = \mathrm{e}^{-2x} = (-2)^0 \mathrm{e}^{-2x}$$

donc $\mathcal{P}(0)$ est vraie.

◇ Soit $n \in \mathbb{N}$. On a :

$$\forall x \in \mathbb{R},\ g^{(n+1)}(x) = (g^{(n)})'(x)$$

donc, d'après l'hypothèse de récurrence :

$$\begin{aligned}\forall x \in \mathbb{R},\ g^{(n+1)}(x) &= (-2)^2 \times (-2)\mathrm{e}^{-2x}\\ &= (-2)^{n+1}\mathrm{e}^{-2x}\end{aligned}$$

donc $\mathcal{P}(n) \Longrightarrow \mathcal{P}(n+1)$.

◇ On peut maintenant conclure :

$$\forall n \in \mathbb{N},\ \forall x \in \mathbb{R},\ g^{(n)}(x) = (-2)^n \mathrm{e}^{-2x}$$

Exercice 6 –

1. **a)** f est dérivable sur $\mathbb{R}_+$ comme quotient, dont le dénominateur ne s'annule pas sur cet intervalle, de fonctions dérivables sur $\mathbb{R}_+$, et on a :

$$\begin{aligned}\forall x \in \mathbb{R}^+,\ f'(x) &= \frac{e^x(x+2) - e^x}{(x+2)^2}\\ &= \frac{(x+1)e^x}{(x+2)^2}\\ &\geq 0\end{aligned}$$

Ainsi f est croissante sur $\mathbb{R}_+$. On en déduit que :

$$\forall x \in [0,1],\ f(0) \leq f(x) \leq f(1)$$

d'où :

$$\forall x \in [0,1],\ 0 \leq \frac{1}{2} \leq f(x) \leq \frac{e}{3} \leq 1$$

donc $[0,1]$ est stable par f.

> **Cours**
> Si f est une fonction définie sur un intervalle I de $\mathbb{R}$, on dit que I est stable par f si $f(I) \subset I$, c'est-à-dire si : $\forall x \in I,\ f(x) \in I$.

b) Pour simplifier l'étude, on peut déjà remarquer que, pour tout $x \in [0,1]$:

$$f(x) = x \iff e^x = x(x+2)$$

De plus, la fonction $g : x \mapsto e^x - x(x+2)$ est dérivable sur $[0,1]$ comme somme de fonctions qui le sont et on a :

> On va utiliser le théorème de la bijection.

$$\forall x \in [0,1],\ g'(x) = e^x - 2x - 2$$

g' est elle-même dérivable comme somme de fonctions qui le sont et on a :

> Comme le signe de g' n'est pas évident, on étudie ses variations en calculant g''.

$$\forall x \in [0,1],\ g''(x) = e^x - 2$$

Comme la fonction exponentielle est strictement croissante sur $\mathbb{R}$, avec $e^{\ln(2)} = 2$, et comme $\ln(2)$ appartient à $[0,1]$, on en déduit le tableau de variation suivant :

x	0		$\ln(2)$		1
$g''(x)$		$-$	0	$+$	
g'	-1	↘	$-2\ln(2)$	↗	$e-4$

Comme $e - 4 < 0$, g' est donc strictement négative sur $[0, 1]$, donc g est strictement décroissante sur $[0, 1]$. Ainsi, g est continue et strictement décroissante sur $[0, 1]$, avec $g(0) = 1$ et $g(1) = e - 3$, donc réalise une bijection de $[0, 1]$ sur $[e - 3, 1]$. Comme 0 appartient à $[e - 3, 1]$, g s'annule donc exactement une fois sur $[0, 1]$, ce qui nous permet de conclure que l'équation $f(x) = x$ admet une unique solution α sur $[0, 1]$.

Méthode

Se souvenir que, pour démontrer qu'une équation de la forme $f(x) = g(x)$ admet une unique solution sur un intervalle I de $\mathbb{R}$, on peut prouver que $f - g$ est continue et strictement monotone sur I pour ensuite utiliser le théorème de la bijection. Il est toutefois préférable de toujours commencer par simplifier le plus possible l'équation, afin de faciliter l'étude de fonction.

c) On a vu que :

$$\forall x \in [0, 1],\ f'(x) = \frac{(x+1)\,e^x}{(x+2)^2}$$

Partir de $0 \leq x \leq 1$ ne donne rien d'intéressant ici, donc on va étudier les variations de f'.

La fonction f' est dérivable sur $[0, 1]$ comme produit de fonctions dérivables sur $[0, 1]$ et on a :

$$\begin{aligned}\forall x \in [0, 1],\ f''(x) &= \frac{[e^x + (x+1)e^x](x+2)^2 - 2(x+2)(x+1)\,e^x}{(x+2)^4}\\ &= \frac{e^x(x^2 + 2x + 2)}{(x+2)^3}\\ &> 0\end{aligned}$$

La fonction f' est donc strictement croissante sur $[0, 1]$, donc :

$$\forall x \in [0, 1],\ f'(0) \leq f'(x) \leq f'(1)$$

Comme $f'(0) = \frac{1}{4}$ et $f'(1) = \frac{2e}{9} \leq \frac{2}{3}$, on en déduit :

$$\forall x \in [0, 1],\ \frac{1}{4} \leq f'(x) \leq \frac{2}{3}$$

2. **a)** Montrons par récurrence que, pour tout $n \in \mathbb{N}$, la proposition $\mathcal{P}(n)$: « u_n existe et appartient à $[0, 1]$ » est vraie.

La suite est définie par une relation de récurrence, donc on procède par récurrence.

- ◇ Par définition, $u_0 = 0$ existe et appartient à $[0, 1]$ donc $\mathcal{P}(0)$ est vraie.
- ◇ Soit $n \in \mathbb{N}$. Supposons que $\mathcal{P}(n)$ soit vraie. Comme f est définie sur $[0, 1]$, $f(u_n)$ existe et, comme $[0, 1]$ est stable par f, appartient à $[0, 1]$. Ainsi u_{n+1} existe et appartient à $[0, 1]$ donc : $\mathcal{P}(n) \Rightarrow \mathcal{P}(n + 1)$.
- ◇ On peut finalement conclure que la suite u est bien définie et que tous ses termes appartiennent à $[0, 1]$.

b) Comme $f(\alpha) = \alpha$, on peut déjà remarquer que :

$$\forall n \in \mathbb{N},\ |u_{n+1} - \alpha| = |f(u_n) - f(\alpha)|$$

De plus, pour tout $n \in \mathbb{N}$, u_n et α appartiennent à $[0, 1]$. Comme f est continue sur $[0, 1]$ et dérivable sur $]0, 1[$ et d'après le résultat de la question 1(c), on a donc, d'après l'inégalité des accroissements finis :

$$\forall n \in \mathbb{N},\ |f(u_n) - f(\alpha)| \leq \frac{2}{3}\,|u_n - \alpha|$$

ce qui nous permet de conclure :

$$\forall n \in \mathbb{N},\ |u_{n+1} - \alpha| \leq \frac{2}{3}\,|u_n - \alpha|$$

c) Montrons alors par récurrence que la proposition $\mathcal{H}(n)$: « $|u_n - \alpha| \leq \left(\frac{2}{3}\right)^n |u_0 - \alpha|$ » est vraie pour tout $n \in \mathbb{N}$.

◇ On a :

$$\left(\frac{2}{3}\right)^0 = 1$$

donc :

$$|u_0 - \alpha| \leq \left(\frac{2}{3}\right)^0 |u_0 - \alpha|$$

et $\mathcal{H}(0)$ est vraie.

◇ Soit $n \in \mathbb{N}$. Supposons que $\mathcal{H}(n)$ soit vraie. D'après le résultat précédent, on a :

$$|u_{n+1} - \alpha| \leq \frac{2}{3}\,|u_n - \alpha|$$

Comme $\frac{2}{3} \geq 0$, on en déduit, d'après $\mathcal{H}(n)$:

$$\begin{aligned} |u_{n+1} - \alpha| &\leq \frac{2}{3} \times \left(\frac{2}{3}\right)^n \\ &\leq \left(\frac{2}{3}\right)^{n+1} \end{aligned}$$

Ainsi : $\mathcal{H}(n) \Rightarrow \mathcal{H}(n+1)$.

◇ On peut finalement conclure :

$$\forall n \in \mathbb{N},\ |u_n - \alpha| \leq \left(\frac{2}{3}\right)^n$$

d) Comme $\left|\frac{2}{3}\right| < 1$, on a :

$$\lim_{n\to+\infty} \left(\frac{2}{3}\right)^n = 0$$

donc, d'après la question précédente et le théorème de l'encadrement : $\lim\limits_{n\to+\infty} u_n = \alpha$.

Exercice 7 –

1. Vrai. Si f est de classe $\mathscr{C}^2$ et convexe sur $[0, 1]$, alors f' est croissante, donc :

$$\forall x \in [0, 1], \ f'(0) \leq f'(x) \leq f'(1)$$

Il suffit alors d'appliquer l'inégalité des accroissements finis à f (qui est bien dérivable sur $[0, 1]$ pour conclure.

2. Faux. f est bien de classe $\mathscr{C}^\infty$ sur $]-1, +\infty[$, mais il suffit de regarder le cas $n = 0$ pour voir que le résultat est faux. On pourrait en fait montrer par récurrence que :

$$\forall n \in \mathbb{N}, \ \forall x \in]-1, +\infty[, \ f^{(n)}(x) = \frac{(-1)^n n!}{(1+x)^{n+1}}$$

21 Fonctions convexes

Dans ce chapitre, I désigne un intervalle de $\mathbb{R}$ contenant au moins deux points.

Maîtriser le cours

Exercice 1 – Le vrai/faux du début

1. La fonction exponentielle est convexe sur $\mathbb{R}$.	☐ Vrai	☐ Faux
2. La fonction logarithme népérien est convexe sur $\mathbb{R}_+^*$.	☐ Vrai	☐ Faux
3. Les fonctions affines sont convexes et concaves sur $\mathbb{R}$.	☐ Vrai	☐ Faux
4. La fonction cube est convexe sur $\mathbb{R}$.	☐ Vrai	☐ Faux
5. La fonction cube est concave sur $\mathbb{R}$.	☐ Vrai	☐ Faux

Exercice 2 –

Montrer que, pour tout réel x, $e^x \geq 1 + x$.

Maîtriser les méthodes fondamentales

Exercice 3 –

Montrer que pour tout $(a, b) \in \mathbb{R}^2$,

$$(a+b)^4 \leq 8(a^4 + b^4)$$

Exercice 4 –

1. Étudier la convexité de $\ln \circ \ln$.
2. Montrer que pour tout $(a, b) \in]1, +\infty[^2$,

$$\ln\left(\frac{a+b}{2}\right) \geq \sqrt{\ln(a)\ln(b)}$$

Exercice 5 –

Soit f la fonction définie sur $\mathbb{R}$ par :

$$\forall x \in \mathbb{R},\ f(x) = \left(1 + x + \frac{x^2}{2}\right)e^{-x}$$

Justifier que f est $\mathscr{C}^2$ sur $\mathbb{R}$, étudier la convexité de f et donner les points d'inflexion éventuels de sa courbe représentative.

Pour aller plus loin

Exercice 6 –

Soit I et J deux intervalles de $\mathbb{R}$, $f : I \to J$ une fonction convexe et $g : J \to \mathbb{R}$ une fonction convexe et croissante. Montrer que $g \circ f : I \to \mathbb{R}$ est une fonction convexe.

Exercice 7 – Le vrai/faux de la fin

1. Une fonction convexe sur un intervalle I est dérivable sur I. ☐ Vrai ☐ Faux
2. Une fonction dérivable sur I est convexe sur I si et seulement si f' est positive. ☐ Vrai ☐ Faux

Solution des exercices

Exercice 1 –

1. La fonction exponentielle est convexe sur $\mathbb{R}$. ☒ Vrai ☐ Faux
2. La fonction logarithme népérien est convexe sur $\mathbb{R}_+^*$. ☐ Vrai ☒ Faux
3. Les fonctions affines sont convexes et concaves sur $\mathbb{R}$. ☒ Vrai ☐ Faux
4. La fonction cube est convexe sur $\mathbb{R}$. ☐ Vrai ☒ Faux
5. La fonction cube est concave sur $\mathbb{R}$. ☐ Vrai ☒ Faux

Cours

Soit $f : I \to \mathbb{R}$ une fonction.

— La fonction f est *convexe* sur I si pour tout $(x, y) \in I^2$, pour tout $(t_1, t_2) \in [0, 1]^2$ tel que $t_1 + t_2 = 1$, on a :

$$f(t_1 x + t_2 y) \leq t_1 f(x) + t_2 f(y)$$

— La fonction f est *concave* si $-f$ est convexe.

Exercice 2 –

La fonction exponentielle est convexe sur $\mathbb{R}$. Sa tangente au point d'abscisse 0 a pour équation :

$$y = e^0(x - 0) + e^0 = x + 1$$

Par convexité, on en déduit que pour tout réel x,

$$e^x \geq x + 1$$

Cours

Soit $f : I \to \mathbb{R}$ de classe $\mathscr{C}^2$ sur I. Si la fonction f est convexe sur I alors sa courbe est au dessus de ses tangentes :

$$\forall a \in I,\ \forall x \in I,\ f(x) \geq f'(a)(x-a) + f(a)$$

Exercice 3 –

Remarquons qu'il suffit de montrer que pour tout $(a, b) \in \mathbb{R}^2$,

$$\left(\frac{a+b}{2}\right)^4 \leq \frac{1}{2}a^4 + \frac{1}{2}b^4$$

Cette inégalité est évidente par convexité de $x \mapsto x^4$ sur $\mathbb{R}$.

Exercice 4 –

1. Posons $f = \ln \circ \ln$. Cette fonction est définie sur $]1, +\infty[$. Elle est deux fois dérivable sur cet intervalle par composition et on a pour tout réel $x > 1$,

$$f'(x) = \frac{1/x}{\ln(x)} = \frac{1}{x\ln(x)}$$

et :

$$f''(x) = -\frac{\ln(x)+1}{(x\ln(x))^2} < 0$$

Ainsi, f est concave sur $]1, +\infty[$.

Cours

Soit $f : I \to \mathbb{R}$ une fonction de classe $\mathscr{C}^2$ sur I. Les assertions suivantes sont équivalentes :

— La fonction f est convexe (resp. concave) sur I.

— La fonction f'' est positive (resp. négative) sur I.

2. Soit $(a, b) \in]1, +\infty[^2$. Par concavité de f, on a :

$$f\left(\frac{a+b}{2}\right) \geq \frac{f(a)+f(b)}{2}$$

donc :

$$\ln \circ \ln\left(\frac{a+b}{2}\right) \geq \frac{\ln(\ln(a)) + \ln(\ln(b))}{2}$$

donc :

$$\ln \circ \ln\left(\frac{a+b}{2}\right) \geq \ln(\sqrt{\ln(a)\ln(b)})$$

On en déduit que :

La fonction exponentielle étant croissante sur $\mathbb{R}$

$$\ln\left(\frac{a+b}{2}\right) \geq \sqrt{\ln(a)\ln(b)}$$

Exercice 5 –

La fonction f est $\mathscr{C}^2$ sur $\mathbb{R}$ comme produit de fonctions de $\mathscr{C}^2$ sur $\mathbb{R}$ (fonction polynôme et fonction exponentielle). Calculons les deux premières dérivées. Pour tout réel x, on a :

$$f'(x) = (1+x)\,\mathrm{e}^{-x} + \left(1 + x + \frac{x^2}{2}\right)(-\mathrm{e}^{-x}) = \mathrm{e}^{-x}\left(1 + x - 1 - x - \frac{x^2}{2}\right) = -\frac{\mathrm{e}^{-x}x^2}{2}$$

De même, on obtient :

$$f''(x) = \frac{1}{2}x(x-2)\mathrm{e}^{-x}$$

Le signe de f'' dépend du signe du trinôme $x(x-2)$ qui s'annule en 0 et en 2 et qui est du signe du coefficient dominant (valant 1) à l'extérieur des racines.

Ainsi f est convexe sur $]-\infty, 0]$ et sur $[2, +\infty[$ et est concave sur $[0, 2]$. Il y a donc deux points d'inflexions : $(0, f(0))$ et $(2, f(2))$. Or $f(0) = 1$ et $f(2) = 5\mathrm{e}^{-2}$. Les deux points d'inflexions sont donc $(0, 1)$ et $(2, 5\mathrm{e}^{-2})$.

Cours

Soit f une fonction définie sur un intervalle I et $x_0 \in I$ qui n'est pas une extrémité de I.
On dit que le point $(x_0, f(x_0))$ est un *point d'inflexion* de la courbe $\mathscr{C}_f$ lorsque f change de convexité en x_0 (passe de convexe à concave ou inversement).

Exercice 6 –

Soit $(x, y) \in I^2$ et $(t_1, t_2) \in [0, 1]^2$ tel que $t_1 + t_2 = 1$. La fonction f est convexe sur I donc :

$$f(t_1 x + t_2 y) \leq t_1 f(x) + t_2 f(y)$$

On sait que f est à valeurs dans J donc $f(t_1 x + t_2 y)$, $f(x)$ et $f(y)$ sont des éléments de J. De plus, J est un intervalle ce qui implique (sachant que $(t_1 + t_2) \in [0, 1]$) que $t_1 f(x) + t_2 f(y)$ appartient aussi à J. La fonction g étant croissante sur J, on déduit de l'inégalité précédente que :

$$g(f(t_1 x + t_2 y)) \leq g(t_1 f(x) + t_2 f(y))$$

puis par convexité de g sur J :

$$g(f(t_1 x + t_2 y)) \leq t_1\, g(f(x)) + t_2\, g(f(y))$$

ce qui s'écrit aussi :

$$(g \circ f)(t_1 x + t_2 y) \leq t_1\,(g \circ f)(x) + t_2\,(g \circ f)(y)$$

Ainsi, $g \circ f : I \to \mathbb{R}$ est une fonction convexe.

Exercice 7 –

1. Penser à la fonction valeur absolue. ☐ Vrai ☒ Faux
2. $\ln'$ est positive sur $\mathbb{R}_+^*$ mais $\ln$ est concave sur $\mathbb{R}_+^*$. ☐ Vrai ☒ Faux

22 Comparaisons de fonctions, de suites

Maîtriser le cours

Exercice 1 – Le vrai/faux du début

1. $\ln(x) \underset{+\infty}{=} \circ(x)$. ☐ Vrai ☐ Faux
2. Si $\lim\limits_{n\to+\infty} u_n = \ell \in \mathbb{R}$ alors $u_n \sim \ell$. ☐ Vrai ☐ Faux
3. $\sqrt{1+x} - 1 \underset{x\to 0}{\sim} \frac{x}{2}$. ☐ Vrai ☐ Faux

Exercice 2 –

1. Déterminer un équivalent en 0 de la fonction $x \mapsto \frac{\ln(1+x^2)}{e^x-1}$.
2. Déterminer un équivalent en $+\infty$ de la fonction $x \mapsto (x+1)^{\frac{1}{x}} - x^{\frac{1}{x}}$.

Maîtriser les méthodes fondamentales

Exercice 3 –

1. Déterminer un équivalent de $\ln(x^2+1) - \ln(x)$ lorsque x tend vers $+\infty$.
2. Déterminer un équivalent de $\ln(x^2+1) - 2\ln(x)$ lorsque x tend vers $+\infty$.

Exercice 4 –

Pour tout entier naturel n supérieur ou égal à 3, on considère la fonction f_n définie sur $[0,1]$ par :

$$\forall x \in [0,1],\ f_n(x) = x^n - nx + 1.$$

1. Soit n un entier supérieur ou égal à 3. Prouver que l'équation $f_n(x) = 0$ admet exactement une solution α_n et que celle-ci appartient à $]0,1[$.
2. **a)** Prouver que la suite $(\alpha_n)_{n\geq 3}$ est décroissante.

   b) Démontrer que : $\lim\limits_{n\to+\infty} \alpha_n = 0$.

   c) Montrer finalement que $\alpha_n \underset{n\to+\infty}{\sim} \frac{1}{n}$.

Exercice 5 –

1. Prouver que :

$$\forall n \geq 2,\ \forall k \in [\![0, n-2]\!]\,,\ 0 \leq \frac{k!}{n!} \leq \frac{1}{n\,(n-1)}$$

2. En déduire que :

$$\sum_{k=0}^{n} k! \underset{n\to+\infty}{\sim} n!$$

Pour aller plus loin

Exercice 6 –

On considère la suite $(u_n)_{n\in\mathbb{N}^*}$ définie par :

$$\forall n \in \mathbb{N}^*,\ u_n = \sum_{k=1}^{n} \frac{1}{k} - \ln(n)$$

1. En utilisant la concavité de la fonction ln, établir :

$$\forall n \in \mathbb{N}^*,\ \frac{1}{n+1} \leq \ln(n+1) - \ln(n) \leq \frac{1}{n}$$

2. a) Prouver que la suite u est convergente.

   b) En déduire qu'il existe un réel γ appartenant à $[0, 1]$ tel que :

$$\sum_{k=1}^{n} \frac{1}{k} \underset{n\to\infty}{=} \ln(n) + \gamma + \circ(1)$$

Exercice 7 – Le vrai/faux de la fin

1. $n! \underset{n\to+\infty}{\sim} n^n$.	☐ Vrai	☐ Faux
2. $2x^3 + \sqrt{x^4 + x^2} \underset{x\to 0}{\sim} = 2x^3$.	☐ Vrai	☐ Faux
3. Si $\lim\limits_{n\to+\infty} (u_n - v_n) = 0$ alors $u_n \sim v_n$.	☐ Vrai	☐ Faux
4. Si $u_n \sim v_n$ alors $\lim\limits_{n\to+\infty} (u_n - v_n) = 0$.	☐ Vrai	☐ Faux
5. Si $\lim\limits_{n\to+\infty} u_n = +\infty$ et $u_n \sim v_n$ alors $\ln(u_n) \underset{n\to+\infty}{\sim} \ln(v_n)$.	☐ Vrai	☐ Faux

Solution des exercices

Exercice 1 –

1. $\ln(x) \underset{+\infty}{=} \circ(x)$. ☒ Vrai ☐ Faux
2. Il faudrait $\ell \neq 0$. Contre-exemple : $\lim\limits_{n \to +\infty} \frac{1}{n} = 0$ mais $\frac{1}{n}$ n'est pas équivalent à 0 en $+\infty$. ☐ Vrai ☒ Faux
3. $\sqrt{1+x} - 1 \underset{x \to 0}{\sim} \frac{x}{2}$. ☒ Vrai ☐ Faux

Exercice 2 –

Cours

Se souvenir que :

$$e^x - 1 \underset{x \to 0}{\sim} x \qquad \ln(1+x) \underset{x \to 0}{\sim} x \qquad \forall \alpha \in \mathbb{R},\ (1+x)^\alpha - 1 \underset{x \to 0}{\sim} \alpha x$$

1. On sait que :

$$\ln(1+u) \underset{u \to 0}{\sim} u \quad \text{et} \quad \lim_{x \to 0} x^2 = 0$$

donc :

$$\ln(1+x^2) \underset{x \to 0}{\sim} x^2$$

De plus on a :

$$e^x - 1 \underset{x \to 0}{\sim} x$$

donc :

$$\frac{\ln(1+x^2)}{e^x - 1} \underset{x \to 0}{\sim} \frac{x^2}{x}$$

L'équivalence de fonctions est compatibles avec le produit et le quotient.

c'est-à-dire :

$$\frac{\ln(1+x^2)}{e^x - 1} \underset{x \to 0}{\sim} x$$

2. On a :

L'équivalence n'est pas compatible avec l'addition, donc on factorise.

$$\forall x \in \mathbb{R}_+^*,\ (x+1)^{\frac{1}{x}} - x^{\frac{1}{x}} = x^{\frac{1}{x}} \left[\left(\frac{x+1}{x} \right)^{\frac{1}{x}} - 1 \right]$$
$$= x^{\frac{1}{x}} \left[\left(1 + \frac{1}{x} \right)^{\frac{1}{x}} - 1 \right]$$

Attention, dans l'équivalent usuel de $(1+u)^\alpha - 1$ en 0, α est une constante !

De plus, on a :

$$\forall x \in \mathbb{R}_+^*,\ \left(\frac{x+1}{x} \right)^{\frac{1}{x}} - 1 = \exp\left(\frac{1}{x} \ln\left(1 + \frac{1}{x} \right) \right) - 1$$

Or on sait que :

$$\lim_{x \to +\infty} \frac{1}{x} = 0$$

donc on a, la fonction $\mapsto u \ln(1 + u)$ étant continue en 0 :

$$\lim_{x \to +\infty} \frac{1}{x} \ln\left(1 + \frac{1}{x}\right) = 0$$

On en déduit, puisque $e^u - 1 \underset{u \to 0}{\sim} u$:

$$\left(\frac{x+1}{x}\right)^{\frac{1}{x}} - 1 \underset{x \to +\infty}{\sim} \frac{1}{x} \ln\left(1 + \frac{1}{x}\right)$$

soit encore, comme $\ln(1 + u) \underset{u \to 0}{\sim} u$:

$$\left(\frac{x+1}{x}\right)^{\frac{1}{x}} - 1 \underset{x \to +\infty}{\sim} \frac{1}{x^2}$$

Finalement, on peut donc conclure :

$$(x+1)^{\frac{1}{x}} - x^{\frac{1}{x}} \underset{x \to +\infty}{\sim} x^{\frac{1}{x} - 2}$$

Exercice 3 –

1. On a :

$$\begin{aligned}
\forall x \in \mathbb{R}_+^*,\ \ln(x^2 + 1) - \ln(x) &= \ln\left(x^2\left(1 + \frac{1}{x^2}\right)\right) - \ln(x) \\
&= \ln(x^2) + \ln\left(1 + \frac{1}{x^2}\right) - \ln(x) \\
&= \ln(x) + \ln\left(1 + \frac{1}{x^2}\right)
\end{aligned}$$

De plus on a :

$$\lim_{x \to +\infty} \left(1 + \frac{1}{x^2}\right) = 1$$

donc, comme la fonction ln est continue en 1 :

$$\lim_{x \to +\infty} \ln\left(1 + \frac{1}{x^2}\right) = \ln(1) = 0$$

Or on a :

$$\lim_{x \to +\infty} \ln(x) = +\infty$$

donc :

$$\ln\left(1 + \frac{1}{x^2}\right) \underset{0}{=} \circ(\ln(x))$$

ce qui nous permet de conclure :

$$\ln(x^2 + 1) - \ln(x) \underset{x \to +\infty}{\sim} \ln(x)$$

2. On a de même :

$$\forall x \in \mathbb{R}_+^*,\ \ln(x^2+1) - 2\ln(x) = \ln(x^2+1) - \ln(x^2) = \ln\left(1 + \frac{1}{x^2}\right)$$

De plus on a :

$$\lim_{x\to+\infty} \frac{1}{x^2} = 0 \quad \text{et} \quad \ln(1+u) \underset{u\to 0}{\sim} u$$

donc :

$$\ln(x^2+1) - 2\ln(x) \underset{x\to+\infty}{\sim} \frac{1}{x^2}$$

Exercice 4 –

1. La fonction f_n est une fonction polynôme dérivable sur $[0, 1]$ et on a :

On va utiliser le théorème de la bijection

$$\forall x \in [0,1],\ f_n'(x) = nx^{n-1} - n = n\left(x^{n-1} - 1\right)$$

donc :

$$\forall x \in [0,1[,\ f_n'(x) < 0$$

Ainsi, f_n est continue et strictement décroissante sur $[0, 1]$ donc réalise une bijection de $[0, 1]$ sur $f_n([0,1]) = [2-n, 1]$. Comme $2 - n < 0$ si $n \geq 3$, on en déduit que f_n s'annule exactement une fois sur $[0, 1]$ en un réel α_n appartenant à $]0, 1[$ (car $f_n(0) \neq 0$ et $f_n(1) \neq 0$).

2. a) Soit $n \geq 3$.

Méthode

Pour étudier la monotonie d'une suite définie implicitement par une relation de la forme $f_n(\alpha_n) = 0$ où f_n est une fonction strictement monotone, on compare $f_{n+1}(\alpha_{n+1})$ et $f_{n+1}(\alpha_n)$ (ou $f_n(\alpha_{n+1})$ et $f_n(\alpha_n)$) puis on utilise la monotonie de f_n pour conclure.

On a :

$$f_{n+1}(\alpha_n) = \alpha_n^{n+1} - (n+1)\,\alpha_n + 1 = \alpha_n^{n+1} - \alpha_n - n\alpha_n + 1$$

et donc, comme $\alpha_n^n - n\alpha_n + 1 = 0$:

$$f_{n+1}(\alpha_n) = \alpha_n^{n+1} - \alpha_n - \alpha_n^n = \alpha_n^n(\alpha_n - 1) - \alpha_n$$

et alors, comme $0 < \alpha_n < 1$:

$$f_{n+1}(\alpha_n) < 0 < f_{n+1}(\alpha_{n+1})$$

Comme f_{n+1} est strictement décroissante sur $[0, 1]$ et comme α_n et α_{n+1} appartiennent à cet intervalle :

$$\alpha_n > \alpha_{n+1}$$

ce qui nous permet de conclure que la suite $(\alpha_n)_{n\geq 3}$ est décroissante.

b) Comme $(\alpha_n)_{n\geq 3}$ est décroissante et minorée (par 0), elle converge vers une limite ℓ positive ou nulle.

Supposons alors que $\ell > 0$. Comme la suite $(\alpha_n)_{n\geq 3}$ est bornée par 0 et 1, la suite $(\alpha_n^n)_{n\geq 3}$ est bornée (par 0 et 1) et donc, sans indétermination :

$$0 = \lim_{n\to+\infty} f_n(\alpha_n) = \lim_{n\to+\infty} (\alpha_n^n - n\alpha_n + 1) = -\infty$$

ce qui est absurde et nous permet de conclure :

$$\lim_{n\to+\infty} \alpha_n = 0$$

c) On remarque que :

$$\forall n \geq 3,\ n\alpha_n = 1 + \alpha_n^n$$

et donc, comme $(\alpha_n^n)_{n\geq 3}$ est strictement positive :

$$\forall n \geq 3,\ n\alpha_n = 1 + \exp(n\ln(\alpha_n))$$

Or, d'après le résultat de la question précédente, on a, comme ln tend vers $-\infty$ en 0 :

$$\lim_{n\to+\infty} n\ln(\alpha_n) = -\infty$$

et donc, comme exp tend vers 0 en $-\infty$:

$$\lim_{n\to+\infty} n\alpha_n = 1$$

donc finalement :

$$\alpha_n \underset{n\to+\infty}{\sim} \frac{1}{n}$$

Exercice 5 –

1. On a : On a :

$$\forall n \geqslant 2,\ \forall k \in [\![0, n-1]\!],\ \frac{k!}{n!} = \frac{1}{n(n-1)\cdots(k+1)}$$

De plus on a :

$$\forall n \geqslant 3,\ \forall k \in [\![0, n-1]\!],\ 0 \leq \frac{1}{(n-2)(n-3)\cdots(k+1)} \leq 1$$

donc :

$$\forall n \geqslant 3,\ \forall k \in [\![0, n-1]\!],\ 0 \leq \frac{k!}{n!} \leq \frac{1}{n(n-1)}$$

et comme ce résultat est encore vrai si $n = 2$:

$$\forall n \geqslant 2,\ \forall k \in [\![0, n-1]\!],\ 0 \leq \frac{k!}{n!} \leq \frac{1}{n\,(n-1)}$$

2. On a :

$$\forall n \in \mathbb{N}^*,\ \frac{1}{n!}\sum_{k=0}^{n} k! = \sum_{k=0}^{n} \frac{k!}{n!}$$
$$= 1 + \sum_{k=0}^{n-1} \frac{k!}{n!}$$

Méthode

Pour montrer que deux suites u et v sont équivalentes, on montre en général que $\lim\limits_{n\to+\infty} \frac{u_n}{v_n} = 1$ (dans le cas, évidemment, où les termes de la suite v sont tous non nuls à partir d'un certain rang).

On va maintenant chercher à établir que :

$$\lim_{n\to+\infty} \sum_{k=0}^{n-1} \frac{k!}{n!} = 0$$

Méthode

Attention. S'il est possible ici de justifier facilement que tous les termes de la somme tendent vers 0 lorsque n tend vers $+\infty$, on ne peut pas en déduire que la somme tend elle-même vers 0 car le nombre de termes (n en l'occurrence) tend vers $+\infty$.
On se souviendra que, quand on cherche à déterminer la limite d'une somme que l'on ne sait pas simplifier, on procède le plus souvent par encadrement.

D'après le résultat de la question précédente, on a :

$$\forall n \geq 2,\ 0 \leq \sum_{k=0}^{n-2} \frac{k!}{n!} \leq \sum_{k=0}^{n-2} \frac{1}{n\,(n-1)}$$
$$\leq (n-1) \times \frac{1}{n(n-1)}$$
$$\leq \frac{1}{n}$$

On en déduit, en ajoutant les termes $k = n-1$ et $k = n$:

$$\forall n \geq 2,\ 1 + \frac{1}{n} \leq \frac{1}{n!}\sum_{k=0}^{n} k! \leq 1 + \frac{2}{n}$$

Finalement, comme on a :

$$\lim_{n\to+\infty}\left(1 + \frac{1}{n}\right) = \lim_{n\to+\infty}\left(1 + \frac{2}{n}\right) = 1$$

on a donc, d'après le théorème de l'encadrement :

$$\lim_{n \to +\infty} \frac{1}{n!} \sum_{k=0}^{n} k! = 1$$

d'où l'équivalent recherché.

Exercice 6 –

1. Soit $n \in \mathbb{N}^*$. Remarquons déjà que :

$$\ln(n+1) - \ln(n) = \ln\left(\frac{n+1}{n}\right) = \ln\left(1 + \frac{1}{n}\right)$$

Cours

Se souvenir que, si f est une fonction concave et dérivable sur un intervalle I de $\mathbb{R}$, alors son graphe est « en dessous » de toutes ses tangentes.

De plus la fonction ln est concave sur $\mathbb{R}_+^*$ donc son graphe est « en dessous » de ses tangentes. Comme la tangente au point d'abscisse 1 a pour équation $y = x - 1$, on a donc :

L'équation de la tangente en $(a, f(a))$ au graphe d'une fonction dérivable en a est $y = f'(a)(x - a) + f(a)$.

$$\forall x \in \mathbb{R}_+^*, \ \ln(x) \leq x - 1$$

d'où, en prenant $x = 1 + \frac{1}{n}$:

$$\ln\left(1 + \frac{1}{n}\right) \leq \frac{1}{n}$$

et de même, en prenant $x = 1 - \dfrac{1}{n+1}$ (qui est bien strictement positif) :

$$\ln\left(1 - \frac{1}{n+1}\right) \leq -\frac{1}{n+1}$$

soit encore :

$$\ln(n) - \ln(n+1) \leq -\frac{1}{n+1}$$

d'où :

$$\ln(n+1) - \ln(n) \geq \frac{1}{n+1}$$

On a finalement :

$$\forall n \in \mathbb{N}^*, \ \frac{1}{n+1} \leq \ln(n+1) - \ln(n) \leq \frac{1}{n}$$

2. a) On a :

$$\forall n \in \mathbb{N}^*, \ u_{n+1} - u_n = \left[\sum_{k=1}^{n+1} \frac{1}{k} - \ln(n+1)\right] - \left[\sum_{k=1}^{n} \frac{1}{k} - \ln(n)\right]$$
$$= \frac{1}{n+1} - [\ln(n+1) - \ln(n)]$$

Comme on cherche à prouver la convergence de la suite u, mais pas à trouver sa limite, on va utiliser le théorème de la limite monotone.

et donc, d'après le résultat de la question précédente :

$$\forall n \in \mathbb{N}^*, \ u_{n+1} - u_n \leq 0$$

Par conséquent, la suite u est décroissante. Montrons alors qu'elle est minorée. Toujours d'après le résultat de la question 1, on a :

$$\forall k \in \mathbb{N}^*, \ \frac{1}{k} \geq \ln(k+1) - \ln(k)$$

et donc, en sommant ces inégalités :

$$\begin{aligned}\forall n \in \mathbb{N}^*, \ \sum_{k=1}^{n} \frac{1}{k} &\geq \sum_{1=2}^{n} [\ln(k+1) - \ln(k)] \\ &\geq \ln(n+1) - \ln(1)\end{aligned}$$

d'où :

$$\forall n \in \mathbb{N}^*, \ u_n \geq \ln(n+1) - \ln(n) \geq 0$$

La suite u est donc décroissante et minorée, donc elle converge.

b) Remarquons que l'on cherche à établir l'existence d'un réel $\gamma \in [0, 1]$ tel que :

$$u_n \underset{+\infty}{=} \gamma + \circ(1)$$

ce qui revient à prouver que la suite u converge vers un réel $\gamma \in [0, 1]$.

D'après le résultat de la question précédente, la suite u converge vers une limite γ positive ou nulle et on a alors :

$$u_n \underset{+\infty}{=} \gamma + \circ(1)$$

Montrons maintenant que $\gamma \leq 1$ et déterminons pour cela une majoration de la suite u.

Encore d'après le résultat de la question 1, on a :

$$\forall k \geq 2, \ \frac{1}{k} \leq \ln(k) - \ln(k-1)$$

et donc, en sommant ces inégalités :

$$\begin{aligned}\forall n \geq 2, \ \sum_{k=2}^{n} \frac{1}{k} &\leq \sum_{k=2}^{n} [\ln(k) - \ln(k-1)] \\ &\leq \ln(n)\end{aligned}$$

d'où :

$$\forall n \geq 2, \ \sum_{k=1}^{n} \frac{1}{k} - 1 \leq \ln(n)$$

donc :

$$\forall n \geq 2, \ u_n \leq 1$$

On en déduit que $\gamma \leq 1$, ce qui nous permet de conclure qu'il existe un réel γ appartenant à $[0, 1]$ tel que :

$$\sum_{k=1}^{n} \frac{1}{k} = \ln(n) + \gamma + \circ(1)$$

Cours

Se souvenir que, si u et v sont deux suites réelles, alors :

$$u_n \underset{+\infty}{=} v_n + \circ(1) \iff \lim_{n \to +\infty} (u_n - v_n) = 0$$

Exercice 7 –

1. Faux. On peut remarquer que :

$$\forall n \in \mathbb{N}^*, \quad \frac{n!}{n^n} = \prod_{k=1}^{n} \frac{k}{n} \leq \frac{1}{n}$$

Les termes sont tous compris entre 0 et 1 donc on majore par le terme $k = 1$.

ce qui prouve, par encadrement (les termes sont tous positifs) que :

$$\lim_{n \to +\infty} \frac{n!}{n^n} = 0 \neq 1$$

À retenir

On se souviendra (résultat hors programme) que l'on a en fait :

$$n! = \circ(n^n) \quad \text{et } n! \underset{n \to +\infty}{\sim} \left(\frac{n}{\mathrm{e}}\right)^n \sqrt{2\pi n}$$

2. Faux. On a :

$$\forall x \in \mathbb{R}^*, \quad \frac{2x^3 + \sqrt{x^4 + x^2}}{2x^3} = 1 + \frac{1}{2}\sqrt{\frac{1}{x^2} + \frac{1}{x^4}}$$

donc :

$$\lim_{x \to 0} \frac{2x^3 + \sqrt{x^4 + x^2}}{2x^3} = +\infty$$

En revanche, on peut démontrer que :

$$\frac{2x^3 + \sqrt{x^4 + x^2}}{2x^3} \underset{x \to 0}{\sim} x$$

3. Faux. Par exemple, $u_n = \frac{1}{n^2} + \frac{1}{n}$ et $v_n = \frac{1}{n^2}$ ne sont pas équivalents, mais $\lim_{n \to +\infty} (u_n - v_n) = 0$.
4. Faux. Par exemple, $n \underset{n \to +\infty}{\sim} n + 1$ mais $\lim_{n \to +\infty} ((n + 1) - n) = 1$.

À retenir

On retiendra qu'il n'y a pas de lien en général entre l'équivalence de deux suites (ou de deux fonctions) et la limite de la différence. Tout peut se produire.

5. Vrai. Comme la suite u diverge vers $+\infty$ et comme $u_n \underset{n\to+\infty}{\sim} v_n$, la suite v diverge aussi vers $+\infty$ et il existe un entier n_0 tel que :

$$\forall n \geq n_0,\ u_n > 1 \quad \text{et} \quad v_n > 1$$

On a alors :

$$\forall n \geq n_0,\ \frac{\ln(u_n)}{\ln(v_n)} = \frac{\ln(v_n) + \ln\left(\frac{u_n}{v_n}\right)}{\ln(v_n)} = 1 + \frac{\ln\left(\frac{u_n}{v_n}\right)}{\ln(v_n)}$$

On a en outre :

$$\lim_{n\to+\infty} \frac{u_n}{v_n} = 1 \quad \text{et} \quad \lim_{n\to+\infty} v_n = +\infty$$

donc :

$$\lim_{n\to+\infty} \ln\left(\frac{u_n}{v_n}\right) = 0 \quad \text{et} \quad \lim_{n\to+\infty} \frac{1}{\ln(v_n)} = 0$$

d'où :

$$\lim_{n\to+\infty} \frac{\ln(u_n)}{\ln(v_n)} = 1$$

ce qui permet de conclure que : $\ln(u_n) \sim \ln(v_n)$.

À retenir

On démontrerait plus généralement et on retiendra que, si u et v sont deux suites strictement positives, équivalentes et admettant une limite différente de 1, alors :

$$\ln(u_n) \underset{n\to+\infty}{\sim} \ln(v_n)$$

23 Séries

Maîtriser le cours

Exercice 1 – Le vrai/faux du début

1. Si une série converge absolument alors elle converge. ☐ Vrai ☐ Faux
2. La série $\sum(-1)^n$ converge absolument. ☐ Vrai ☐ Faux

Exercice 2 –

Soit $q \in \mathbb{R}$. Montrer que si $|q| < 1$, la série $\sum q^n$ converge et donner sa somme.

Exercice 3 –

Montrer que $\sum \frac{n(n-1)}{2^n}$ converge et donner sa somme.

Maîtriser les méthodes fondamentales

Exercice 4 –

Déterminer la nature de la série suivante :

$$\sum \ln\left(\frac{(n+1)^2}{n(n+2)}\right)$$

et donner sa somme en cas de convergence.

Exercice 5 –

Montrer que $\sum \frac{2^n}{(n+2)!}$ converge et donner sa somme.

Pour aller plus loin

Exercice 6 –
Posons :

$$\forall n \geq 1,\ H_n = \sum_{k=1}^{n} \frac{1}{k}$$

1. Montrer que :

$$\forall n \geq 1,\ H_{2n} - H_n \geq \frac{1}{2}$$

2. En déduire la divergence de la série $\sum \frac{1}{n}$.

Exercice 7 – Le vrai/faux de la fin
Soit $u = (u_n)_{n\geq 0}$ et $(v_n)_{n\geq 0}$ deux suites réelles.

1. Si $\sum u_n$ et $\sum v_n$ convergent alors $\sum(u_n + v_n)$ aussi. ☐ Vrai ☐ Faux
2. Si $\sum u_n$ et $\sum v_n$ divergent alors $\sum(u_n + v_n)$ aussi. ☐ Vrai ☐ Faux

Solution des exercices

Exercice 1 –

1. Si une série converge absolument alors elle converge. ☒ Vrai ☐ Faux
2. La série $\sum(-1)^n$ converge absolument. ☐ Vrai ☒ Faux

Cours

- Une série $\sum u_n$ est dite absolument convergente si $\sum |u_n|$ converge.
- Toute série absolument convergente est convergente.

Pour justifier la question 2, remarquons que :

$$\forall N \geq 0,\ \sum_{n=0}^{N} |(-1)^n| = N + 1$$

et :

$$\lim_{N\to+\infty} (N + 1) = +\infty$$

On en déduit que $\sum(-1)^n$ ne converge pas absolument.

Exercice 2 –

Soit $q \in \mathbb{R}$. On sait que pour tout $n \in \mathbb{N}$, on a :

$$S_n = \sum_{k=0}^{n} q^k = \begin{cases} \dfrac{1 - q^{n+1}}{1 - q} & \text{si } q \neq 1 \\ n + 1 & \text{sinon} \end{cases}$$

Si $|q| < 1$, $(q^{n+1})_{n \geq 0}$ converge vers 0 et ainsi $\sum q^n$ converge et sa somme est égale à :

$$\sum_{k=0}^{+\infty} q^k = \frac{1}{1 - q}$$

Exercice 3 –

On reconnait l'expression d'une série dérivée seconde géométrique. Sachant que $\left|\frac{1}{2}\right| < 1$, celle-ci converge et on a :

$$\sum_{n=2}^{+\infty} \frac{n(n-1)}{2^n} = \frac{1}{4} \sum_{n=2}^{+\infty} \frac{n(n-1)}{2^{n-2}} = \frac{1}{4} \frac{2}{(1 - 1/2)^3} = 4$$

Cours

Soit $x \in \mathbb{R}$.

- Les séries de termes généraux nx^{n-1} et $n(n-1)x^{n-2}$ convergent si et seulement si $-1 < x < 1$.
- Si $-1 < x < 1$ alors :

$$\sum_{k=1}^{+\infty} kx^{k-1} = \frac{1}{(1 - x)^2} \quad \text{(somme de la série géométrique dérivée d'ordre 1)}$$

et :

$$\sum_{k=2}^{+\infty} k(k-1)x^{k-2} = \frac{2}{(1 - x)^3} \quad \text{(somme de la série géométrique dérivée d'ordre 2)}$$

Exercice 4 –

Nous allons calculer les sommes partielles de cette série.
Pour tout entier $n \geq 1$,

$$\begin{aligned} \ln\left(\frac{(n+1)^2}{n(n+2)}\right) &= 2\ln(n+1) - \ln(n) - \ln(n+2) \\ &= \ln(n+1) - \ln(n) + \ln(n+1) - \ln(n+2) \end{aligned}$$

ce qui fait apparaitre un (double) télescopage.

On en déduit que pour tout entier $N \geq 1$,

$$\begin{aligned}
\sum_{k=1}^{N} \ln\left(\frac{(k+1)^2}{k(k+2)}\right) &= \sum_{k=1}^{N} \left[\ln(k+1) - \ln(k) + \ln(k+1) - \ln(k+2)\right] \\
&= \sum_{k=1}^{N} (\ln(k+1) - \ln(k)) + \sum_{k=1}^{N} (\ln(k+1) - \ln(k+2)) \\
&= \ln(N+1) - \ln(1) + \ln(2) - \ln(N+2) \\
&= \ln(2) + \ln\left(\frac{N+1}{N+2}\right)
\end{aligned}$$

On sait que :

$$\lim_{N\to+\infty} \frac{N+1}{N+2} = 1 \quad \text{donc} \quad \lim_{N\to+\infty} \ln\left(\frac{N+1}{N+2}\right) = 0$$

par continuité du logarithme népérien en 1. Ainsi, la série étudiée converge et on a :

$$\sum_{k=1}^{+\infty} \ln\left(\frac{(k+1)^2}{k(k+2)}\right) = \ln(2)$$

Méthode

La manière la plus simple d'étudier la nature d'une série (et de calculer sa somme) est de calculer ses sommes partielles. Cela est possible notamment quand ces sommes sont télescopiques.

Exercice 5 –

Notons $(S_n)_{n\geq 0}$ la suite des sommes partielles associée à cette série. Pour tout $n \geq 0$, on a :

$$S_n = \sum_{k=0}^{n} \frac{2^k}{(k+2)!}$$

Posons $j = k + 2$. Si $k = 0$, $j = 2$ et si $k = n$, $j = n + 2$. On a ainsi :

$$S_n = \sum_{j=2}^{n+2} \frac{2^{j-2}}{j!}$$

Par linéarité, on a alors :

$$S_n = 2^{-2} \sum_{j=2}^{n+2} \frac{2^j}{j!}$$

On reconnait une somme partielle d'une série exponentielle convergente (avec $x = 2$). Ainsi la série converge et on a :

$$\sum_{k=0}^{+\infty} \frac{2^k}{(k+2)!} = 2^{-2} \sum_{j=2}^{+\infty} \frac{2^j}{j!} = \frac{1}{4}\left(e^2 - \frac{2^0}{0!} - \frac{2^1}{1!}\right) = \frac{1}{4}(e^2 - 3)$$

Cours

Pour tout réel x, la série de terme général $\frac{x^n}{n!}$ converge et :

$$\sum_{k=0}^{+\infty} \frac{x^k}{k!} = e^x$$

Exercice 6 –

1. On a :

$$\forall n \geq 1,\ H_{2n} - H_n = \sum_{k=n+1}^{2n} \frac{1}{k}$$

et pour tout $n \geq 1$, par décroissance de la fonction inverse sur $\mathbb{R}_+^*$:

$$\forall k \in \{n+1, \dots, 2n\},\ \frac{1}{k} \geq \frac{1}{2n}$$

On en déduit que :

$$\forall n \geq 1,\ H_{2n} - H_n \geq \sum_{k=n+1}^{2n} \frac{1}{2n} = (2n - (n+1) + 1)\frac{1}{2n} = \frac{1}{2}$$

2. Raisonnons par l'absurde : si cette série converge, la suite $(H_n)_{n\geq 1}$ est convergente donc $(H_{2n})_{n\geq 1}$ est aussi convergente et de même limite. Ainsi :

$$\lim_{n\to+\infty} (H_{2n} - H_n) = 0$$

Or la suite $(H_{2n} - H_n)_{n\geq 1}$ est minorée par $\frac{1}{2}$ d'après la question précédente et ne peut donc pas converger vers 0. On obtient ainsi une absurdité.

À retenir

La série précédente est appelée série harmonique.

Exercice 7 –

Pour la deuxième question, il suffit de penser à :

$$\forall n \geq 1,\ -\frac{1}{n} + \frac{1}{n} = 0$$

et d'utiliser que la série harmonique diverge (prouvé dans l'exercice 6).

1. Si $\sum u_n$ et $\sum v_n$ convergent alors $\sum(u_n + v_n)$ aussi.	☒ Vrai	☐ Faux
2. Si $\sum u_n$ et $\sum v_n$ divergent alors $\sum(u_n + v_n)$ aussi.	☐ Vrai	☒ Faux

24 Dénombrement

Maîtriser le cours

Exercice 1 – Le vrai/faux du début

Soit A et B deux ensembles finis.

1. $$\text{card}(A \cup B) = \text{card}(A) + \text{card}(B)$$ ☐ Vrai ☐ Faux
2. $$\text{card}(B \setminus A) = \text{card}(B) - \text{card}(A)$$ ☐ Vrai ☐ Faux
3. $$\text{card}(A \times B) = \text{card}(A) \times \text{card}(B)$$ ☐ Vrai ☐ Faux
4. Soit une application $f : A \to B$. ☐ Vrai ☐ Faux
   Si f est injective alors $\text{card}(B) \leq \text{card}(A)$.

Exercice 2 –

On cherche à ranger 4 paires de chaussettes dans une commode possédant 6 tiroirs.
Pour chacun des cas suivants, déterminer le nombre de rangements possibles.

1. Les paires de chaussettes sont distinguables et chaque tiroir peut en contenir plusieurs.
2. Les paires de chaussettes sont distinguables et sont réparties dans 4 tiroirs différents.
3. Les paires de chaussettes sont identiques et sont réparties dans 4 tiroirs différents.
4. Les paires de chaussettes sont identiques et chaque tiroir peut en contenir plusieurs.

Exercice 3 –

Soit n un entier naturel.

1. Calculer $\displaystyle\sum_{k=0}^{n} \binom{n}{k}$.
2. Calculer $\displaystyle\sum_{k=0}^{n} \binom{n}{k}(-1)^k$.
3. Soit un entier naturel $k \in \{1, 2, \ldots, n\}$. Prouver que $k\displaystyle\binom{n}{k} = n\binom{n-1}{k-1}$.

   En déduire la valeur de $\displaystyle\sum_{k=0}^{n} k\binom{n}{k}$.

Maîtriser les méthodes fondamentales

Exercice 4 –

Une classe de 35 élèves est composée de 16 filles et de 19 garçons.

1. De combien de façons peut-on faire entrer les élèves un par un dans la classe ?
2. Il y a une place convoitée par tous les élèves : au premier rang, à côté du radiateur. Sachant que les élèves sont replacés à chaque heure, combien y a-t-il de façons d'occuper cette place pendant les 9 heures de maths de la semaine ?
3. La première rangée est composée de 8 places. Combien y a-t-il de façons de composer cette première rangée avec les élèves de la classe ?
4. Combien y a-t-il de façons de composer cette première rangée avec les élèves de la classe de sorte qu'il y ait autant de filles que de garçons ?
5. Pour créer une association d'élèves, on a besoin d'un bureau composé de 8 élèves. Combien de bureaux peut-on former dans cette classe ?
6. Combien de bureaux de 8 élèves peut-on former dans cette classe avec plus de filles que de garçons ?
7. Combien de bureaux de 8 élèves peut-on former dans cette classe avec au moins 2 filles ?

Pour aller plus loin

Exercice 5 –

Le poker se joue avec un jeu de 52 cartes :
13 hauteurs (2,3,4,5,6,7,8,9,10,V,D,R,As) et 4 couleurs ($\heartsuit$, $\spadesuit$, $\diamondsuit$, $\clubsuit$). Une main est constituée de 5 cartes.

1. Combien y a-t-il de mains possibles ?
2. **a)** Combien y a-t-il de brelans (3 cartes de même hauteur et deux cartes de hauteurs différentes et différentes entre elles) ?

   b) Combien y a-t-il de full (un brelan et une paire) ?
3. On considère les ensembles de mains suivants :
   - A est l'ensemble des mains possédant exactement 2 rois,
   - B est l'ensemble des mains possédant exactement 3 $\heartsuit$.

   a) Déterminer $\text{card}(A)$ et $\text{card}(B)$.

   b) Déterminer $\text{card}(A \cap B)$, en déduire $\text{card}(A \cup B)$.

Exercice 6 – Le vrai/faux de la fin

Pendant la seconde guerre mondiale, les Allemands utilisaient la machine *Enigma* pour crypter leurs messages. Le logicien britannique Alan Turing, reprenant les travaux du mathématicien polonais Marian Rejewski, a permis de casser le code de cette machine. On estime qu'il a contribué à écourter la guerre de deux années. Lors d'un réglage d'une machine *Enigma* on devait :

- Positionner dans un ordre précis 3 rotors possédant les 26 lettres de l'alphabet choisis parmi 5 rotors différents. Chaque rotor installé devait être placé en position initiale avec une lettre choisie.
- Câbler ensemble 10 paires de lettres qui permutent systématiquement *i.e.* :
  - ◇ on choisit 20 lettres de l'alphabet,
  - ◇ on forme deux groupes de 10 lettres avec les 20 lettres choisies,
  - ◇ on connecte chaque lettre du 1er groupe avec une lettre du 2nd groupe.

1. Il y a 1 054 560 façons de placer 3 rotors dans leur position initiale. ☐ Vrai ☐ Faux

2. Il y a $\binom{26}{20} \times \binom{20}{10} \times 10!$ façons de câbler 10 paires de lettres. ☐ Vrai ☐ Faux

3. Il y a en tout $\dfrac{60 \times 26^3 \times 26!}{6!\,10!\,2^{10}}$ configurations possibles. ☐ Vrai ☐ Faux

Solution des exercices

Exercice 1 –

1. On ne sait pas si A et B sont disjoints, il faut soustraire $\text{card}(A \cap B)$. ☐ Vrai ☒ Faux

2. $\text{card}(B \setminus A) = \text{card}(B) - \text{card}(B \cap A)$. ☐ Vrai ☒ Faux

3. $\text{card}(A \times B) = \text{card}(A) \times \text{card}(B)$. ☒ Vrai ☐ Faux

4. Si f est injective alors $\text{card}(B) \geq \text{card}(A)$. ☐ Vrai ☒ Faux

Cours

Soit A et B deux ensembles finis.

- $\text{card}(A \cup B) = \text{card}(A) + \text{card}(B) - \text{card}(A \cap B)$
- Soit une application $f : A \to B$.
  - ◇ Si f est injective alors $\text{card}(A) \leq \text{card}(B)$.
  - ◇ Si f est surjective alors $\text{card}(B) \leq \text{card}(A)$.
  - ◇ Si $\text{card}(A) = \text{card}(B)$: f bijective $\iff$ f injective $\iff$ f surjective.

Exercice 2 –

Cours

Soit n, p deux entiers naturels et Ω un ensemble à n éléments.

- Le nombre de p-listes de Ω est : n^p.
- Le nombre de p-listes d'éléments distincts de Ω est : $\mathcal{A}_n^p = \dfrac{n!}{(n-p)!}$.
- Le nombre de p-combinaisons d'éléments distincts de Ω est :

$$\binom{n}{p} = \begin{cases} \dfrac{n!}{(n-p)!\,p!} & \text{si } p \leq n \\ 0 & \text{si } p > n \end{cases}$$

1. Pour la première paire de chaussettes, il y a 6 tiroirs disponibles, pour la deuxième, comme le même tiroir peut recevoir plusieurs paires, il y a 6 tiroirs disponibles et ainsi de suite. Le nombre de rangements possibles est donc 6^4. Cela correspond au nombre de 4-listes pris dans un ensemble à 6 éléments.

> Faisons le parallèle avec des tirages aléatoires de boules numérotées dans une urne.
> - Les paires sont distinguables : 4 tirages successifs d'une boule numérotée.
> - Les paires sont identiques : un tirage simultané de 4 boules.
> - Les tiroirs peuvent recevoir plusieurs paires : les tirages sont avec remise.
> - Les tiroirs reçoivent au plus une paire : les tirages sont sans remise.

2. Pour la première paire de chaussettes, il y a 6 tiroirs disponibles, pour la deuxième, comme le même tiroir ne peut contenir plus d'une paire, il y a 5 tiroirs disponibles et ainsi de suite. Le nombre de rangements possibles est donc $6 \times 5 \times 4 \times 3 = \dfrac{6!}{2!}$.
   Cela correspond au nombre de 4-listes d'éléments distincts pris dans un ensemble à 6 éléments.

3. Il s'agit ici de choisir 4 tiroirs parmi les 6 pour y mettre dans chacun une paire de chaussettes.
   Le nombre de rangements est $\binom{6}{4}$.

> Les paires sont identiques, il n'y a donc plus d'ordre. On ne peut plus raisonner en disant « la première, la deuxième,... » car il n'y a ni première, ni deuxième,...

4. Les cinq cas suivants forment une partition de l'ensemble des solutions.

> Ce cas s'apparente à 4 tirages successifs avec remise puis oubli de l'ordre, il n'y a pas d'ordre mais les répétitions sont possibles, cela se traite par disjonction de cas.

   - Un tiroir contient les 4 paires : il y a 6 choix de tiroirs.
   - Un tiroir contient 3 paires : on choisit les 2 tiroirs parmi les 6 qui auront des chaussettes puis, parmi ces 2 tiroirs, celui qui en contiendra 3 paires : $\binom{6}{2} \times \binom{2}{1} = 30$ choix.
   - Deux tiroirs contiennent 2 paires : on choisit les 2 tiroirs parmi les 6 qui auront des chaussettes : $\binom{6}{2} = 15$ choix.

- Un tiroir contient 2 paires et deux tiroirs contiennent 1 paire : on choisit les 3 tiroirs parmi les 6 qui auront des chaussettes puis, parmi ces 3 tiroirs, celui qui en contiendra 2 paires : $\binom{6}{3} \times \binom{3}{1} = 60$ choix.
- Quatre tiroirs contiennent 1 paire : on choisit les 4 tiroirs parmi les 6 qui auront des chaussettes, c'est la réponse à la question 3 : $\binom{6}{4} = 15$ choix.

Il reste à additionner ces résultats : $6 + 30 + 15 + 60 + 15 = 126$ rangements possibles.

Exercice 3 –

Cours – La formule du binôme de Newton.

$$\forall((x, y), n) \in \mathbb{R}^2 \times \mathbb{N},\ (x + y)^n = \sum_{k=0}^{n} \binom{n}{k} x^k y^{n-k}$$

1. On applique la formule du binôme de Newton avec $x = y = 1$, on obtient :

$$\sum_{k=0}^{n} \binom{n}{k} = \sum_{k=0}^{n} \binom{n}{k} 1^k 1^{n-k} = (1 + 1)^n = 2^n$$

À retenir

Si E est un ensemble fini de cardinal n, alors :

$$\operatorname{card}(\mathscr{P}(E)) = \sum_{k=0}^{n} \binom{n}{k} = 2^n$$

2.
- Si $n = 0$ alors $\sum_{k=0}^{n} \binom{n}{k} (-1)^k = 1$.
- Si $n \geq 1$ alors on applique la formule du binôme de Newton avec $x = -1$ et $y = 1$. On obtient :

$$\sum_{k=0}^{n} \binom{n}{k} (-1)^k = \sum_{k=0}^{n} \binom{n}{k} (-1)^k 1^{n-k} = (-1 + 1)^n = 0$$

3. Un simple calcul donne :

$$k\binom{n}{k} = \frac{k \times n!}{k!(n-k)!} = \frac{n \times (n-1)!}{(k-1)!(n-k)!} = n\binom{n-1}{k-1}$$

On utilise le résultat précédent :

$$\begin{aligned}\sum_{k=0}^{n} k\binom{n}{k} &= \sum_{k=1}^{n} k\binom{n}{k} \quad \text{car le terme d'indice 0 est nul}\\ &= \sum_{k=1}^{n} n\binom{n-1}{k-1} \quad \text{on pose } l = k-1 :\\ &= n\sum_{l=0}^{n-1}\binom{n-1}{l}\\ &= n2^{n-1}\end{aligned}$$

Exercice 4 –

Méthode

Avant de faire ce genre d'exercice, se poser deux questions :

- L'ordre importe-t-il ?
- Peut-il y avoir des répétitions ?

1. L'ordre importe et il n'y a pas de répétition possible. Un résultat est une permutation des 35 élèves de la classe. Il y a 35! choix possibles.

2. L'ordre importe et les répétitions sont possibles (le même élève peut occuper la meilleure place plusieurs fois dans la semaine). Un résultat est une 9-liste de la classe. Il y a 35^9 choix possibles.

> Quand l'ordre importe, on peut raisonner cas par cas : combien de choix pour le premier cas ? pour le deuxième cas ? ... pour le dernier cas ?

3. L'ordre importe et il n'y a pas de répétition possible. Un résultat est un arrangement de 8 élèves de la classe (une 8-liste d'élèves distincts). Il y a :

$$\mathcal{A}_{35}^{8} = \frac{35!}{(35-8)!} = \frac{35!}{27!} = 35 \times 34 \times \cdots \times 28 \quad \text{choix}$$

4. Pour composer la première rangée de telle sorte qu'il y ait autant de filles que de garçons, il faut et il suffit de :

- choisir les 4 places des filles, il n'y a ni ordre (peu importe quel élève s'assoit pourvu que ce soit une fille) ni répétition (la même fille ne peut occuper deux chaises), il y a $\binom{8}{4}$ choix ;
- placer 4 filles sur ces 4 places, l'ordre importe alors puisqu'on distingue les élèves, il y a $\mathcal{A}_{16}^{4}$ choix ;
- placer 4 garçons sur les 4 places restantes, il y a $\mathcal{A}_{19}^{4}$ choix.

On a donc au total :

$$\binom{8}{4}\mathcal{A}_{16}^{4}\mathcal{A}_{19}^{4} = \frac{8!}{(8-4)!\,4!} \times \frac{16!}{(16-4)!} \times \frac{19!}{(19-4)!} \quad \text{choix}$$

5. Il n'y a ni ordre ni répétition, un résultat est une 8−combinaison de la classe. Il y a :

$$\binom{35}{8} = \frac{35!}{8!\,(35-8)!} = \frac{35!}{8!\,27!} \quad \text{choix}$$

6. Il faut distinguer les cas : soit 5 filles et 3 garçons, soit 6 filles et 2 garçons, soit 7 filles et 1 garçon, soit 8 filles. On considère les ensembles suivants :

- $A = \{$bureaux contenant plus de filles que de garçons$\}$
- $A_k = \{$bureaux contenant k filles et $8-k$ garçons$\}$ avec $0 \leq k \leq 8$.

On a $A = A_5 \cup A_6 \cup A_7 \cup A_8$ union d'ensembles deux à deux disjoints donc :

$$\text{card}(A) = \sum_{k=5}^{8} \text{card}(A_k)$$

De plus pour $k \in \{5, 6, 7, 8, \}$, choisir un bureau contenant k filles et $8-k$ garçons équivaut à choisir k filles parmi 16 et $8-k$ garçons parmi 19. On a donc :

$$\text{card}(A_k) = \binom{16}{k}\binom{19}{8-k}$$

Il y a finalement :

$$\sum_{k=5}^{8} \binom{16}{k}\binom{19}{8-k} \quad \text{choix}$$

7. Par passage au complémentaire, on dénombre les bureaux sans filles et avec exactement une fille, on obtient comme précédemment :

$$\underbrace{\binom{35}{8}}_{\text{card}(\Omega)} - \underbrace{\binom{19}{8}}_{\text{aucune fille}} - \underbrace{\binom{19}{7}\binom{16}{1}}_{\text{une seule fille}} \quad \text{choix}$$

> Pensez au complémentaire : lorsqu'on rencontre une expression du type « au moins », « au plus », ..., il peut être judicieux d'utiliser : $\text{card}(A) = \text{card}(\Omega) - \text{card}\left(\overline{A}\right)$.

À retenir

- Ordre et répétition : utiliser les p-listes.
- Ordre sans répétition : utiliser les p-listes d'éléments distincts.
- Ni ordre ni répétition : utiliser les p-combinaisons.
- Pas d'ordre et répétition : faire une disjonction de cas.

Exercice 5 –

1. Il n'y a ni ordre ni répétition, une main est une 5-combinaison du paquet de cartes.
Il y a $\binom{52}{5} = 2\,598\,960$ mains possibles.

2. **a)** Exemple de brelan : $V\heartsuit$, $V\spadesuit$, $V\clubsuit$, $7\heartsuit$, $9\spadesuit$.
Pour choisir une main contenant un brelan, il faut et il suffit de :

- choisir 3 hauteurs $(V, 7, 9)$ parmi les 13, il y a $\binom{13}{3}$ choix possibles ;
- choisir la hauteur (ici le valet) parmi les 3 choisies qui va être en triple exemplaire, il y a $\binom{3}{1} = 3$ choix possibles ;
- choisir les couleurs des trois cartes identiques (les valets), il y a $\binom{4}{3} = 4$ choix possibles ;
- choisir la couleur de la quatrième carte (le 7) , il y a $\binom{4}{1} = 4$ choix possibles ;
- choisir la couleur de la cinquième carte (le 9), il y a $\binom{4}{1} = 4$ choix possibles.

Il y a donc $\binom{13}{3} \times 3 \times 4 \times 4 \times 4 = 54\,912$ choix possibles.

b) Exemple de full : $V\heartsuit$, $V\spadesuit$, $V\clubsuit$, $7\heartsuit$, $7\spadesuit$.
Pour choisir une main contenant un full, il faut et il suffit de :

- choisir 2 hauteurs $(V, 7)$ parmi les 13, il y a $\binom{13}{2}$ choix possibles ;
- choisir la hauteur (ici le valet) parmi les 2 choisies qui va être en triple exemplaire, il y a $\binom{2}{1} = 2$ choix possibles ;
- choisir les couleurs des trois cartes identiques (les valets), il y a $\binom{4}{3} = 4$ choix possibles ;
- choisir la couleur des deux cartes identiques (le 7) , il y a $\binom{4}{2} = 6$ choix possibles.

Il y a donc $\binom{13}{2} \times 2 \times 4 \times 6 = 3\,744$ choix possibles.

3. **a)** Pour choisir une main de A, il faut et il suffit de :

- choisir 2 rois parmi les 4, il y a $\binom{4}{2} = 6$ choix possibles ;
- compléter la main par 3 cartes prises parmi les 48 qui ne sont pas des rois, il y a $\binom{48}{3}$ choix possibles.

Ainsi on a $\text{card}(A) = 6 \times \binom{48}{3} = 103\,776$.

Pour choisir une main de B, il faut et il suffit de :

- choisir 3 $\heartsuit$ parmi les 13, il y a $\binom{13}{3}$ choix possibles ;
- compléter la main par 2 cartes prises parmi les 39 qui ne sont pas des $\heartsuit$, il y a $\binom{39}{2}$ choix possibles.

Ainsi on a $\text{card}(B) = \binom{13}{3} \times \binom{39}{2} = 211\,926$.

b) Pour dénombrer $A \cap B$, il faut faire une disjonction de cas en considérant la carte $R\heartsuit$.

- Avec $R\heartsuit$: on a déjà un roi et un $\heartsuit$, il faut et il suffit de compléter par un roi choisi parmi les 3 restants, par 2 $\heartsuit$ choisis parmi les 12 restants puis par 1 carte choisie parmi les 36 cartes qui ne sont ni des rois ni des $\heartsuit$ $(52 - 13 - 3 = 36)$.
On a donc $\binom{3}{1} \times \binom{12}{2} \times \binom{36}{1} = 7\,128$ choix possibles.
- Sans $R\heartsuit$: il faut et il suffit de choisir 2 rois parmi les 3 rois non $\heartsuit$ et 3 $\heartsuit$ choisis parmi les 12 restants (car ici, on ne veut pas la carte $R\heartsuit$).
On a donc $\binom{3}{2} \times \binom{12}{3} = 660$ choix possibles.

Ainsi $\text{card}(A \cap B) = 7128 + 660 = 7\,788$ et on a :

$$\begin{aligned}\text{card}(A \cup B) &= \text{card}(A) + \text{card}(B) - \text{card}(A \cap B)\\ &= 103776 + 211926 - 7788\\ &= 307\,914\end{aligned}$$

Exercice 6 –

1. Vrai. Il y a 1 054 560 façons de placer les 3 rotors.
Une configuration des 3 rotors est une 3-liste d'éléments distincts de l'ensemble des 5 rotors, il y a $\frac{5!}{2!} = 60$ configurations. Les 3 rotors ont 26 positions initiales possibles, une position initiale des 3 rotors est une 3-liste des 26 lettres de l'alphabet, il y a 26^3 positions initiales.
Enfin on a $60 \times 26^3 = 1\,054\,560$ positions de rotors.

2. Faux.

◇ on choisit 20 lettres de l'alphabet, il y a $\binom{26}{20}$ choix possibles ;

◇ on forme deux groupes de 10 lettres avec les 20 lettres choisies, il y a $\binom{20}{10}$ choix possibles ;

◇ on connecte chaque lettre du 1er groupe avec une lettre du 2nd groupe, il y a 10! choix possibles.

Or, pour chacune des 10 paires de lettres, on a deux cas identiques (A-K et K-A donnent la même configuration), il faut donc diviser le résultat par 2^{10}.

Il y a $\dfrac{\binom{26}{20} \times \binom{20}{10} \times 10!}{2^{10}}$ façons de câbler 10 paires de lettres.

3. Vrai. Soit un total de 158 962 555 217 826 360 000 configurations.

25 Espaces probabilisés finis

Maîtriser le cours

Exercice 1 – Le vrai/faux du début

On considère une expérience aléatoire $\mathcal{E}$ dont l'univers associé est un ensemble fini Ω.
On considère une probabilité $\mathbb{P} : \mathscr{P}(\Omega) \to [0, 1]$ et trois événements A, B et C.

1. La probabilité qu'au moins un des trois événements se réalise est : $\mathbb{P}(A \cap B \cap C)$ — ☐ Vrai ☐ Faux
2. Si $\mathbb{P}(A \cap B \cap C) = 0$ alors on peut affirmer que A, B et C sont deux à deux incompatibles. — ☐ Vrai ☐ Faux
3. $\mathbb{P}\left(\overline{A} \cap B\right) = 1 - \mathbb{P}\left(A \cup \overline{B}\right)$ — ☐ Vrai ☐ Faux
4. $\mathbb{P}(A \cup B) = \mathbb{P}(A) + \mathbb{P}(B)$ — ☐ Vrai ☐ Faux
5. Si (A, B, C) est un système complet d'événements alors : — ☐ Vrai ☐ Faux
$$\text{pour } D \in \mathscr{P}(\Omega),\ \mathbb{P}(D) = \mathbb{P}(A \cap D) + \mathbb{P}(B \cap D) + \mathbb{P}(C \cap D)$$
6. Si $\mathbb{P}(A) \leq \mathbb{P}(B)$ alors $A \subset B$. — ☐ Vrai ☐ Faux

Exercice 2 –

Soit $n \in \mathbb{N}^*$. On considère une classe $\Omega = \{x_1, x_2, \dots, x_n\}$ dont les élèves sont numérotés de 1 à n.
Un professeur choisit un élève au hasard pour une interrogation orale. Deux méthodes sont envisagées.

- Méthode 1. Le professeur choisit un espace probabilisé $(\Omega, \mathscr{P}(\Omega), \mathbb{P}_1)$ tel que :
$$\text{Pour tout } i \in \{1, 2, \dots, n\},\ \text{la probabilité } \mathbb{P}_1\left(\{x_i\}\right) = p_i \text{ est proportionnelle à } i.$$
- Méthode 2. Le professeur choisit un espace probabilisé $(\Omega, \mathscr{P}(\Omega), \mathbb{P}_2)$ tel que :
$$\text{Pour tout } i \in \{1, 2, \dots, n\},\ \text{la probabilité } \mathbb{P}_2\left(\{x_i\}\right) = q_i \text{ est proportionnelle à } i^2.$$

1. Calculer la valeur des p_i pour i allant de 1 à n.
2. Calculer la valeur des q_i pour i allant de 1 à n.
3. On nomme pour tout entier naturel $k \in \{1, 2, \dots, n\}, A_k$: « un des k premiers élèves de la liste est interrogé ». Déterminer $\mathbb{P}_1(A_k)$ et $\mathbb{P}_2(A_k)$ pour tout $k \in \{1, 2, \dots, n\}$.
4. Il y a 25 élèves dans la classe, quel est le rang de l'élève qui a la même probabilité d'être interrogé suivant les deux méthodes ?

Maîtriser les méthodes fondamentales

Exercice 3 –

Une urne contient six boules indiscernables au toucher. Il y a une boule numérotée 1, deux boules numérotées 2 et trois boules numérotées 3. On effectue trois tirages aléatoires avec le protocole concernant les deux premiers tirages suivant :

- Si on tire la boule ①, on la remet dans l'urne avant le deuxième tirage,
- Si on tire une boule ②, on ne la remet pas dans l'urne avant le deuxième tirage,
- Si on tire une boule ③, on ne la remet pas dans l'urne et on enlève une deuxième boule ③ de l'urne avant le deuxième tirage.

1. Quelle est la probabilité que la deuxième boule tirée porte le numéro ③ ?
2. Sachant qu'on a obtenu deux numéros identiques, quelle est la probabilité que ce soit le ③ ?
3. Dans tous les cas, la boule tirée lors du deuxième tirage n'est pas remise dans l'urne avant le troisième tirage. Quelle est la probabilité d'avoir obtenu ①②③ dans cet ordre ?

Exercice 4 –

Patrick le poulpe pronostique les résultats des matches de football en ouvrant une boîte aux couleurs de l'équipe gagnante. Le taux de réussite est de 85% et l'octopode choisit l'Allemagne dans 77,25% des cas. Pour finir, 75% de ses bons pronostics désignent l'Allemagne.
Un match oppose l'Allemagne à l'Espagne.

1. Sachant que Patrick s'est trompé, quelle est la probabilité qu'il ait choisi l'Allemagne ?
2. Sachant que Patrick a pronostiqué l'Espagne, quelle est la probabilité de victoire de l'Espagne ?

Exercice 5 –

Un jeu en ligne a deux issues possibles : gagner ou perdre. Soit $p \in [0, 1]$. On suppose que le jeu est réglé de telle sorte que l'internaute conserve son résultat précédent avec la probabilité p et que la première partie est gagnée avec une probabilité de p.
Pour tout entier naturel non nul n, on désigne par G_n : « l'internaute gagne la $n^{\text{ème}}$ partie » et on note p_n la probabilité de l'événement G_n. En particulier, on a $p_1 = p$ et on admet que : $\forall n \in \mathbb{N}^*,\ p_n > 0$

1. Recopier et compléter l'arbre pondéré suivant :

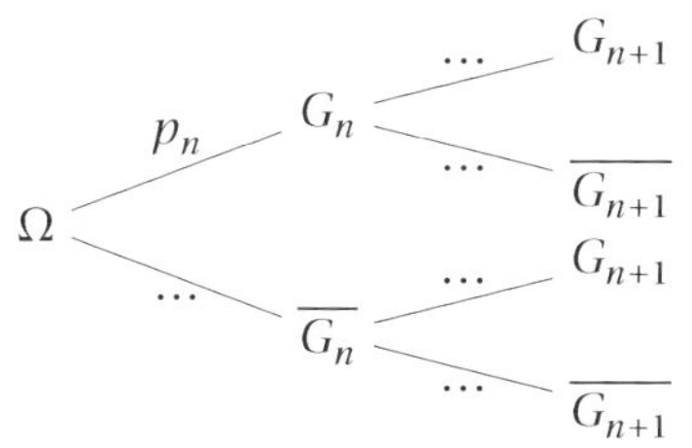

2. Montrer que, pour tout n entier naturel non nul, $p_{n+1} = (2p-1)p_n + 1 - p$.
3. Montrer que, pour tout n entier naturel non nul, $p_n = \frac{1}{2}(2p-1)^n + \frac{1}{2}$.
4. Déterminer la limite de p_n en fonction de la valeur de $p \in [0, 1]$.

Pour aller plus loin

Exercice 6 –

Une urne $\mathcal{U}$ contient des boules blanches et des boules rouges. Soit $p \in]0, 1[$ la proportion de boules blanches. On tire successivement avec remise des boules de l'urne $\mathcal{U}$.

Soit un entier $n \geq 1$, on considère les événements :

- B_n : « la $n^{\text{ème}}$ boule tirée est blanche »,
- R_n : « la $n^{\text{ème}}$ boule tirée est rouge »,
- D_n : « on a eu pour la première fois un doublé blanche-blanche aux $(n-1)^{\text{ème}}$ et $n^{\text{ème}}$ tirages » pour $n \geq 2$,
- C_n : « lors des n premiers tirages, on a eu au moins une fois un doublé blanche-blanche », $n \geq 2$.

On définit la suite $(u_n)_{n\in\mathbb{N}^*}$ par $u_1 = 0$ et pour tout entier $n \geq 2$, $u_n = \mathbb{P}(D_n)$.

On admet que $(\Omega, \mathscr{P}(\Omega), \mathbb{P})$ est un espace probabilisé modélisant l'expérience.

A. Cas général

1. Exprimer u_2 et u_3 en fonction de p.
2. Prouver que $(R_1, B_1 \cap R_2, D_2)$ est un système complet d'événements.
3. En déduire que pour tout entier $n \geq 1$: $u_{n+2} = (1-p)u_{n+1} + p(1-p)u_n$.
4. Démontrer que l'équation caractéristique de la suite récurrente linéaire d'ordre 2 $(u_n)_{n\geq 1}$ admet deux racines réelles distinctes r_1 et r_2.
5. Expliciter le terme général de la suite $(u_n)_{n\in\mathbb{N}^*}$ en fonction de r_1 et de r_2.

B. Applications

1. Dans cette question, on suppose qu'il y a autant de boules blanches que de boules rouges.
   Établir que : $\forall n \geq 1,\ u_n = \dfrac{1}{2\sqrt{5}}\left[\left(\dfrac{1+\sqrt{5}}{4}\right)^{n-1} - \left(\dfrac{1-\sqrt{5}}{4}\right)^{n-1}\right]$.
2. On suppose maintenant que $p = \dfrac{2}{3}$.
   a) Établir que : $\forall n \geq 1,\ u_n = -4\left(-\dfrac{1}{3}\right)^{n+1} + \left(\dfrac{2}{3}\right)^{n+1}$.
   b) Prouver que pour tout entier $n \geq 2$: $\mathbb{P}(C_n) = \dfrac{1}{9}\left(1 - \left(-\dfrac{1}{3}\right)^{n-1}\right) + \dfrac{8}{9}\left(1 - \left(\dfrac{2}{3}\right)^{n-1}\right)$.
   c) On considère l'événement C : « On a eu au moins une fois un doublé blanche-blanche ».
   À l'aide de la question précédente, calculer $\mathbb{P}(C)$. Que dire de l'événement C ?
   On utilisera le résultat suivant : pour toute suite $(A_n)_{n\in\mathbb{N}}$ d'éléments de $\mathscr{P}(\Omega)$ croissante au sens de l'inclusion ($\forall n \in \mathbb{N},\ A_n \subset A_{n+1}$) :

$$\mathbb{P}\left(\bigcup_{n\in\mathbb{N}} A_n\right) = \lim_{n\to+\infty} \mathbb{P}(A_n)$$

Exercice 7 – Le vrai/faux de la fin

Lors du jeu télévisé *Let's make a deal*, un candidat se trouve face à trois portes fermées. Une voiture se cache derrière une de ces portes tandis que derrière chacune des deux autres se cache une chèvre. Le jeu, présenté par Monty Hall, se déroule en trois temps :

- Le candidat choisit une porte qui reste close.
- Monty Hall, qui sait depuis le début derrière quelle porte se trouve la voiture, ouvre une des portes qui n'est ni celle choisie par le candidat, ni celle dissimulant la voiture.
- Le candidat, qui n'a plus que deux portes fermées devant lui, a alors le choix entre deux stratégies avant d'ouvrir pour de bon une porte :
  - ◇ Stratégie A : conserver la porte qu'il avait choisie initialement,
  - ◇ Stratégie B : changer de porte et ouvrir celle qu'il n'avait pas choisie initialement.

1. Quelle que soit la stratégie choisie par le candidat, la probabilité de gagner la voiture est $\frac{1}{2}$. ☐ Vrai ☐ Faux
2. Le candidat a intérêt à conserver la porte qu'il avait choisie initialement. ☐ Vrai ☐ Faux
3. Le candidat a intérêt à changer de porte. ☐ Vrai ☐ Faux
4. On suppose ici que le candidat a choisi initialement la porte ①.
   Pour $i \in \{1, 2, 3\}$, on note :
   - V_i : « la voiture est derrière la porte i »
   - O_i : « Monty Hall ouvre la porte i »

   ☐ Vrai ☐ Faux

   On a :

$$\mathbb{P}_{O_2}(V_3) = \frac{2}{3}$$

Solution des exercices

Exercice 1 –

1. La probabilité qu'au moins un des trois événements se réalise est : ☐ Vrai ☒ Faux

$$\mathbb{P}(A \cup B \cup C)$$

2. On lance un dé équilibré et on nomme A, B et C les événements suivants : ☐ Vrai ☒ Faux
   - A : « le résultat obtenu est impair. »
   - B : « le résultat obtenu est inférieur ou égal à 3. »
   - C : « le résultat obtenu est supérieur ou égal à 5. »

   On a $A \cap B \cap C = \emptyset$ mais $A \cap B = \{1, 3\} \neq \emptyset$ et $A \cap C = \{5\} \neq \emptyset$.
3. $\mathbb{P}\left(\overline{A} \cap B\right) = 1 - \mathbb{P}\left(\overline{\overline{A} \cap B}\right) = 1 - \mathbb{P}\left(A \cup \overline{B}\right)$ ☒ Vrai ☐ Faux
4. $\mathbb{P}(A \cup B) = \mathbb{P}(A) + \mathbb{P}(B) - \mathbb{P}(A \cap B)$ ☐ Vrai ☒ Faux
5. C'est la formule des probabilités totales. ☒ Vrai ☐ Faux
6. En reprenant l'exemple du dé et les événements A, B et C nommés plus haut : $\mathbb{P}(C) = \frac{1}{3} \leq \frac{1}{2} = \mathbb{P}(B)$ mais $C \not\subset B$. ☐ Vrai ☒ Faux

   La propriété est : $[A \subset B] \Rightarrow [\mathbb{P}(A) \leq \mathbb{P}(B)]$.

Cours

Soit un univers fini Ω. Une application $\mathbb{P} : \mathscr{P}(\Omega) \to [0, 1]$ est une probabilité sur $(\Omega, \mathscr{P}(\Omega))$ si :

- Normalisation : $\mathbb{P}(\Omega) = 1$
- Additivité : $\forall A, B \in \mathscr{P}(\Omega),\ A \cap B = \emptyset \Rightarrow \mathbb{P}(A \cup B) = \mathbb{P}(A) + \mathbb{P}(B)$

Cours

Soit $(\Omega, \mathscr{P}(\Omega), \mathbb{P})$ un espace probabilisé et $A, B \in \mathscr{P}(\Omega)$, alors :

- $\mathbb{P}(\emptyset) = 0$
- $\mathbb{P}\left(\overline{A}\right) = 1 - \mathbb{P}(A)$
- Soit $n \in \mathbb{N}^*$ et $\{A_1, A_2, A_3, \ldots, A_n\}$ une famille d'événements 2 à 2 incompatibles.

$$\mathbb{P}\left(\bigcup_{k=0}^{n} A_k\right) = \sum_{k=0}^{n} \mathbb{P}(A_k)$$

- $\mathbb{P}(A \cup B) = \mathbb{P}(A) + \mathbb{P}(B) - \mathbb{P}(A \cap B)$
- Si $A \subset B$ alors $\mathbb{P}(A) \leq \mathbb{P}(B)$ et plus exactement $\mathbb{P}(B \setminus A) = \mathbb{P}\left(B \cap \overline{A}\right) = \mathbb{P}(B) - \mathbb{P}(A)$.

Exercice 2 –

Cours

- Soit $\mathbb{P}$ une probabilité sur $(\Omega, \mathscr{P}(\Omega))$ avec $\Omega = \{x_1, x_2, \dots, x_n\}$ fini.
Pour tout $i \in \{1, 2, \dots, n\}$, on pose $\mathbb{P}(\{x_i\}) = p_i$.
On a alors pour tout $i \in \{1, 2, \dots, n\}$, $p_i \in [0, 1]$ et $\sum_{i=1}^{n} p_i = 1$.
- Réciproquement la donnée de n réels positifs $p_1, p_2, \dots, p_n$ tels que $\sum_{i=1}^{n} p_i = 1$ définit une probabilité $\mathbb{P}$ sur $(\Omega, \mathscr{P}(\Omega))$ telle que $\mathbb{P}(\{x_i\}) = p_i$ pour tout $i \in \{1, 2, \dots, n\}$.
- L'unique probabilité $\mathbb{P}$ telle que $p_1 = p_2 = \cdots = p_n = \dfrac{1}{n}$ est appelée probabilité uniforme sur $(\Omega, \mathscr{P}(\Omega))$.

1. $\exists \lambda \in \mathbb{R}$, $\forall i \in \{1, 2, \dots, n\}$, $p_i = \lambda \times i$. Comme $p_i \geq 0$ alors il faut $\lambda \geq 0$. De plus on a :

$$\sum_{i=1}^{n} p_i = 1 \iff \lambda \sum_{i=1}^{n} i = 1 \iff \lambda \times \frac{n(n+1)}{2} = 1 \iff \lambda = \frac{2}{n(n+1)}$$

On a bien $\lambda \geq 0$ donc :

$$\forall i \in \{1, 2, \dots, n\},\ \mathbb{P}_1(\{x_i\}) = p_i = \frac{2i}{n(n+1)}$$

2. $\exists \mu \in \mathbb{R}$, $\forall i \in \{1, 2, \dots, n\}$, $q_i = \mu \times i^2$. Comme $q_i \geq 0$ alors il faut $\mu \geq 0$. De plus on a :

$$\sum_{i=1}^{n} q_i = 1 \iff \mu \sum_{i=1}^{n} i^2 = 1 \iff \lambda \times \frac{n(n+1)(2n+1)}{6} = 1 \iff \mu = \frac{6}{n(n+1)(2n+1)}$$

On a bien $\mu \geq 0$ donc :

$$\forall i \in \{1, 2, \dots, n\},\ \mathbb{P}_2(\{x_i\}) = q_i = \frac{6i^2}{n(n+1)(2n+1)}$$

3. Soit $k \in \{1, 2, \dots, n\}$. $A_k = \bigcup_{i=1}^{k} \{i\}$, union d'événements 2 à 2 incompatibles, par additivité, on a :

$$\mathbb{P}_1(A_k) = \sum_{i=1}^{k} p_i = \frac{2}{n(n+1)} \sum_{i=1}^{k} i = \frac{2}{n(n+1)} \times \frac{k(k+1)}{2} = \frac{k(k+1)}{n(n+1)}$$

$$\mathbb{P}_2(A_k) = \sum_{i=1}^{k} q_i = \frac{6}{n(n+1)(2n+1)} \sum_{i=1}^{k} i^2 = \frac{k(k+1)(2k+1)}{n(n+1)(2n+1)}$$

4. On résout pour $i \in \{1, 2, \dots, n\}$:

$$p_i = q_i \iff \frac{2i}{n(n+1)} = \frac{6i^2}{n(n+1)(2n+1)}$$
$$\iff i = \frac{2n+1}{3}$$

Si $n = 25$ alors $i = 17$ et $p_i = \dfrac{2 \times 17}{25 \times 26} = \dfrac{17}{325}$.
Le 17ème élève de la classe a 17 chances sur 325 d'être interrogé, quelle que soit la méthode choisie par le professeur.

Exercice 3 –

Notons pour $k \in \{1, 2, 3\}$, U_k (resp. D_k et T_k) l'événement « la $k^{\text{ème}}$ boule est un ① » (resp. ② et ③).

1. La famille (U_1, D_1, T_1) est un système complet d'événements de probabilité non nulle.

Cours

Un système complet d'événements est une famille d'événements $(A_i)_{1 \leq i \leq n}$ telle que :

- $\forall (i, j) \in \{1, 2, \dots, n\}^2,\ i \neq j \Rightarrow A_i \cap A_j = \emptyset$ (événements 2 à 2 incompatibles),
- $\bigcup_{i=1}^{n} A_i = \Omega$.

On applique la formule des probabilités totales avec ce système complet d'événements :

$$\mathbb{P}(T_2) = \mathbb{P}(U_1)\,\mathbb{P}_{U_1}(T_2) + \mathbb{P}(D_1)\,\mathbb{P}_{D_1}(T_2) + \mathbb{P}(T_1)\,\mathbb{P}_{T_1}(T_2)$$

- Sachant que l'événement U_1 est réalisé, on a remis la boule ① avant le deuxième tirage. Par équiprobabilité on a donc :
$$\mathbb{P}_{U_1}(T_2) = \frac{1}{2}$$
- Sachant que l'événement D_1 est réalisé, on a retiré la boule ② avant le deuxième tirage. Par équiprobabilité on a donc :
$$\mathbb{P}_{D_1}(T_2) = \frac{3}{5}$$
- Sachant que l'événement T_1 est réalisé, on a retiré deux boules ③ avant le deuxième tirage. Par équiprobabilité on a donc :
$$\mathbb{P}_{T_1}(T_2) = \frac{1}{4}$$

Ainsi :

$$\mathbb{P}(T_2) = \frac{1}{6} \times \frac{1}{2} + \frac{1}{3} \times \frac{3}{5} + \frac{1}{2} \times \frac{1}{4}$$
$$= \frac{49}{120}$$

Cours – Formule des probabilités totales.

Soit $(A_i)_{1\leq i\leq n}$ un système complet d'événements tel que : $\forall i \in \{1,2,\dots,n\}$, $\mathbb{P}(A_i) \neq 0$.
On a alors pour tout $B \in \mathscr{P}(\Omega)$:

$$\mathbb{P}(B) = \sum_{i=1}^{n} \mathbb{P}_{A_i}(B)\mathbb{P}(A_i)$$

2. Notons A : « les deux tirages amènent le même numéro ».

$$A = (U_1 \cap U_2) \cup (D_1 \cap D_2) \cup (T_1 \cap T_2)$$

Les événements étant deux à deux incompatibles, on a :

$$\begin{aligned}\mathbb{P}(A) &= \mathbb{P}(U_1 \cap U_2) + \mathbb{P}(D_1 \cap D_2) + \mathbb{P}(T_1 \cap T_2)\\ &= \mathbb{P}(U_1)\,\mathbb{P}_{U_1}(U_2) + \mathbb{P}(D_1)\,\mathbb{P}_{D_1}(D_2) + \mathbb{P}(T_1)\,\mathbb{P}_{T_1}(T_2)\\ &= \frac{1}{6} \times \frac{1}{6} + \frac{1}{3} \times \frac{1}{5} + \frac{1}{2} \times \frac{1}{4}\\ &= \frac{79}{360}\end{aligned}$$

Cours – Probabilités conditionnelles.
Soit $A, B \in \mathscr{P}(\Omega)$ avec $\mathbb{P}(B) \neq 0$.
La probabilité conditionnelle de A sachant B est : $\mathbb{P}_B(A) = \dfrac{\mathbb{P}(A \cap B)}{\mathbb{P}(B)}$.

On a :

$$\begin{aligned}\mathbb{P}_A(T_1 \cap T_2) &= \frac{\mathbb{P}(A \cap T_1 \cap T_2)}{\mathbb{P}(A)}\\ &= \frac{\mathbb{P}(T_1 \cap T_2)}{\mathbb{P}(A)}\\ &= \frac{1/8}{79/360}\\ &= \frac{45}{79}\end{aligned}$$

3. On utilise la formule des probabilités composées.

Cours – Formule des probabilités composées.
Soit $n \in \mathbb{N}^*$ et $A_1, A_2, \dots, A_n$ des événements tels que $\mathbb{P}(A_1 \cap A_2 \cap \dots \cap A_{n-1}) > 0$, alors :

$$\mathbb{P}(A_1 \cap A_2 \cap \dots \cap A_n) = \mathbb{P}(A_1)\,\mathbb{P}_{A_1}(A_2)\,\mathbb{P}_{A_1 \cap A_2}(A_3) \dots \mathbb{P}_{A_1 \cap \dots \cap A_{n-1}}(A_n)$$

$$\mathbb{P}(U_1) = \frac{1}{6} \neq 0 \quad \text{et} \quad \mathbb{P}(U_1 \cap D_2) = \mathbb{P}(U_1)\,\mathbb{P}_{U_1}(D_2) = \frac{1}{6} \times \frac{1}{3} = \frac{1}{18} \neq 0$$

Donc, d'après la formule des probabilités composées, on a :

$$\begin{aligned}\mathbb{P}(U_1 \cap D_2 \cap T_3) &= \mathbb{P}(U_1)\,\mathbb{P}_{U_1}(D_2)\,\mathbb{P}_{U_1 \cap D_2}(T_3)\\ &= \frac{1}{6} \times \frac{1}{3} \times \frac{3}{5}\\ &= \frac{1}{30}\end{aligned}$$

> Après le deuxième tirage, on n'a pas remis la boule ②, avant le dernier tirage, l'urne contient : ①②③③③.

Exercice 4 –

Notons R : « Patrick a raison » et A : « Patrick a choisi l'Allemagne » et schématisons :

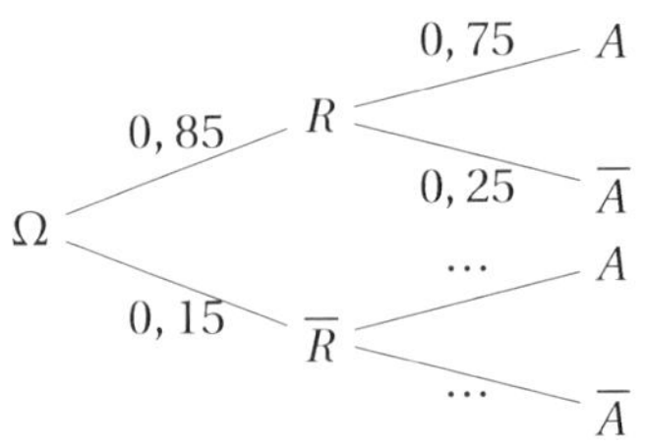

1. On calcule $\mathbb{P}\left(\overline{R}\right)$:

$$\begin{aligned}\mathbb{P}\left(\overline{R}\right) &= 1 - \mathbb{P}(R)\\ &= 1 - 0,85\\ &= 0,15 \neq 0\end{aligned}$$

On calcule $\mathbb{P}(R \cap A)$:

$$\begin{aligned}\mathbb{P}(R \cap A) &= \mathbb{P}(R)\mathbb{P}_R(A)\\ &= 0,85 \times 0,75\\ &= 0,6375\end{aligned}$$

On cherche à calculer $\mathbb{P}_{\overline{R}}(A) = \dfrac{\mathbb{P}\left(\overline{R} \cap A\right)}{\mathbb{P}\left(\overline{R}\right)}$.

La formule des probabilités totales avec le système complet d'événements $\left(R, \overline{R}\right)$ nous donne :

$$\begin{aligned}&\mathbb{P}(A) = \mathbb{P}(R \cap A) + \mathbb{P}\left(\overline{R} \cap A\right)\\ \iff &0,7725 = 0,6375 + \mathbb{P}\left(\overline{R} \cap A\right)\\ \iff &\mathbb{P}\left(\overline{R} \cap A\right) = 0,135\end{aligned}$$

Enfin on a :

$$\mathbb{P}_{\overline{R}}(A) = \frac{0,135}{0,15} = 0,9$$

2. $\mathbb{P}_{\overline{A}}(R) = \dfrac{\mathbb{P}\left(\overline{A} \cap R\right)}{\mathbb{P}\left(\overline{A}\right)} = \dfrac{\mathbb{P}(R)\mathbb{P}_R\left(\overline{A}\right)}{\mathbb{P}\left(\overline{A}\right)}$ avec $\mathbb{P}\left(\overline{A}\right) = 1 - \mathbb{P}(A) = 1 - 0,7725 = 0,2275$.

$\mathbb{P}_{\overline{A}}(R) = \dfrac{0,85 \times 0,25}{0,2275} \approx 0{,}934$.

Voilà ce qu'il arrive quand un poulpe parie trop souvent sur l'Allemagne.

Exercice 5 –

1. D'après l'énoncé : $\mathbb{P}_{G_n}\left(G_{n+1}\right) = \mathbb{P}_{\overline{G_n}}\left(\overline{G_{n+1}}\right) = p$.

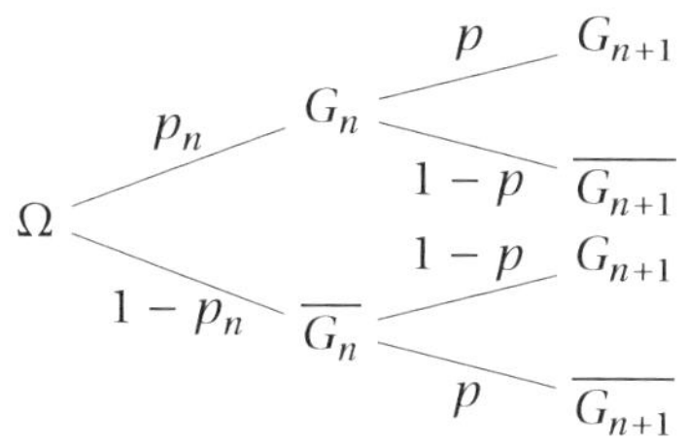

2. Soit n un entier naturel non nul. La formule des probabilités totales avec le système complet d'événements $\left(G_n, \overline{G_n}\right)$ en admettant que $\mathbb{P}(G_n) \neq 0$ et $\mathbb{P}\left(\overline{G_n}\right) \neq 0$ permet d'écrire :

$$\begin{aligned}
\mathbb{P}\left(G_{n+1}\right) &= \mathbb{P}\left(G_n\right)\mathbb{P}_{G_n}\left(G_{n+1}\right) + \mathbb{P}\left(\overline{G_n}\right)\mathbb{P}_{\overline{G_n}}(G_{n+1}) \\
&= p_n \times p + (1 - p_n) \times (1 - p) \\
&= p_n \times p + 1 - p - p_n + p_n \times p \\
&= (2p - 1)p_n + 1 - p
\end{aligned}$$

Ainsi :

$$\forall n \geq 1,\ p_{n+1} = (2p - 1)p_n + 1 - p$$

3.
- Si $p = 1$ alors toutes les parties jouées sont gagnées :

$$\forall n \geq 1,\ p_n = 1 = \frac{1}{2} \times (2 \times 1 - 1)^n + \frac{1}{2}$$

La relation est donc vraie pour $p = 1$.

- Si $p \neq 1$ la suite $\left(p_n\right)_{n \geq 1}$ est arithmético-géométrique.

Cours – Suite arithmético-géométrique.

On dit qu'une suite $(u_n)_{n\in\mathbb{N}}$ est arithmético-géométrique s'il existe $(a, b) \in \mathbb{R}^2$ tel que :

$$\forall n \in \mathbb{N},\ u_{n+1} = au_n + b$$

- Si $a = 1$ alors la suite $(u_n)_{n\in\mathbb{N}}$ est arithmétique et :

$$\forall n \in \mathbb{N},\ u_n = u_0 + nb$$

- Si $a \neq 1$ alors :
  - On note c l'unique solution de l'équation $x = ax + b$.
  - La suite $(v_n)_{n\in\mathbb{N}}$ définie par :

$$\forall n \in \mathbb{N},\ v_n = u_n - c$$

  est géométrique de raison a.
  On a alors :

$$\forall n \in \mathbb{N},\ u_n = (u_0 - c)a^n + c$$

On résout :

$$\begin{aligned} x = (2p-1)x + 1 - p &\iff x(1 - 2p + 1) = 1 - p \\ &\iff x = \frac{1-p}{2-2p} \quad \text{car } p \neq 1 \\ &\iff x = \frac{1}{2} \end{aligned}$$

Donc $c = \frac{1}{2}$. La suite $(v_n)_{n\in\mathbb{N}}$ définie par :

$$\forall n \in \mathbb{N},\ v_n = p_n - \frac{1}{2}$$

est géométrique de raison $2p - 1$.

On a enfin :

$$\begin{aligned} \forall n \geq 1,\ p_n &= \left(p_1 - \frac{1}{2}\right)(2p-1)^{n-1} + \frac{1}{2} \\ &= \left(p - \frac{1}{2}\right)(2p-1)^{n-1} + \frac{1}{2} \\ &= \frac{2p-1}{2} \times (2p-1)^{n-1} + \frac{1}{2} \\ &= \frac{1}{2}(2p-1)^n + \frac{1}{2} \end{aligned}$$

Un raisonnement par récurrence donnait aussi la réponse à cette question.

4. • Si $p = 1$, la suite $(p_n)_{n\in\mathbb{N}^*}$ est constante, $p_n = 1$ pour tout $n \geq 1$ donc $\lim\limits_{n\to+\infty} p_n = 1$,

• Si $p = 0$, $p_n = \frac{1}{2}\left((-1)^n + 1\right) = \begin{cases} 0 & \text{si } n \text{ impair} \\ 1 & \text{si } n \text{ pair} \end{cases}$
L'internaute gagne une fois sur deux et la suite $(p_n)_{n\in\mathbb{N}^*}$ diverge.

• Si $p \in]0,1[$, $|2p-1| < 1$ donc $\lim\limits_{n\to+\infty} (2p-1)^n = 0$ et ainsi $\lim\limits_{n\to+\infty} p_n = \frac{1}{2}$.

Exercice 6 –

A. Cas général

1. On a $D_2 = B_1 \cap B_2$ et $D_3 = R_1 \cap B_1 \cap B_2$

Cours – Indépendance de deux événements.
Deux événements A et B sont indépendants si : $\mathbb{P}(A \cap B) = \mathbb{P}(A)\mathbb{P}(B)$.

Les tirages étant effectués au hasard et avec remise, par indépendance des tirages, on a :

$$\begin{aligned} u_2 &= \mathbb{P}(D_2) \\ &= \mathbb{P}(B_1 \cap B_2) \\ &= \mathbb{P}(B_1)\,\mathbb{P}(B_2) \\ &= p^2 \end{aligned}$$

Et

$$\begin{aligned} u_3 &= \mathbb{P}(D_3) \\ &= \mathbb{P}(R_1 \cap B_2 \cap B_3) \\ &= \mathbb{P}(R_1)\,\mathbb{P}(B_2)\,\mathbb{P}(B_3) \\ &= p^2(1-p) \end{aligned}$$

2. Notons $A_1 = R_1$, $A_2 = B_1 \cap R_2$ et $A_3 = D_2 = B_1 \cap B_2$.
On a :

$$A_1 \cup A_2 \cup A_3 = R_1 \cup (B_1 \cap R_2) \cup (B_1 \cap B_2) = R_1 \cup \left(B_1 \cap \underbrace{(R_2 \cup B_2)}_{\Omega}\right) = R_1 \cup B_1 = \Omega$$

De plus :

$$A_1 \cap A_2 = \underbrace{R_1 \cap B_1}_{\emptyset} \cap R_2 = \emptyset, \quad A_1 \cap A_3 = \underbrace{R_1 \cap B_1}_{\emptyset} \cap B_2 = \emptyset$$

Et

$$A_2 \cap A_3 = B_1 \cap R_2 \cap B_1 \cap B_2 = B_1 \cap \underbrace{R_2 \cap B_2}_{\emptyset} = \emptyset$$

Ainsi (A_1, A_2, A_3) est un système complet d'événements.

3. Soit $n \geq 2$.La formule des probabilités totales avec le système complet d'événements de probabilité non nulle $(R_1, B_1 \cap R_2, D_2)$ nous permet d'écrire :

$$\mathbb{P}(D_{n+2}) = \underbrace{\mathbb{P}(R_1)}_{1-p}\mathbb{P}_{R_1}(D_{n+2}) + \underbrace{\mathbb{P}(B_1 \cap R_2)}_{p(1-p)}\mathbb{P}_{B_1\cap R_2}(D_{n+2}) + \underbrace{\mathbb{P}(D_2)}_{p^2}\mathbb{P}_{D_2}(D_{n+2})$$

- Sachant que l'événement R_1 est réalisé, on remet les compteurs à zéro après le premier tirage, ainsi, obtenir pour la première fois blanche-blanche lors des $(n+1)^{\text{ème}}$ et $(n+2)^{\text{ème}}$ tirages revient à l'obtenir lors des $n^{\text{ème}}$ et $(n+1)^{\text{ème}}$ tirage après le premier tirage. Par indépendance, les tirages $2, 3, \dots, n+2$ se déroulant dans les mêmes conditions que les tirages $1, 2, \dots, n+1$, la probabilité de l'événement D_{n+2} sachant R_1 est la même que celle de D_{n+1}. On a donc :
$$\mathbb{P}_{R_1}(D_{n+2}) = \mathbb{P}(D_{n+1})$$
- Sachant que $B_1 \cap R_2$ est réalisé, on remet les compteurs à zéro après le deuxième tirage, ainsi, obtenir pour la première fois blanche-blanche lors des $(n+1)^{\text{ème}}$ et $(n+2)^{\text{ème}}$ tirages revient à l'obtenir lors des $(n-1)^{\text{ème}}$ et $n^{\text{ème}}$ tirage après le deuxième tirage. Par indépendance, les tirages $3, 4, \dots, n+2$ se déroulant dans les mêmes conditions que les tirages $1, 2, \dots, n$, la probabilité de l'événement D_{n+2} sachant $B_1 \cap R_2$ est la même que celle de D_n. On a donc :
$$\mathbb{P}_{B_1\cap R_2}(D_{n+2}) = \mathbb{P}(D_n)$$
- $\mathbb{P}_{D_2}(D_{n+2}) = 0$ car sachant que la première fois a eu lieu aux premier et deuxième tirages, il ne peut y avoir de première fois aux $(n+1)^{\text{ème}}$ et $(n+2)^{\text{ème}}$ tirages.

On a donc :

$$\forall n \geq 2,\ u_{n+2} = (1-p)u_{n+1} + p(1-p)u_n$$

On a de plus $(1-p)u_2 + p(1-p)u_1 = (1-p)p^2 = u_3$. La relation est donc vérifiée pour $n = 1$. Ainsi on a :

$$\forall n \geq 1,\ u_{n+2} = (1-p)u_{n+1} + p(1-p)u_n$$

4. La suite $(u_n)_{n\in\mathbb{N}^*}$ satisfait à une relation de récurrence linéaire d'ordre 2 d'équation caractéristique :

$$(E) : r^2 = (1-p)r + p(1-p)$$

Dont le discriminant est

$$\Delta = (1-p)^2 + 4p(1-p)$$

Comme $p \in]0, 1[$, alors le discriminant Δ est strictement positif et l'équation caractéristique (E) admet deux racines réelles distinctes r_1 et r_2.

5. r_1 et r_2 sont les deux racines réelles distinctes de l'équation caractéristique de la suite $(u_n)_{n\in\mathbb{N}^*}$. Ainsi il existe deux réels λ et μ tels que :

$$\forall n \geq 1,\ u_n = \lambda r_1^n + \mu r_2^n$$

On résout le système :

$$\begin{cases} u_1 = 0 \\ u_2 = p^2 \end{cases} \iff \begin{cases} \lambda r_1 + \mu r_2 = 0 \\ \lambda r_1^2 + \mu r_2^2 = p^2 \end{cases} \iff \begin{cases} \lambda r_1 + \mu r_2 = 0 \\ \mu r_2(r_2 - r_1) = p^2 \end{cases} \iff \begin{cases} \lambda = \dfrac{p^2}{r_1(r_1 - r_2)} \\ \mu = \dfrac{p^2}{r_2(r_2 - r_1)} \end{cases}$$

B. Applications

1. On suppose qu'il y a autant de boules blanches que de boules rouges. On a donc $p = \frac{1}{2}$.

La suite $(u_n)_{n \in \mathbb{N}^*}$ est définie par $u_1 = 0$, $u_2 = \frac{1}{4}$ et :

$$\forall n \geq 1,\ u_{n+2} = \frac{1}{2} u_{n+1} + \frac{1}{4} u_n$$

Les racines de l'équation caractéristique $r^2 = \frac{1}{2} r + \frac{1}{4}$ sont $r_1 = \frac{1 - \sqrt{5}}{4}$ et $r_2 = \frac{1 + \sqrt{5}}{4}$.
On a donc :

$$\forall n \geq 1,\ u_n = \lambda \left(\frac{1 - \sqrt{5}}{4} \right)^n + \mu \left(\frac{1 + \sqrt{5}}{4} \right)^n$$

Comme $r_1 - r_2 = -\frac{\sqrt{5}}{2}$ alors on a :

$$\begin{cases} \lambda = \dfrac{p^2}{r_1(r_1 - r_2)} = \dfrac{1}{4} \times \dfrac{1}{\frac{1-\sqrt{5}}{4} \times \left(-\frac{\sqrt{5}}{2} \right)} = \dfrac{2}{5 - \sqrt{5}} \\ \mu = \dfrac{p^2}{r_2(r_2 - r_1)} = \dfrac{1}{4} \times \dfrac{1}{\frac{1+\sqrt{5}}{4} \times \frac{\sqrt{5}}{2}} = \dfrac{2}{5 + \sqrt{5}} \end{cases}$$

On a donc :

$$\forall n \geq 1,\ u_n = \frac{2}{\sqrt{5}(\sqrt{5} - 1)} \left(\frac{1 - \sqrt{5}}{4} \right)^n + \frac{2}{\sqrt{5}(\sqrt{5} + 1)} \left(\frac{1 + \sqrt{5}}{4} \right)^n$$

Après simplifications, on a finalement :

$$\forall n \geq 1,\quad u_n = \frac{1}{2\sqrt{5}} \left[\left(\frac{1 + \sqrt{5}}{4} \right)^{n-1} - \left(\frac{1 - \sqrt{5}}{4} \right)^{n-1} \right]$$

2. On suppose maintenant que $p = \frac{2}{3}$.

a) La suite $(u_n)_{n \in \mathbb{N}^*}$ est définie par $u_1 = 0$, $u_2 = \frac{4}{9}$ et :

$$\forall n \geq 1,\ u_{n+2} = \frac{1}{3} u_{n+1} + \frac{2}{9} u_n$$

Les racines de l'équation caractéristique $r^2 = \frac{1}{3} r + \frac{2}{9}$ sont $r_1 = -\frac{1}{3}$ et $r_2 = \frac{2}{3}$.
On a donc :

$$\forall n \geq 1,\ u_n = \lambda \left(-\frac{1}{3} \right)^n + \mu \left(\frac{2}{3} \right)^n$$

Comme $r_1 - r_2 = -1$ alors on a :

$$\begin{cases} \lambda = \dfrac{p^2}{r_1(r_1 - r_2)} = \dfrac{4}{9} \times \dfrac{1}{-\frac{1}{3} \times (-1)} = \dfrac{4}{3} \\ \mu = \dfrac{p^2}{r_2(r_2 - r_1)} = \dfrac{4}{9} \times \dfrac{1}{\frac{2}{3} \times 1} = \dfrac{2}{3} \end{cases}$$

On a donc :

$$\forall n \geq 1,\ u_n = \frac{4}{3}\left(-\frac{1}{3}\right)^n + \frac{2}{3}\left(\frac{2}{3}\right)^n$$

Soit :

$$\forall n \geq 1,\ u_n = -4\left(-\frac{1}{3}\right)^{n+1} + \left(\frac{2}{3}\right)^{n+1}$$

b) Soit $n \geq 2$. Obtenir, lors des n premiers tirages, au moins une fois blanche-blanche, revient à l'obtenir soit aux tirages 1 et 2, soit aux tirages 2 et 3,..., soit aux tirages $n-1$ et n.

Ainsi pour tout $n \geq 2$, on a $C_n = \bigcup_{k=2}^{n} D_k$ qui est une union d'événements deux à deux incompatibles puisqu'il n'y a qu'une seule première fois. On a donc :

$$\begin{aligned} \mathbb{P}(C_n) &= \mathbb{P}\left(\bigcup_{k=2}^{n} D_k\right) \\ &= \sum_{k=2}^{n} \mathbb{P}(D_k) \\ &= \sum_{k=2}^{n} u_k \\ &= \sum_{k=2}^{n} \left(-4\left(-\frac{1}{3}\right)^{k+1} + \left(\frac{2}{3}\right)^{k+1}\right) \\ &= -4\sum_{k=2}^{n}\left(-\frac{1}{3}\right)^{k+1} + \sum_{k=2}^{n}\left(\frac{2}{3}\right)^{k+1} \end{aligned}$$

On reconnaît deux sommes de suites géométriques de raisons respectives $-\dfrac{1}{3} \neq 1$ et $\dfrac{2}{3} \neq 1$. Par conséquent :

$$\mathbb{P}(C_n) = -4 \times \left(-\frac{1}{27}\right) \times \frac{1-(-1/3)^{n-1}}{1-(-1/3)} + \frac{8}{27} \times \frac{1-(2/3)^{n-1}}{1-(2/3)}$$

Et après simplifications :

$$\forall n \geq 2,\ \mathbb{P}(C_n) = \frac{1}{9}\left(1 - \left(-\frac{1}{3}\right)^{n-1}\right) + \frac{8}{9}\left(1 - \left(\frac{2}{3}\right)^{n-1}\right)$$

c) On considère l'événement C : « On a eu au moins une fois un doublé blanche-blanche ».
On a $C = \bigcup_{n\geq 2} C_n$. Soit $n \geq 2$. On a :

$$C_n = \bigcup_{k=2}^{n} D_k \subset \bigcup_{k=2}^{n+1} D_k = C_{n+1}$$

La suite d'événements $(C_n)_{n\geq 2}$ est donc croissante au sens de l'inclusion.
Le théorème de la limite monotone nous permet donc d'écrire :

$$\begin{aligned}\mathbb{P}(C) &= \mathbb{P}\left(\bigcup_{n\geq 2} C_n\right)\\ &= \lim_{n\to+\infty} \mathbb{P}(C_n)\\ &= \lim_{n\to+\infty}\left(\frac{1}{9}\left(1-\left(-\frac{1}{3}\right)^{n-1}\right)+\frac{8}{9}\left(1-\left(\frac{2}{3}\right)^{n-1}\right)\right)\\ &= \frac{1}{9}+\frac{8}{9}\\ &= 1\end{aligned}$$

On est allé un peu plus loin que le programme puisque l'univers est ici infini !

L'événement C est dit presque sûr puisque $\mathbb{P}(C) = 1$.

Exercice 7 –

1. Faux.

2. Faux.

3. Vrai.

4. Vrai. (V_1, V_2, V_3) est un système complet d'événements de probabilité non nulle :

$$\mathbb{P}(V_1) = \mathbb{P}(V_2) = \mathbb{P}(V_3) = \frac{1}{3}$$

Le candidat a initialement choisi la porte ①. Trois cas de figure se présentent :

- La voiture est cachée derrière la porte ① que le candidat a désignée. Monty Hall peut indifféremment ouvrir la porte ② ou la porte ③. On a donc :

$$\mathbb{P}_{V_1}(O_2) = \frac{1}{2}$$

- La voiture est cachée derrière la porte ②. Monty Hall ouvre forcément la porte ③. On a donc :

$$\mathbb{P}_{V_2}(O_2) = 0$$

- La voiture est cachée derrière la porte ③. Monty Hall ouvre forcément la porte ②. On a donc :

$$\mathbb{P}_{V_3}(O_2) = 1$$

D'après la formule de Bayes :

$$\begin{aligned}\mathbb{P}_{O_2}(V_3) &= \frac{\mathbb{P}(V_3)\mathbb{P}_{V_3}(O_2)}{\mathbb{P}(V_1)\mathbb{P}_{V_1}(O_2) + \mathbb{P}(V_2)\mathbb{P}_{V_2}(O_2) + \mathbb{P}(V_3)\mathbb{P}_{V_3}(O_2)} \\ &= \frac{\frac{1}{3} \times 1}{\frac{1}{3} \times \frac{1}{2} + \frac{1}{3} \times 0 + \frac{1}{3} \times 1} \\ &= \frac{2}{3}\end{aligned}$$

Sachant que Monty Hall a ouvert la porte ②, la probabilité que la voiture soit cachée derrière la porte ③ est $\frac{2}{3}$. Comme la porte initialement choisie par le candidat était la ①, si le joueur change de porte (stratégie B), alors la probabilité de gagner la voiture est $\frac{2}{3}$.
Le résultat aurait été le même en supposant que le candidat avait initialement choisi la porte ② ou la porte ③ : opter pour la stratégie B (changer de porte) double les chances de gagner.

Cours – Formule de Bayes.

Soit $(A_i)_{1 \leq i \leq n}$ un système complet d'événements tel que : $\forall i \in \{1, 2, ..., n\}$, $\mathbb{P}(A_i) \neq 0$.
On a alors pour tout $B \in \mathscr{P}(\Omega)$ tel que $\mathbb{P}(B) \neq 0$:

$$\forall k \in \{1, 2, ..., n\},\ \mathbb{P}_B(A_k) = \frac{\mathbb{P}(A_k)\,\mathbb{P}_{A_k}(B)}{\sum_{i=1}^{n} \mathbb{P}(A_i)\,\mathbb{P}_{A_i}(B)}$$

26 Indépendance d'événements

Maîtriser le cours

Exercice 1 – Le vrai/faux du début

1. Deux événements incompatibles sont indépendants. ☐ Vrai ☐ Faux
2. Deux événements indépendants sont incompatibles. ☐ Vrai ☐ Faux
3. Soit A et B deux événements indépendants : ☐ Vrai ☐ Faux

$$\mathbb{P}(A \cup B) = \mathbb{P}(A) + \mathbb{P}(B)$$

4. Soit A et B deux événements indépendants : ☐ Vrai ☐ Faux

$$\mathbb{P}(A \cup B) = \mathbb{P}(A) + \mathbb{P}(B)(1 - \mathbb{P}(A))$$

5. Deux événements de probabilité non nulle peuvent être indépendants et incompatibles. ☐ Vrai ☐ Faux
6. Soit A, B et C trois événements mutuellement indépendants : ☐ Vrai ☐ Faux

$$\mathbb{P}(A \cap B \cap C) = \mathbb{P}(A)\mathbb{P}(B)\mathbb{P}(C)$$

7. Soit A, B et C tels que $\mathbb{P}(A \cap B \cap C) = \mathbb{P}(A)\mathbb{P}(B)\mathbb{P}(C)$ alors A, B et C sont des événements mutuellement indépendants. ☐ Vrai ☐ Faux
8. Pour prouver que quatre événements A, B, C et D sont mutuellement indépendants, on doit établir 11 égalités. ☐ Vrai ☐ Faux

Exercice 2 –

Soit $(\Omega, \mathscr{P}(\Omega), \mathbb{P})$ un espace probabilisé. Démontrer que si A et B sont des événements indépendants alors $\overline{A}$ et $\overline{B}$ sont des événements indépendants.

Exercice 3 –

Étudier l'indépendance des familles d'événements suivantes :

1. On lance un dé tétraédrique (4 faces) équilibré : $A = \{1, 2\}$, $B = \{2, 3\}$, $C = \{2, 4\}$.
2. On lance un dé octaédrique (8 faces) équilibré : $A = \{2, 4, 6, 8\}$, $B = \{5, 6, 7, 8\}$, $C = \{1, 3, 5, 8\}$.
3. On lance un dé octaédrique équilibré : $A = \{1, 4, 6, 8\}$, $B = \{5, 6, 7, 8\}$, $C = \{1, 3, 5, 8\}$.

Maîtriser les méthodes fondamentales

Exercice 4 –

On lance indéfiniment une pièce équilibrée. Pour tout $k \in \mathbb{N}^*$, on considère les événements :

- P_k : « le $k^{\text{ème}}$ lancer donne un pile »,
- F_k : « le $k^{\text{ème}}$ lancer donne un face ».

A. pile-face

Pour tout entier $n \geq 2$, on nomme S_n l'événement « on obtient pour la première fois pile puis face dans cet ordre aux lancers $n-1$ et n » et on pose $u_n = \mathbb{P}(S_n)$.

1. Calculer u_2 et u_3.
2. Exprimer pour tout entier $n \geq 3$ l'événement S_n comme réunion de $n-1$ événements incompatibles.
3. En déduire que :

$$\forall n \geq 2,\ u_n = \frac{n-1}{2^n}$$

B. pile-pile-face

Pour tout entier $k \geq 3$, on nomme T_k l'événement « on obtient pile, pile puis face dans cet ordre aux lancers $k-2$, $k-1$ et k » et on pose :

$$\forall n \geq 3,\ V_n = \bigcup_{k=3}^{n} T_k$$

Pour tout entier $n \geq 3$, on pose $v_n = \mathbb{P}(V_n)$.

1. Interpréter l'événement V_n pour $n \geq 3$.
2. Justifier que la suite $(v_n)_{n \geq 3}$ est convergente.
3. Déterminer $\mathbb{P}(T_n)$ pour $n \geq 3$.
4. Justifier que les événements T_n, T_{n+1} et T_{n+2} sont deux à deux incompatibles pour $n \geq 3$.
5. Calculer v_3, v_4 et v_5.
6. Prouver que :

$$\forall n \geq 5,\ V_n \cap T_{n+1} = V_{n-2} \cap T_{n+1}$$

   En déduire la valeur de $\mathbb{P}(V_n \cap T_{n+1})$ pour $n \geq 5$.

7. Prouver que :

$$\forall n \geq 5,\ v_{n+1} = \frac{1}{8}(1 - v_{n-2}) + v_n$$

8. On pose $v_1 = v_2 = 0$. Vérifier que la relation précédente est encore vraie pour $n = 3$ et $n = 4$.
9. En déduire la limite de la suite $(v_n)_{n \geq 3}$.

Pour aller plus loin

Exercice 5 –

Nous allons démontrer la proposition suivante :

> **Cours**
>
> Soit $(\Omega, \mathscr{P}(\Omega), \mathbb{P})$ un espace probabilisé, $n \in \mathbb{N}^*$ et $(A_i)_{1 \leq i \leq n}$ une famille d'événements mutuellement indépendants, alors la famille $(B_i)_{1 \leq i \leq n}$ telle que pour tout $1 \leq i \leq n$, $B_i = A_i$ ou $B_i = \overline{A_i}$ est aussi formée d'événements mutuellement indépendants.

L'ordre des B_i n'ayant pas d'importance, il suffit de prouver par récurrence sur $k \in \{1, \ldots, n\}$ que la famille $(B_i)_{1 \leq i \leq n}$ est formée d'événements mutuellement indépendants avec pour tout $1 \leq i \leq k$, $B_i = \overline{A_i}$ et, pour tout $k+1 \leq i \leq n$, $B_i = A_i$.

1. Pour l'initialisation, montrer que les événements $\overline{A_1}, A_2, \ldots, A_n$ sont mutuellement indépendants.
2. Conclure.

Exercice 6 – Le vrai/faux de la fin

On lance une pièce dont la probabilité d'obtenir pile est $\alpha \in]0, 1[$.
Si la pièce tombe sur pile, on tire consécutivement et avec remise deux boules d'une urne $\mathcal{U}_1$ contenant une proportion $p \in]0, 1[$ de boules rouges.
Si la pièce tombe sur face, on tire consécutivement et avec remise deux boules d'une urne $\mathcal{U}_2$ contenant une proportion $q \in]0, 1[$ de boules rouges.
On considère les événements :

- U_1 : « la pièce est tombée sur pile »,
- U_2 : « la pièce est tombée sur face »,
- R_1 : « la première boule tirée est rouge »,
- R_2 : « la seconde boule tirée est rouge ».

1. $\mathbb{P}(R_1) = \alpha p + (1 - \alpha) q$ ☐ Vrai ☐ Faux
2. Les événements U_1 et R_1 sont indépendants. ☐ Vrai ☐ Faux
3. Les événements $U_1 \cap R_1$ et $U_2 \cap R_2$ sont incompatibles. ☐ Vrai ☐ Faux
4. $\mathbb{P}(R_1) = \mathbb{P}(R_2)$ ☐ Vrai ☐ Faux
5. $\mathbb{P}_{R_1}(R_2) = \dfrac{\alpha p^2 + (1-\alpha) q^2}{\alpha p + (1-\alpha) q}$ ☐ Vrai ☐ Faux
6. R_1 et R_2 sont indépendants. ☐ Vrai ☐ Faux
7. R_1 et R_2 sont indépendants si et seulement si $p = q$ et $\alpha = \dfrac{1}{2}$. ☐ Vrai ☐ Faux

Solution des exercices

Exercice 1 –

1. Il suffit de considérer A tel que $\mathbb{P}(A) \in\ ]0,1[$, A et $\overline{A}$ sont incompatibles. $\mathbb{P}(A) \times \mathbb{P}\left(\overline{A}\right) \neq 0$ et $\mathbb{P}\left(A \cap \overline{A}\right) = 0$. ☐ Vrai ☒ Faux
2. On lance un dé tétraédrique (4 faces) et on considère les événements, $A = \{1, 3\}$ et $B = \{3, 4\}$. Par équiprobabilité : ☐ Vrai ☒ Faux

$$\mathbb{P}(A) \times \mathbb{P}(B) = \frac{1}{2} \times \frac{1}{2} = \frac{1}{4} = \mathbb{P}(A \cap B)$$

A et B sont indépendants sans être incompatibles puisque $A \cap B = \{3\}$.

3. Voir ci-dessus : A et B sont indépendants sans être incompatibles donc ☐ Vrai ☒ Faux

$$\mathbb{P}(A \cup B) = \mathbb{P}(A) + \mathbb{P}(B) - \mathbb{P}(A \cap B) < \mathbb{P}(A) + \mathbb{P}(B)$$

4. A et B indépendants : ☒ Vrai ☐ Faux

$$\mathbb{P}(A \cup B) = \mathbb{P}(A) + \mathbb{P}(B) - \mathbb{P}(A \cap B)$$

$$\mathbb{P}(A \cup B) = \mathbb{P}(A) + \mathbb{P}(B) - \mathbb{P}(A)\mathbb{P}(B) = \mathbb{P}(A) + \mathbb{P}(B)(1 - \mathbb{P}(A))$$

5. A et B indépendants : $\mathbb{P}(A \cap B) = \mathbb{P}(A)\mathbb{P}(B)$, A et B incompatibles : $\mathbb{P}(A \cap B) = 0$. On a donc, si A et B indépendants et incompatibles : $\mathbb{P}(A)\mathbb{P}(B) = 0$ d'où $\mathbb{P}(A) = 0$ ou $\mathbb{P}(B) = 0$. ☐ Vrai ☒ Faux
6. C'est une condition nécessaire … ☒ Vrai ☐ Faux
7. … mais pas suffisante. ☐ Vrai ☒ Faux
8. Il y a $6 + 4 + 1 = 11$ égalités à établir : ☒ Vrai ☐ Faux
   - Deux par deux : on choisit deux événements R et S parmi $\{A, B, C, D\}$ et on vérifie que $\mathbb{P}(R \cap S) = \mathbb{P}(R)\mathbb{P}(S)$. Il y a $\binom{4}{2} = 6$ égalités.
   - Trois par trois : on choisit trois événements R, S et T parmi $\{A, B, C, D\}$ et on vérifie que $\mathbb{P}(R \cap S \cap T) = \mathbb{P}(R)\mathbb{P}(S)\mathbb{P}(T)$. Il y a $\binom{4}{3} = 4$ égalités.
   - quatre par quatre : $\mathbb{P}(A \cap B \cap C \cap D) = \mathbb{P}(A)\mathbb{P}(B)\mathbb{P}(C)\mathbb{P}(D)$ est la dernière égalité à établir.

Cours

Soit $(\Omega, \mathscr{P}(\Omega), \mathbb{P})$ un espace probabilisé et $(A_i)_{1\leq i\leq n}$ une famille de $\mathscr{P}(\Omega)$. On dit que les événements A_i sont mutuellement indépendants si :

$$\text{Pour toute partie } J \subset \{1, 2, \dots, n\},\ \mathbb{P}\left(\bigcap_{j\in J} A_j\right) = \prod_{j\in J} \mathbb{P}(A_j)$$

À retenir

- Ne pas confondre événements incompatibles et événements indépendants !
- L'indépendance d'une famille implique clairement l'indépendance des événements de la famille pris deux par deux. La réciproque est fausse.

Exercice 2 –

A et B sont des événements indépendants donc $\mathbb{P}(A \cap B) = \mathbb{P}(A)\mathbb{P}(B)$.

$$\begin{aligned}
\mathbb{P}\left(\overline{A} \cap \overline{B}\right) &= 1 - \mathbb{P}\left(\overline{\overline{A} \cap \overline{B}}\right) \\
&= 1 - \mathbb{P}(A \cup B) \\
&= 1 - (\mathbb{P}(A) + \mathbb{P}(B) - \mathbb{P}(A \cap B)) \\
&= 1 - \mathbb{P}(A) - \mathbb{P}(B) + \mathbb{P}(A)\mathbb{P}(B) \\
&= (1 - \mathbb{P}(A))(1 - \mathbb{P}(B)) \\
&= \mathbb{P}\left(\overline{A}\right)\mathbb{P}\left(\overline{B}\right)
\end{aligned}$$

Lois de De Morgan : $\overline{A \cap B} = \overline{A} \cup \overline{B}$ et $\overline{A \cup B} = \overline{A} \cap \overline{B}$

Donc $\overline{A}$ et $\overline{B}$ sont des événements indépendants.

Exercice 3 –

1. $\Omega = \{1, 2, 3, 4\}$, $A = \{1, 2\}$, $B = \{2, 3\}$, $C = \{2, 4\}$ et il y a équiprobabilité.

$$\mathbb{P}(A) = \mathbb{P}(B) = \mathbb{P}(C) = \frac{1}{2}$$

$$\mathbb{P}(A \cap B) = \mathbb{P}(A \cap C) = \mathbb{P}(B \cap C) = \mathbb{P}(\{2\}) = \frac{1}{4}$$

On a donc :

$$\mathbb{P}(A \cap B) = \mathbb{P}(A)\mathbb{P}(B), \quad \mathbb{P}(A \cap C) = \mathbb{P}(A)\mathbb{P}(C) \quad \text{et} \quad \mathbb{P}(B \cap C) = \mathbb{P}(B)\mathbb{P}(C)$$

Les événements sont deux à deux indépendants, cependant :

$$\mathbb{P}(A \cap B \cap C) = \mathbb{P}(\{2\}) = \frac{1}{4} \neq \mathbb{P}(A)\mathbb{P}(B)\mathbb{P}(C) = \frac{1}{8}$$

On a ici l'indépendance 2 par 2 mais pas 3 par 3 !

Donc la famille n'est pas mutuellement indépendante.

2. $\Omega = \{1,2,3,4,5,6,7,8\}$, $A = \{2,4,6,8\}$, $B = \{5,6,7,8\}$, $C = \{1,3,5,8\}$ et il y a équiprobabilité.

$$\mathbb{P}(A) = \mathbb{P}(B) = \mathbb{P}(C) = \frac{1}{2}$$

$$\mathbb{P}(A \cap B \cap C) = \mathbb{P}(\{8\}) = \frac{1}{8} = \mathbb{P}(A)\mathbb{P}(B)\mathbb{P}(C)$$

$$\mathbb{P}(A \cap B) = \mathbb{P}(\{6,8\}) = \frac{1}{4} = \mathbb{P}(A)\mathbb{P}(B)$$

$$\mathbb{P}(B \cap C) = \mathbb{P}(\{5,8\}) = \frac{1}{4} = \mathbb{P}(A)\mathbb{P}(B)$$

$$\text{mais } \mathbb{P}(A \cap C) = \mathbb{P}(\{8\}) = \frac{1}{8} \neq \mathbb{P}(A)\mathbb{P}(B)$$

La famille n'est pas mutuellement indépendante.

> On a ici l'indépendance 3 par 3 mais pas 2 par 2 ! Avec un peu d'intuition, il aurait suffit de s'intéresser à $\mathbb{P}(A \cap C)$ pour gagner du temps.

3. $\Omega = \{1,2,3,4,5,6,7,8\}$, $A = \{1,4,6,8\}$, $B = \{5,6,7,8\}$, $C = \{1,3,5,8\}$ et il y a équiprobabilité.

$$\mathbb{P}(A) = \mathbb{P}(B) = \mathbb{P}(C) = \frac{1}{2}$$

$$\mathbb{P}(A \cap B \cap C) = \mathbb{P}(\{8\}) = \frac{1}{8} = \mathbb{P}(A)\mathbb{P}(B)\mathbb{P}(C)$$

$$\mathbb{P}(A \cap B) = \mathbb{P}(\{6,8\}) = \frac{1}{4} = \mathbb{P}(A)\mathbb{P}(B)$$

$$\mathbb{P}(B \cap C) = \mathbb{P}(\{5,8\}) = \frac{1}{4} = \mathbb{P}(A)\mathbb{P}(B)$$

$$\mathbb{P}(A \cap C) = \mathbb{P}(\{1,8\}) = \frac{1}{4} = \mathbb{P}(A)\mathbb{P}(B)$$

La famille est mutuellement indépendante.

> On a ici l'indépendance 3 par 3 et 2 par 2 d'où l'indépendance mutuelle.

À retenir

Pour prouver l'indépendance d'une famille de n événements $(A_i)_{1\leq i\leq n}$ où $n \in \mathbb{N}^*$, il faut établir l'indépendance des événements pris 2 par 2, 3 par 3, … , $(n-1)$ par $(n-1)$ et n par n.

Exercice 4 –

A. pile-face

1. On a $S_2 = P_1 \cap F_2$ et par indépendance des lancers :

$$u_2 = \mathbb{P}(S_2) = \mathbb{P}(P_1 \cap F_2) = \mathbb{P}(P_1)\mathbb{P}(F_2) = \frac{1}{2} \times \frac{1}{2} = \frac{1}{4}$$

On a $S_3 = (P_1 \cap P_2 \cap F_3) \cup (F_1 \cap P_2 \cap F_3)$ donc :

$$\begin{aligned} u_3 &= \mathbb{P}(S_3) \\ &= \mathbb{P}((P_1 \cap P_2 \cap F_3) \cup (F_1 \cap P_2 \cap F_3)) \quad \text{union d'événements incompatibles} \\ &= \mathbb{P}(P_1 \cap P_2 \cap F_3) + \mathbb{P}(F_1 \cap P_2 \cap F_3) \\ &= \underbrace{\mathbb{P}(P_1)\mathbb{P}(P_2)\mathbb{P}(F_3)}_{1/8} + \underbrace{\mathbb{P}(F_1)\mathbb{P}(P_2)\mathbb{P}(F_3)}_{1/8} \quad \text{par indépendance des lancers} \\ &= \frac{1}{4} \end{aligned}$$

2. Pour simplifier l'écriture, nous allons omettre les symboles $\cap$ écrivant par exemple P_1F_2 à la place de $P_1 \cap F_2$. Soit $n \geq 3$. On a :

$$S_n = P_1P_2 \dots P_{n-1}F_n \cup F_1P_2 \dots P_{n-1}F_n \cup F_1F_2P_3 \dots P_{n-1}F_n \cup \dots \cup F_1F_2 \dots F_{n-2}P_{n-1}F_n$$

On pose $A_0 = P_1P_2 \dots P_{n-2}$ et pour tout $k \in \{1, \dots, n-3\}$:

$$A_k = F_1 \dots F_kP_{k+1} \dots P_{n-2}$$

Et $A_{n-2} = F_1 \dots F_{n-2}$.
On a donc :

$$S_n = \bigcup_{k=0}^{n-2} (A_k \cap P_{n-1}F_n)$$

Et cette union est formée de $n-1$ événements deux à deux incompatibles.

3. On a donc, par incompatibilité, pour tout entier $n \geq 3$:

$$u_n = \mathbb{P}(S_n) = \sum_{k=0}^{n-2} \mathbb{P}((A_k \cap P_{n-1}F_n)$$

Les résultats des $n-2$ premiers lancers sont indépendants des résultats des lancers suivants donc les événements A_k, P_{n-1} et F_n sont mutuellement indépendants.
De plus, par indépendance des lancers :

$$\forall k \in \{0, 1, \dots, n-2\},\ \mathbb{P}(A_k) = \left(\frac{1}{2}\right)^{n-2}$$

On a donc :

$$\begin{aligned} u_n &= \sum_{k=0}^{n-2} \mathbb{P}(A_k) \underbrace{\mathbb{P}(P_{n-1})\mathbb{P}(F_n)}_{1/4} \\ &= \sum_{k=0}^{n-2} \left(\frac{1}{2}\right)^n \\ &= \frac{n-1}{2^n} \end{aligned}$$

La somme de $k = 0$ à $k = n-2$ comporte $n-1$ termes.

B. pile-pile-face

1. Soit $n \geq 3$. V_n est l'événement :
« lors des n premiers lancers, on obtient au moins une fois la suite pile-pile-face ».

2. Soit $n \geq 3$. On a :

$$V_n = \bigcup_{k=3}^{n} T_k \subset \bigcup_{k=3}^{n+1} T_k = V_{n+1}$$

Donc

$$v_n = \mathbb{P}(V_n) \leq \mathbb{P}(V_{n+1}) = v_{n+1}$$

La suite $(v_n)_{n\geq 3}$ est donc croissante et majorée par 1. La suite $(v_n)_{n\geq 3}$ est convergente.

3. Soit $n \geq 3$:

$$\begin{aligned}\mathbb{P}(T_n) &= \mathbb{P}(P_{n-2}P_{n-1}F_n)\\ &= \mathbb{P}(P_{n-2})\mathbb{P}(P_{n-1})\mathbb{P}(F_n) \quad \text{par indépendance des lancers}\\ &= \frac{1}{8}\end{aligned}$$

4. Soit $n \geq 3$:

$$T_n = P_{n-2}P_{n-1}F_n, \quad T_{n+1} = P_{n-1}P_nF_{n+1} \quad \text{et} \quad T_{n+2} = P_nP_{n+1}F_{n+2}$$

Le $n^{\text{ème}}$ lancer ne peut amener à la fois un pile et un face donc :

$$T_n \cap T_{n+1} = T_n \cap T_{n+2} = \varnothing$$

Le $(n+1)^{\text{ème}}$ lancer ne peut amener à la fois un pile et un face donc :

$$T_{n+1} \cap T_{n+2} = \varnothing$$

Les événements T_n, T_{n+1} et T_{n+2} sont donc deux à deux incompatibles.

5.
- $v_3 = \mathbb{P}(T_3) = \dfrac{1}{8}$
- Par incompatibilité de T_3 et T_4 :

$$v_4 = \mathbb{P}(T_3 \cup T_4) = \mathbb{P}(T_3) + \mathbb{P}(T_4) = \frac{1}{8} + \frac{1}{8} = \frac{1}{4}$$

- Pour finir, comme T_3, T_4 et T_5 sont deux à deux incompatibles :

$$v_5 = \mathbb{P}(T_3 \cup T_4 \cup T_5) = \mathbb{P}(T_3) + \mathbb{P}(T_4) + \mathbb{P}(T_5) = \frac{1}{4} + \frac{1}{8} = \frac{3}{8}$$

6. Soit $n \geq 5$. $V_n = \displaystyle\bigcup_{k=3}^{n} T_k = \bigcup_{k=3}^{n-2} T_k \cup T_{n-1} \cup T_n = V_{n-2} \cup T_{n-1} \cup T_n$

$$\begin{aligned}V_n \cap T_{n+1} &= (V_{n-2} \cup T_{n-1} \cup T_n) \cap T_{n+1}\\ &= (V_{n-2} \cap T_{n+1}) \cup \overbrace{(T_{n-1} \cap T_{n+1})}^{\varnothing} \cup \overbrace{(T_n \cap T_{n+1})}^{\varnothing}\\ &= V_{n-2} \cap T_{n+1}\end{aligned}$$

> $(A \cup B) \cap C = (A \cap C) \cup (B \cap C)$
> $(A \cap B) \cup C = (A \cup C) \cap (B \cup C)$

L'événement V_{n-2} ne dépend que des résultats des $n-2$ premiers lancers de pièce tandis que l'événement T_{n+1} ne dépend que des résultats à partir du $(n-1)^{\text{ème}}$ lancer.

> Il aurait été ici inconscient de parier sur l'indépendance des événements V_n et T_{n+1}. La notion d'indépendance n'est pas intuitive !

Par indépendance des lancers, V_{n-2} et T_{n+1} sont indépendants.
On a donc :

$$\mathbb{P}(V_n \cap T_{n+1}) = \mathbb{P}(V_{n-2} \cap T_{n+1}) = \mathbb{P}(V_{n-2})\mathbb{P}(T_{n+1}) = \frac{1}{8}\, v_{n-2}$$

Ainsi : $\forall n \geq 5$, $\mathbb{P}(V_n \cap T_{n+1}) = \dfrac{1}{8}\, v_{n-2}$.

7. Soit $n \geq 5$:

$$\begin{aligned} v_{n+1} &= \mathbb{P}(V_{n+1}) \\ &= \mathbb{P}(V_n \cup T_{n+1}) \\ &= \mathbb{P}(V_n) + \mathbb{P}(T_{n+1}) - \mathbb{P}(V_n \cap T_{n+1}) \\ &= v_n + \frac{1}{8} - \frac{1}{8} v_{n-2} \\ &= v_n + \frac{1}{8}(1 - v_{n-2}) \end{aligned}$$

8.
- Pour $n = 4$: $v_4 + \frac{1}{8}(1 - v_2) = \frac{1}{4} + \frac{1}{8} = \frac{3}{8} = v_5$
- Pour $n = 3$: $v_3 + \frac{1}{8}(1 - v_1) = \frac{1}{8} + \frac{1}{8} = \frac{1}{4} = v_4$

Ainsi :

$$\forall n \geq 3, \ v_{n+1} = v_n + \frac{1}{8}(1 - v_{n-2}) \quad (\star)$$

9. D'après la question 2, la suite $(v_n)_{n\geq 3}$ est convergente.
Soit $\ell = \lim\limits_{n \to +\infty} v_n$, par passage à la limite dans la relation $(\star)$, on obtient :

$$\ell = \ell + \frac{1}{8}(1 - \ell)$$

Ce qui donne $\ell = 1$. La limite de la suite $(v_n)_{n\geq 3}$ est donc 1.

Exercice 5 –

1. On pose $B_1 = \overline{A_1}$ et pour tout $j \in \{2, 3, \dots, n\}$, $B_j = A_j$.
Soit J une partie de $\{1, \dots, n\}$ ne contenant pas 1 :

$$\mathbb{P}\left(\bigcap_{j\in J} B_j\right) = \mathbb{P}\left(\bigcap_{j\in J} A_j\right) = \prod_{j\in J} \mathbb{P}(A_j) = \prod_{j\in J} \mathbb{P}(B_j)$$

Soit J une partie de $\{1, \dots, n\}$ contenant 1. La formule des probabilités totales avec le système complet d'événements $\left(A_1, \overline{A_1}\right)$ s'écrit :

$$\mathbb{P}\left(\bigcap_{j\in J\setminus\{1\}} A_j\right) = \mathbb{P}\left(A_1 \cap \left(\bigcap_{j\in J\setminus\{1\}} A_j\right)\right) + \mathbb{P}\left(\overline{A_1} \cap \left(\bigcap_{j\in J\setminus\{1\}} A_j\right)\right)$$

$$\prod_{j\in J\setminus\{1\}} \mathbb{P}(A_j) = \mathbb{P}(A_1) \prod_{j\in J\setminus\{1\}} \mathbb{P}(A_j) + \mathbb{P}\left(\overline{A_1} \cap \left(\bigcap_{j\in J\setminus\{1\}} A_j\right)\right)$$ par indépendance mutuelle des A_i.

On a donc :

$$\begin{aligned}\mathbb{P}\left(\overline{A_1}\cap\left(\bigcap_{j\in J\setminus\{1\}}A_j\right)\right)&=\prod_{j\in J\setminus\{1\}}\mathbb{P}(A_j)-\mathbb{P}(A_1)\prod_{j\in J\setminus\{1\}}\mathbb{P}(A_j)\\&=(1-\mathbb{P}(A_1))\prod_{j\in J\setminus\{1\}}\mathbb{P}(A_j)\\&=\mathbb{P}(\overline{A_1})\prod_{j\in J\setminus\{1\}}\mathbb{P}(A_j)\end{aligned}$$

Et finalement :

$$\mathbb{P}\left(\bigcap_{j\in J}B_j\right)=\prod_{j\in J}\mathbb{P}(B_j)$$

Pour toute partie de $\{1, 2, \dots, n\}$, on a donc $\mathbb{P}\left(\bigcap_{j\in J}B_j\right)=\prod_{j\in J}\mathbb{P}(B_j)$ ce qui établit que la famille $(B_1, B_2, \dots, B_n)=\left(\overline{A_1}, A_2, \dots, A_n\right)$ est une famille d'événements mutuellement indépendants.

2. Pour l'hérédité, on suppose que les événements $\overline{A_1}, \overline{A_2}, \dots, \overline{A_k}, A_{k+1}, \dots, A_n$ sont indépendants étant donné un certain entier $k \geq 1$.
En réorganisant nos événements, on a l'indépendance de $A_{k+1}, \overline{A_1}, \overline{A_2}, \dots, \overline{A_k}, A_{k+2}, \dots, A_n$.
On utilise le résultat précédent en remplaçant A_1 par A_{k+1}.
On aboutit à l'indépendance de $\overline{A_{k+1}}, \overline{A_1}, \overline{A_2}, \dots, \overline{A_k}, A_{k+2}, \dots, A_n$. On conclut par principe de récurrence.

Exercice 6 –

1. Vrai. La formule des probabilités totales avec le système complet d'événements (U_1, U_2) donne :

$$\mathbb{P}(R_1)=\mathbb{P}(U_1)\mathbb{P}_{U_1}(R_1)+\mathbb{P}(U_2)\mathbb{P}_{U_2}(R_1)=\alpha p+(1-\alpha)q$$

2. Faux. $\mathbb{P}(U_1\cap R_1)=\mathbb{P}(U_1)\mathbb{P}_{U_1}(R_1)=\alpha p$ tandis que $\mathbb{P}(U_1)\mathbb{P}(R_1)=\alpha(\alpha p+(1-\alpha)q)$.

$$\begin{aligned}&\mathbb{P}(U_1\cap R_1)=\mathbb{P}(U_1)\mathbb{P}(R_1)\\&\iff \alpha p=\alpha(\alpha p+(1-\alpha)q)\quad\text{or }\alpha\neq 0\\&\iff p=\alpha p+(1-\alpha)q\\&\iff (1-\alpha)(p-q)=0\\&\iff p=q\quad\text{car }1-\alpha\in\,]0,1[\end{aligned}$$

Les événements U_1 et R_1 ne sont donc pas toujours indépendants.
Ils sont indépendants si et seulement si $p = q$.

3. Vrai. $U_1\cap R_1\cap U_2\cap R_2=\underbrace{U_1\cap U_2}_{\emptyset}\cap R_1\cap R_2=\emptyset$

4. Vrai. Il y a remise, le calcul de $\mathbb{P}(R_2)$ est identique à celui de $\mathbb{P}(R_1)$.

5. Vrai. $\mathbb{P}(R_1) \neq 0$ et :

$$\begin{aligned}
\mathbb{P}_{R_1}(R_2) &= \frac{\mathbb{P}(R_1 \cap R_2)}{\mathbb{P}(R_2)} \\
&= \frac{\mathbb{P}(U_1)\mathbb{P}_{U_1}(R_1 \cap R_2) + \mathbb{P}(U_1)\mathbb{P}_{U_1}(R_1 \cap R_2)}{\mathbb{P}(R_2)} \\
&= \frac{\alpha p^2 + (1-\alpha)q^2}{\alpha p + (1-\alpha)q}
\end{aligned}$$

6. Faux. $\mathbb{P}(R_1 \cap R_2) = \mathbb{P}(U_1)\mathbb{P}_{U_1}(R_1 \cap R_2) + \mathbb{P}(U_1)\mathbb{P}_{U_1}(R_1 \cap R_2) = \alpha p^2 + (1-\alpha)q^2$ tandis que $\mathbb{P}(R_1)\mathbb{P}(R_2) = (\alpha p + (1-\alpha)q)^2$.

$$\begin{aligned}
&\mathbb{P}(R_1 \cap R_2) = \mathbb{P}(R_1)\mathbb{P}(R_2) \\
&\iff \alpha p^2 + (1-\alpha)q^2 = (\alpha p + (1-\alpha)q)^2 \\
&\iff \alpha p^2 + (1-\alpha)q^2 = \alpha^2 p^2 + (1-\alpha)^2 q^2 + 2\alpha(1-\alpha)pq \\
&\iff \alpha(1-\alpha)p^2 + (1-\alpha)\alpha q^2 - 2\alpha(1-\alpha)pq = 0 \\
&\iff \alpha(1-\alpha)(p^2 + q^2 - 2pq) = 0 \\
&\iff \alpha(1-\alpha)(p-q)^2 = 0 \\
&\iff p = q \text{ car } \alpha \in \left]0, 1\right[
\end{aligned}$$

Il y a donc indépendance entre R_1 et R_2 si et seulement si $p = q$.

7. Faux. R_1 et R_2 sont indépendants si et seulement si $p = q$, peu importe la valeur de $\alpha \in \left]0, 1\right[$.

27 Variables aléatoires réelles discrètes finies

Maîtriser le cours

Exercice 1 – Le vrai/faux du début

Soit un entier naturel n et une variable aléatoire réelle X définie sur un espace probabilisé $(\Omega, \mathscr{P}(\Omega), \mathbb{P})$ d'image $X(\Omega) = \{x_1, x_2, \dots, x_n\}$ (rangés dans l'ordre croissant).

1. Soit $x_k \in X(\Omega)$: ☐ Vrai ☐ Faux

$$(X = x_k) = \{\omega \in \Omega,\ X(\omega) = x_k\}$$

2. Pour tout $k \in \{1, 2, \dots, n\}$, on note $p_k = \mathbb{P}(X = x_k)$: ☐ Vrai ☐ Faux

La donnée des p_k définit la loi de probabilité de X.

3. Soit $k \in \{2, 3, \dots, n\}$. ☐ Vrai ☐ Faux

$$\mathbb{P}(X = x_k) = \mathbb{P}(X < x_k) - \mathbb{P}(X < x_{k-1})$$

4. Soit A un événement : ☐ Vrai ☐ Faux

$$\mathbb{P}(A) = \sum_{k=1}^{n} \mathbb{P}(X = x_k)\mathbb{P}_{(X=x_k)}(A)$$

Exercice 2 –

Soit X une variable aléatoire réelle définie sur un espace probabilisé $(\Omega, \mathscr{P}(\Omega), \mathbb{P})$ dont la loi est donnée ci-dessous :

x	-2	-1	0	1	2
$\mathbb{P}(X = x)$	$1/6$	$1/3$	$1/4$	$1/6$	$1/12$

1. Quelle est l'image $X(\Omega)$?
2. Calculer l'espérance $\mathbb{E}(X)$ de X.
3. Calculer, à l'aide de la formule de transfert, l'espérance $\mathbb{E}(X^2)$ de X^2.
4. En déduire la variance $\mathbb{V}(X)$ de X.

Maîtriser les méthodes fondamentales

Exercice 3 –

Une urne $\mathcal{U}$ contient six boules indiscernables au toucher :
une boule ①, deux boules ② et trois boules ③.
On effectue une succession de tirages aléatoires sans remise jusqu'à ce que l'urne soit vide.
Déterminer la loi de chacune des variables aléatoires discrètes suivantes.

1. U est égale au rang du tirage de la boule ①.
2. T est égale au nombre de boules ③ apparues juste avant le quatrième tirage.
3. S est égale au rang du premier tirage d'une boule de numéro supérieur ou égal à celui de la boule précédente.

Exercice 4 –

Soit n un entier naturel supérieur ou égal à 2, on lance un dé cubique parfaitement équilibré jusqu'à ce que l'une des deux conditions suivantes soit réalisée :
« on a obtenu un 6 » ou « on a obtenu n fois un résultat différent de 6 ».
On considère la variable aléatoire réelle X_n égale au nombre de lancers effectués.

1. Déterminer pour tout entier $k \in \{1, 2, \dots, n\}$, $\mathbb{P}(X_n = k)$.
2. Soit $x \in \mathbb{R}$. Déterminer $F_n(x)$ où F_n est la fonction de répartition de X_n.

Cours

La fonction de répartition de X est $F_X : \mathbb{R} \to [0, 1]$ définie pour tout $x \in \mathbb{R}$ par :

$$F_X(x) = \mathbb{P}(X \leq x) = \mathbb{P}(\{\omega \in \Omega | X(\omega) \leq x\})$$

3. À l'aide de la fonction f définie pour $x \neq 1$ par $f(x) = \sum_{k=0}^{n-1} x^k$, déterminer pour tout réel $x \in \mathbb{R}$, un expression simplifiée de $\sum_{k=1}^{n-1} kx^{k-1}$. En déduire l'espérance $\mathbb{E}(X_n)$ de X_n.

Exercice 5 –

Soit N un entier naturel non nul. On effectue une succession de tirages aléatoires avec remise dans une urne contenant N boules indiscernables au toucher numérotées de 1 à N.
On nomme, pour tout entier naturel non nul n :

- X_n la variable aléatoire égale au nombre de numéros distincts qui ont été tirés au cours des n premiers tirages ;
- Z_n la variable aléatoire prenant la valeur 1 si le $n^{\text{ème}}$ tirage amène un numéro qui n'a pas été tiré lors des précédents tirages et prenant la valeur 0 sinon.

1. Soit $n \in \mathbb{N}^*$. Préciser l'image $X_n(\Omega)$, discuter suivant les valeurs de n.
2. Soit $n \in \mathbb{N}^*$. Exprimer X_n en fonction de certaines variables Z_k. En déduire que :

$$\mathbb{E}(X_n) = \sum_{k=1}^{n} \mathbb{P}(Z_k = 1)$$

3. Soit $n \in \mathbb{N}^*$. Calculer pour tout $k \in X_n(\Omega)$, $\mathbb{P}_{(X_n=k)}(Z_{n+1} = 1)$.

4. En déduire que :

$$\forall n \in \mathbb{N}^*,\ \mathbb{P}(Z_{n+1} = 1) = 1 - \frac{1}{N}\mathbb{E}(X_n) = 1 - \frac{1}{N}\sum_{k=1}^{n} \mathbb{P}(Z_k = 1)$$

5. Prouver par récurrence que :

$$\forall n \in \mathbb{N}^*,\ \mathbb{P}(Z_n = 1) = \left(1 - \frac{1}{N}\right)^{n-1}$$

6. En déduire pour tout entier naturel non nul n une expression de $\mathbb{E}(X_n)$.

Pour aller plus loin

Exercice 6 –

Soit n un entier naturel non nul et X une variable aléatoire réelle d'image $X(\Omega) \subset \{0, 1, \dots, n\}$.

1. **a)** Prouver que $\mathbb{P}(X = k) = \mathbb{P}(X > k - 1) - \mathbb{P}(X > k)$ pour tout entier k allant de 1 à n.

   b) En déduire :

$$\mathbb{E}(X) = \sum_{k=0}^{n-1} \mathbb{P}(X > k) = \sum_{k=1}^{n} \mathbb{P}(X \geq k)$$

2. Soit N et n deux entiers naturels non nuls. On effectue une succession de n tirages aléatoires avec remise dans une urne contenant N boules indiscernables au toucher numérotées de 1 à N.
On nomme, pour i allant de 1 à n, B_i le numéro de la $i^{\text{ème}}$ boule tirée.
On considère la variable aléatoire X égale au plus petit nombre obtenu.
Déterminer la loi de X après avoir justifié que :

$$\forall k \in \{1, 2, \dots, N\},\ (X \geq k) = \bigcap_{i=1}^{n} (B_i \geq k)$$

Puis déterminer l'espérance de X.

Exercice 7 –

Soit n un entier naturel non nul, une urne contient n boules indiscernables au toucher numérotées de 1 à n. On tire aléatoirement une boule dans cette urne et on note le numéro k de cette boule.
On enlève ensuite de l'urne toutes les boules de numéros supérieurs ou égaux à k.
On répète ce protocole jusqu'à obtenir la boule ①.
On nomme, pour tout entier naturel non nul n :

- X_n la variable aléatoire égale au nombre de tirages nécessaires pour obtenir la boule ① ;
- Z_n la variable aléatoire égale au numéro de la première boule tirée.

1. Préciser la loi de probabilité et l'espérance des variables aléatoires réelles X_1 et X_2.
2. Préciser l'image $X_n(\Omega)$.

3. Préciser la valeur de $\mathbb{P}(X_n = 1)$ et de $\mathbb{P}(X_n = n)$.

4. Pour tout entier n supérieur ou égal à 2, montrer que :

$$\forall j \in \mathbb{N}^*, \forall k \in \{2, \dots, n\}, \ \mathbb{P}_{(Z_n=k)}(X_n = j) = \mathbb{P}(X_{k-1} = j - 1)$$

5. Pour tout entier n supérieur ou égal à 2, montrer que :

$$\forall j \geq 2, \ \mathbb{P}(X_n = j) = \frac{1}{n} \sum_{k=1}^{n-1} \mathbb{P}(X_k = j - 1)$$

6. Si n est supérieur ou égal à 3 et si j supérieur ou égal à 2, calculer :

$$n\mathbb{P}(X_n = j) - (n - 1)\mathbb{P}(X_{n-1} = j)$$

7. En déduire, si n est un entier supérieur ou égal à 2, que :

$$\forall j \geq 1, \ \mathbb{P}(X_n = j) = \frac{n-1}{n} \mathbb{P}(X_{n-1} = j) + \frac{1}{n} \mathbb{P}(X_{n-1} = j - 1)$$

8. Pour tout entier n supérieur ou égal à 2, montrer que :

$$\mathbb{E}(X_n) = \mathbb{E}(X_{n-1}) + \frac{1}{n}$$

9. En déduire une expression de $\mathbb{E}(X_n)$.

Exercice 8 – Le vrai/faux de la fin

Soit $p \in \,]0, 1[$. On lance une pièce donnant « *Pile* » avec la probabilité p et « *Face* » avec la probabilité $q = 1 - p$. On suppose $p \neq q$.

Pour tout entier naturel k, supérieur ou égal à 2, on dit que le $k^{\text{ème}}$ lancer est un changement s'il amène un résultat différent de celui du $(k-1)^{\text{ème}}$ lancer. On nomme :

- pour tout entier naturel n supérieur ou égal à 2, X_n la variable aléatoire égale au nombre de changements survenus lors des n premiers lancers ;
- pour tout entier naturel k supérieur ou égal à 2, Z_k la variable aléatoire égale à 1 si le $k^{\text{ème}}$ lancer est un changement et à 0 sinon.

1. $\mathbb{P}(X_n = 0) = p^n + q^n$ ☐ Vrai ☐ Faux

2. $\mathbb{P}(X_n = 1) = 2pq\left(pq^{n-1} + qp^{n-1}\right)$ ☐ Vrai ☐ Faux

3. $\mathbb{E}(X_n) = \sum_{k=2}^{n} \mathbb{P}(Z_k = 1)$ ☐ Vrai ☐ Faux

4. $\mathbb{P}(Z_k = 1) = 2pq$ ☐ Vrai ☐ Faux

5. $\mathbb{E}(X_n) = 2npq$ ☐ Vrai ☐ Faux

Solution des exercices

Exercice 1 –

1. $(X = x_k)$ est un événement. ☒ Vrai ☐ Faux
2. On peut expliciter la loi de X par un tableau ou par une formule. ☒ Vrai ☐ Faux
3. $\forall k \in \{2, 3, \ldots, n\}$: ☐ Vrai ☒ Faux

$$\mathbb{P}(X = x_k) = \mathbb{P}(X \leq x_k) - \mathbb{P}(X \leq x_{k-1})$$

4. La formule des probabilités totales nous donne : ☒ Vrai ☐ Faux

$$\mathbb{P}(A) = \sum_{k=1}^{n} \mathbb{P}(X = x_k)\mathbb{P}_{(X=x_k)}(A)$$

Exercice 2 –

1. L'image de X est : $X(\Omega) = \{-2, -1, 0, 1, 2\}$.
2. L'espérance de X est :

$$\mathbb{E}(X) = -2 \times \frac{1}{6} - 1 \times \frac{1}{3} + 0 \times \frac{1}{4} + 1 \times \frac{1}{6} + 2 \times \frac{1}{12} = -\frac{1}{3}$$

3. À l'aide de la formule de transfert, l'espérance de X^2 est :

$$\mathbb{E}(X) = (-2)^2 \times \frac{1}{6} + (-1)^2 \times \frac{1}{3} + 0^2 \times \frac{1}{4} + 1^2 \times \frac{1}{6} + 2^2 \times \frac{1}{12} = \frac{3}{2}$$

4. Le théorème de Kœnig Huygens nous permet de calculer la variance de X :

$$\mathbb{V}(X) = \mathbb{E}(X^2) - [\mathbb{E}(X)]^2 = \frac{3}{2} - \left(-\frac{1}{3}\right)^2 = \frac{25}{18}$$

Cours

Soit un entier naturel non nul n et une variable aléatoire réelle X définie sur un espace probabilisé $(\Omega, \mathscr{P}(\Omega), \mathbb{P})$ d'image $X(\Omega) = \{x_1, x_2, \ldots, x_n\}$.
On note $\mathbb{E}(X)$ l'espérance de X et $\mathbb{V}(X)$ la variance de X. Alors, on a :

$$\mathbb{E}(X) = \sum_{k=1}^{n} x_k \mathbb{P}(X = x_k) \qquad \mathbb{V}(X) = \mathbb{E}[(X - \mathbb{E}(X))^2]$$

Cours – Formule de transfert.

Soit un entier naturel non nul n et une variable aléatoire réelle X définie sur un espace probabilisé $(\Omega, \mathscr{P}(\Omega), \mathbb{P})$ d'image $X(\Omega) = \{x_1, x_2, \ldots, x_n\}$.
Soit une application $\varphi : \mathbb{R} \to \mathbb{R}$, alors $\varphi(X)$ est une variable aléatoire réelle discrète sur $(\Omega, \mathscr{P}(\Omega), \mathbb{P})$ et :

$$\mathbb{E}(\varphi(X)) = \sum_{k=1}^{n} \varphi(x_k)\mathbb{P}(X = x_k)$$

Cours – Théorème de Kœnig Huygens.

Soit un entier naturel non nul n et une variable aléatoire réelle X définie sur un espace probabilisé $(\Omega, \mathscr{P}(\Omega), \mathbb{P})$ d'image $X(\Omega) = \{x_1, x_2, \dots, x_n\}$.
La variance de X est :

$$\mathbb{V}(X) = \mathbb{E}(X^2) - [\mathbb{E}(X)]^2$$

Exercice 3 –

Méthode

Avant de faire ce genre d'exercice, s'assurer de bien avoir compris l'expérience. Des schémas peuvent aider à la visualisation. ① ②② ③③③

1. La boule ① peut apparaître à n'importe lequel des 6 tirages donc $U(\Omega) = \{1, 2, 3, 4, 5, 6\}$.
Pour tout $k \in \{1, 2, 3, 4, 5, 6\}$, on nomme U_k : « la boule ① est obtenue au $k^{\text{ème}}$ tirage ».
On a $(U = 1) = U_1$ et pour tout $k \in \{2, 3, 4, 5, 6\}$, $(U = k) = \overline{U_1} \cap \dots \cap \overline{U_{k-1}} \cap U_k$.
Les tirages étant sans remise, il n'y a pas d'indépendance des tirages.
La formule des probabilités composées permet de conclure.
$\mathbb{P}(U = 1) = \mathbb{P}(U_1) = \dfrac{1}{6}$ et, pour tout $k \in \{2, 3, 4, 5, 6\}$:

$$\begin{aligned}\mathbb{P}(U = k) &= \mathbb{P}\left(\overline{U_1} \cap \dots \cap \overline{U_{k-1}} \cap U_k\right)\\ &= \mathbb{P}\left(\overline{U_1}\right)\mathbb{P}_{\overline{U_1}}\left(\overline{U_2}\right)\dots\mathbb{P}_{\overline{U_1}\cap\dots\cap\overline{U_{k-1}}}\left(U_k\right)\\ &= \frac{5}{6} \times \frac{4}{5} \times \dots \times \frac{6-k+1}{6-k+2} \times \frac{1}{6-k+1}\\ &= \frac{1}{6} \quad \text{par télescopage}\end{aligned}$$

> On peut souvent utiliser un dénombrement au lieu de la formule des probabilités composées.
> Il y a 6! tirages possibles.
> Pour choisir un tirage favorable à $(U = k)$, on place la boule ① en $k^{\text{ème}}$ position puis on a 5! façons de placer les autres boules.
> Ainsi $\mathbb{P}(U = k) = \dfrac{5!}{6!} = \dfrac{1}{6}$.

On a pour tout $k \in \{1, 2, 3, 4, 5, 6\}$, $\mathbb{P}(X = k) = \dfrac{1}{6}$.

2. Il s'agit de 6 tirages successifs avec remise : il y a ordre sans répétition.
Soit Ω l'ensemble des permutations des 6 boules. On a $\text{card}(\Omega) = 6!$. Soit $\omega \in \Omega$.

On nomme A l'ensemble des 3 boules ③ et B l'ensemble des 3 boules ① ou ②.

Pour construire $\omega \in (T = 0)$ il faut et il suffit de :

- choisir une permutation des trois boules de B obtenues lors des 3 premiers tirages, il y a 3! choix possibles ;
- choisir une permutation des trois boules de A obtenues lors des 3 derniers tirages, il y a 3! choix possibles.

On a donc :

$$\mathbb{P}(T = 0) = \frac{3!\,3!}{6!} = \frac{1}{20}$$

Pour construire $\omega \in (T = 1)$ il faut et il suffit de :

- choisir une boule de A, il y a 3 choix possibles ;
- choisir la place de cette boule dans les 3 premiers tirages, il y a 3 choix possibles ;
- choisir les 2 boules de B obtenues dans les 3 premiers tirages, il s'agit d'une 2-liste d'éléments distincts de B, il y a $\mathcal{A}_3^2 = 6$ choix possibles ;
- choisir une permutation des trois boules restantes obtenues lors des 3 derniers tirages, il y a 3! choix possibles.

On a donc :

$$\mathbb{P}(T = 1) = \frac{3 \times 3 \times 6 \times 3!}{6!} = \frac{9}{20}$$

card(A) = card(B) donc les probabilités des événements $(T = 2)$ et $(T = 3)$ s'obtiennent par symétrie en échangeant les rôles de A et de B. On a ainsi :

$$\mathbb{P}(T = 3) = \mathbb{P}(T = 0) = \frac{1}{20} \quad \text{et} \quad \mathbb{P}(T = 2) = \mathbb{P}(T = 1) = \frac{9}{20}$$

3. Le numéro d'une boule peut être supérieur ou égal à celui du précédent à partir du deuxième tirage et jusqu'au quatrième tirage puisque la seule série de tirages strictement décroissants est ③②①. L'image de la variable aléatoire S est donc $S(\Omega) = \{2, 3, 4\}$.
Notons, pour i allant de 1 à 3, N_i le numéro de la $i^{\text{ème}}$ boule tirée.
$(S = 4) = (N_1 = 3) \cap (N_2 = 2) \cap (N_3 = 1)$, la formule des probabilités composées nous donne :

$$\begin{aligned}\mathbb{P}(S = 4) &= \mathbb{P}\big((N_1 = 3) \cap (N_2 = 2) \cap (N_3 = 1)\big) \\ &= \mathbb{P}(N_1 = 3)\mathbb{P}_{(N_1=3)}(N_2 = 2)\mathbb{P}_{(N_1=3)\cap(N_2=2)}(N_3 = 1) \\ &= \frac{3}{6} \times \frac{2}{5} \times \frac{1}{4} \\ &= \frac{1}{20}\end{aligned}$$

$(S = 2) = (N_1 = 1) \cup ((N_1 = 2) \cap (N_2 \in \{2, 3\})) \cup ((N_1 = 3) \cap (N_2 = 3))$
Les événements étant deux à deux incompatibles, on a :

$$\begin{aligned}\mathbb{P}(S = 2) &= \mathbb{P}(N_1 = 1) + \mathbb{P}((N_1 = 2) \cap (N_2 \in \{2, 3\})) + \mathbb{P}((N_1 = 3) \cap (N_2 = 3)) \\ &= \mathbb{P}(N_1 = 1) + \mathbb{P}(N_1 = 2)\mathbb{P}_{(N_1=2)}(N_2 \in \{2, 3\})) + \mathbb{P}(N_1 = 3)\mathbb{P}_{(N_1=3)}(N_2 = 3) \\ &= \frac{1}{6} + \frac{2}{6} \times \frac{4}{5} + \frac{3}{6} \times \frac{2}{5} \\ &= \frac{19}{30}\end{aligned}$$

L'événement $(S = 3)$ se décompose en une réunion événements deux à deux disjoints :

$$((N_1 = 2) \cap (N_2 = 1)) \cup ((N_1 = 3) \cap (N_2 = 1)) \cup ((N_1 = 3) \cap (N_2 = 2) \cap (N_3 \in \{2, 3\}))$$

De même :

$$\mathbb{P}(S = 3) = \frac{2}{6} \times \frac{1}{5} + \frac{3}{6} \times \frac{1}{5} + \frac{3}{6} \times \frac{2}{5} \times \frac{3}{4} = \frac{19}{60}$$

S'il semble préférable de calculer toutes les probabilités puis de vérifier que leur somme égale 1, on peut toutefois s'éviter un long raisonnement en faisant :
$\mathbb{P}(S = 3) = 1 - (\mathbb{P}(S = 4) + \mathbb{P}(S = 2))$

Exercice 4 –

Pour tout entier k compris entre 1 et n, nommons S_k l'événement : « le $k^{\text{ème}}$ lancer amène un 6 ».

1. L'image de X_n est $X_n(\Omega) = \{1, 2, \dots, n\}$.

Regardons d'abord les cas extrêmes : $\mathbb{P}(X_n = 1) = \mathbb{P}(S_1) = \dfrac{1}{6}$

$$(X_n = n) = \left(\bigcap_{i=1}^{n-1} \overline{S_i} \cap S_n\right) \cup \left(\bigcap_{i=1}^{n} \overline{S_i}\right) = \left(\bigcap_{i=1}^{n-1} \overline{S_i}\right) \cap \underbrace{\left(S_n \cup \overline{S_n}\right)}_{\Omega} = \bigcap_{i=1}^{n-1} \overline{S_i}$$

$(A \cap B) \cup (A \cap C) = A \cap (B \cup C)$

Par la formule des probabilités composées avec $\mathbb{P}\left(\overline{S_1} \cap \dots \cap \overline{S_{n-2}}\right) \neq 0$:

$$\mathbb{P}(X_n = n) = \mathbb{P}\left(\overline{S_1}\right) \mathbb{P}_{\overline{S_1}}\left(\overline{S_2}\right) \dots \mathbb{P}_{\overline{S_1} \cap \dots \cap \overline{S_{n-2}}}\left(\overline{S_{n-1}}\right) = \left(\frac{5}{6}\right)^{n-1}$$

On aurait pu aboutir à ce résultat en factorisant : $\left(\frac{5}{6}\right)^{n-1} \frac{1}{6} + \left(\frac{5}{6}\right)^{n} = \left(\frac{5}{6}\right)^{n-1} \left(\frac{1}{6} + \frac{5}{6}\right) = \left(\frac{5}{6}\right)^{n-1}$

À retenir

Ne pas tout miser sur l'indépendance des lancers.

Ici on a $\mathbb{P}\left(S_1 \cap \overline{S_2}\right) = \mathbb{P}(S_1)\mathbb{P}_{S_1}\left(\overline{S_2}\right) = \dfrac{1}{6} \times 0 = 0 \neq \mathbb{P}(S_1) \times \mathbb{P}\left(\overline{S_2}\right)$.

Les événements $\left\{S_1, \dots, S_n, \overline{S_1}, \dots, \overline{S_n}\right\}$ ne sont pas mutuellement indépendants.

De même :

$$\forall k \in \{1, 2, \dots, n-1\},\ \mathbb{P}(X_n = k) = \mathbb{P}\left(\overline{S_1}\right) \mathbb{P}_{\overline{S_1}}\left(\overline{S_2}\right) \dots \mathbb{P}_{\overline{S_1} \cap \dots \cap \overline{S_{k-1}}}(S_k) = \left(\frac{5}{6}\right)^{k-1} \frac{1}{6}$$

2. Soit $x \in \mathbb{R}$. On a $F_n(x) = \mathbb{P}(X \leq x)$.

- Si $x < 1$ alors $F_n(x) = 0$.
- Si $x \in [1, n[$ alors :

$$\begin{aligned} F_n(x) &= \sum_{k=1}^{\lfloor x \rfloor} \mathbb{P}(X_n = k) \\ &= \sum_{k=1}^{\lfloor x \rfloor} \left(\frac{5}{6}\right)^{k-1} \frac{1}{6} \\ &= \frac{1}{6} \times \frac{1 - \left(\frac{5}{6}\right)^{\lfloor x \rfloor}}{1 - \frac{5}{6}} \\ &= 1 - \left(\frac{5}{6}\right)^{\lfloor x \rfloor} \end{aligned}$$

- Si $x \geq n$, $F_n(x) = \displaystyle\sum_{k=1}^{n} \mathbb{P}(X_n = k) = 1$ puisque l'image est $X_n(\Omega) = \{1, 2, \dots, n\}$.

On peut retrouver ce résultat avec le calcul :

$$\sum_{k=1}^{n} \mathbb{P}(X_n = k) = \sum_{k=1}^{n} \mathbb{P}(X = k) + \mathbb{P}(X = n) = \underbrace{\sum_{k=1}^{n-1} \left(\frac{5}{6}\right)^{k-1} \frac{1}{6}}_{=1-\left(\frac{5}{6}\right)^{n-1}} + \left(\frac{5}{6}\right)^{n-1}$$

3. Comme $x \neq 1$ on peut écrire $f(x) = \sum_{k=0}^{n-1} x^k = \dfrac{1-x^n}{1-x}$.

f est dérivable sur $\mathbb{R}$ et pour $x \neq 1$:

$$\begin{aligned} f'(x) &= \sum_{k=1}^{n-1} kx^{k-1} \text{ car le terme en } k = 0 \text{ est nul} \\ &= \left(\frac{1-x^n}{1-x}\right)' \\ &= \frac{-nx^{n-1}(1-x) + 1 - x^n}{(1-x)^2} \\ &= \frac{1 - x^n - nx^{n-1}(1-x)}{(1-x)^2} \end{aligned}$$

L'image est $X_n(\Omega) = \{1, 2, \ldots, n\}$:

$$\begin{aligned} \mathbb{E}(X_n) &= \sum_{k=1}^{n} k\mathbb{P}(X = k) \\ &= \sum_{k=1}^{n-1} k\mathbb{P}(X = k) + n\mathbb{P}(X = n) \\ &= \sum_{k=1}^{n-1} k \left(\frac{5}{6}\right)^{k-1} \frac{1}{6} + n\left(\frac{5}{6}\right)^{n-1} \\ &= \frac{1}{6}\sum_{k=1}^{n-1} k \left(\frac{5}{6}\right)^{k-1} + n\left(\frac{5}{6}\right)^{n-1} \quad \text{et comme } x = \frac{5}{6} \neq 1 : \\ &= \frac{1}{6} \times \frac{1 - \left(\frac{5}{6}\right)^n - n\left(\frac{5}{6}\right)^{n-1}\left(1 - \frac{5}{6}\right)}{\left(1 - \left(\frac{5}{6}\right)\right)^2} + n\left(\frac{5}{6}\right)^{n-1} \\ &= \frac{1}{6} \times \frac{1 - \left(\frac{5}{6}\right)^n - \frac{n}{6}\left(\frac{5}{6}\right)^{n-1} + \frac{n}{6}\left(\frac{5}{6}\right)^{n-1}}{\left(\frac{1}{6}\right)^2} \\ &= 6\left(1 - \left(\frac{5}{6}\right)^n\right) \end{aligned}$$

Exercice 5 –

1. Si $n \leq N$, lors des n premiers tirages on peut obtenir entre 1 et n numéros distincts.
Si $n > N$, lors des n premiers tirages on peut obtenir entre 1 et N numéros distincts.
L'image de X_n est $X_n(\Omega) = \{1, 2, \dots, \min(n, N)\}$ mais pour la suite, on remarquera que $X_n(\Omega) \subset \{1, 2, \dots, n\}$, au risque d'ajouter des événements de probabilité nulle.

2. Soit $n \in \mathbb{N}^*$. On a :

$$X_n = \sum_{k=1}^{n} Z_k$$

Il s'ensuit, par linéarité de l'espérance :

$$\mathbb{E}(X_n) = \mathbb{E}\left(\sum_{k=1}^{n} Z_k\right) = \sum_{k=1}^{n} \mathbb{E}(Z_k)$$

Or pour tout entier k compris entre 1 et n, $Z_k(\Omega) = \{0, 1\}$ donc :

$$\mathbb{E}(Z_k) = 0 \times \mathbb{P}(Z_k = 0) + 1 \times \mathbb{P}(Z_k = 1) = \mathbb{P}(Z_k = 1)$$

Finalement :

$$\mathbb{E}(X_n) = \sum_{k=1}^{n} \mathbb{P}(Z_k = 1)$$

3. Soit $k \in \{1, 2, \dots, \min(n, N)\}$. Sachant que l'événement $(X_n = k)$ est réalisé, on a tiré lors des n premiers tirages exactement k numéros distincts. Il reste donc $N - k$ numéros n'ayant jamais été tirés. Afin que l'événement $(Z_{n+1} = 1)$ se réalise, il faut et il suffit qu'au $(n+1)^{\text{ème}}$ tirage, on prélève une boule portant un des $N - k$ numéros jamais choisis.
Ainsi, par équiprobabilité des tirages :

$$\mathbb{P}_{(X_n=k)}(Z_{n+1} = 1) = \frac{N-k}{N} = 1 - \frac{k}{N}$$

4. Soit $n \in \mathbb{N}^*$. $X_n(\Omega) \subset \{1, 2, \dots, n\}$ donc la famille $(X_n = k)_{1 \leq k \leq n}$ est un système complet d'événements (certains événements sont vides si $n > N$).

Cours

Si $(X_n = k)_{1 \leq k \leq n}$ est un système complet d'événements de probabilité non nulle, alors la formule des probabilités totales permet d'écrire pour tout événement A :

$$\mathbb{P}(A) = \sum_{k=1}^{n} \mathbb{P}(X_n = k)\mathbb{P}_{(X_n=k)}(A)$$

On a ici :

$$\begin{aligned}
\mathbb{P}(Z_{n+1} = 1) &= \sum_{k=1}^{n} \mathbb{P}\big((X_n = k) \cap (Z_{n+1} = 1)\big) \\
&= \sum_{k=1}^{\min(n,N)} \mathbb{P}(X_n = k)\mathbb{P}_{(X_n=k)}(Z_{n+1} = 1) \\
&= \sum_{k=1}^{n} \mathbb{P}(X_n = k)\left(1 - \frac{k}{N}\right) \\
&= \underbrace{\sum_{k=1}^{n} \mathbb{P}(X_n = k)}_{1} - \frac{1}{N} \underbrace{\sum_{k=1}^{n} k\mathbb{P}(X_n = k)}_{\mathbb{E}(X_n)} \quad \text{car } X(\Omega) \subset \{1, 2, \dots, n\} \\
&= 1 - \frac{1}{N}\mathbb{E}(X_n) \\
&= 1 - \frac{1}{N} \sum_{k=1}^{n} \mathbb{P}(Z_k = 1)
\end{aligned}$$

La probabilité $\mathbb{P}_{(X_n=k)}(Z_{n+1} = 1)$ n'est définie que si $\mathbb{P}(X_n = k) \neq 0$, il est donc nécessaire de mettre $\min(n, N)$ à la deuxième ligne. Ensuite, dans le cas où $n > N$, si $k > N$, on aura $\mathbb{P}(X_n = k) = 0$.

5. Prouvons par récurrence que : $\forall n \in \mathbb{N}^*,\ \mathbb{P}(Z_n = 1) = \left(1 - \frac{1}{N}\right)^{n-1}$.

Initialisation : pour $n = 1$, $\mathbb{P}(Z_1 = 1) = 1$ (le premier tirage amène forcément un numéro jamais tiré) et $\left(1 - \frac{1}{N}\right)^0 = 1$, l'initialisation est donc vérifiée.

Hérédité : On suppose que pour un certain entier $n \geq 1$:

$$\forall k \in \{1, 2, \dots, n\},\ \mathbb{P}(Z_k = 1) = \left(1 - \frac{1}{N}\right)^{k-1}$$

On a :

$$\begin{aligned}
\mathbb{P}(Z_{n+1} = 1) &= 1 - \frac{1}{N} \sum_{k=1}^{n} \mathbb{P}(Z_k = 1) \\
&= 1 - \frac{1}{N} \sum_{k=1}^{n} \left(1 - \frac{1}{N}\right)^{k-1} \\
&= 1 - \frac{1}{N} \times \frac{1 - \left(1 - \frac{1}{N}\right)^n}{1 - \left(1 - \frac{1}{N}\right)} \\
&= \left(1 - \frac{1}{N}\right)^n
\end{aligned}$$

Ce qui prouve le caractère héréditaire de la propriété.

Conclusion :

$$\forall n \in \mathbb{N}^*,\ \mathbb{P}(Z_n = 1) = \left(1 - \frac{1}{N}\right)^{n-1}$$

6. On a établi que $\mathbb{P}(Z_{n+1} = 1) = 1 - \dfrac{1}{N}\mathbb{E}(X_n)$, on en déduit que :

$$\mathbb{E}(X_n) = N\left(1 - \mathbb{P}(Z_{n+1} = 1)\right) = N\left(1 - \left(1 - \frac{1}{N}\right)^n\right)$$

Exercice 6 –

1. a) Soit $k \in \{1, 2, \dots, n\}$: $(X > k - 1) = (X > k) \cup (X = k)$, union de deux événements incompatibles. Il s'ensuit que :

$$\mathbb{P}(X > k - 1) = \mathbb{P}(X > k) + \mathbb{P}(X = k)$$

On a donc :

$$\forall k \in \{1, 2, \dots, n\},\ \mathbb{P}(X = k) = \mathbb{P}(X > k - 1) - \mathbb{P}(X > k)$$

b) $X(\Omega) \subset \{0, 1, \dots, n\}$ donc $\mathbb{E}(X) = \sum_{k=0}^{n} k\mathbb{P}(X = k)$. On a :

$$\begin{aligned}
\mathbb{E}(X) &= \sum_{k=1}^{n} k\mathbb{P}(X = k) \quad \text{le terme en } k = 0 \text{ est nul}\\
&= \sum_{k=1}^{n} k\left(\mathbb{P}(X > k - 1) - \mathbb{P}(X > k)\right)\\
&= \sum_{k=1}^{n} k\mathbb{P}(X > k - 1) - \sum_{k=1}^{n} k\mathbb{P}(X > k)\\
&= \sum_{l=0}^{n-1} (l + 1)\mathbb{P}(X > l) - \sum_{k=1}^{n} k\mathbb{P}(X > k) \quad \text{en posant } l = k - 1 \text{ dans la } 1^{\text{ère}} \text{ somme}\\
&= \sum_{l=0}^{n-1} (l + 1)\mathbb{P}(X > l) - \sum_{k=0}^{n-1} k\mathbb{P}(X > k) \quad \text{car les termes en } k = 0 \text{ et } k = n \text{ sont nuls}\\
&= \sum_{k=0}^{n-1} (k + 1 - k)\mathbb{P}(X > k)\\
&= \sum_{k=0}^{n-1} \mathbb{P}(X > k)
\end{aligned}$$

Le décalage d'indice $l = k + 1$ donne :

$$\mathbb{E}(X) = \sum_{l=1}^{n} \mathbb{P}(X > l - 1) = \sum_{k=1}^{n} \mathbb{P}(X \geq k)$$

2. L'image de X est $X(\Omega) = \{1, 2, \dots, N\}$.
Soit $k \in \{1, 2, \dots, N\}$, pour que l'événement $(X \geq k)$ se réalise, il faut et il suffit que chacun des n tirages amène un numéro supérieur ou égal à k.
On a donc :

$$(X \geq k) = \bigcap_{i=1}^{n} (B_i \geq k)$$

> On a facilement $(X = N) = \bigcap_{i=1}^{n} (B_i = N)$ et par indépendance des tirages, $\mathbb{P}(X = N) = \dfrac{1}{N^n}$.
> L'écriture de l'événement $(X = k)$ pour $k < N$ est loin d'être aussi aisée, on s'intéresse alors à l'événement $(X \geq k)$.

Les événements $(B_i \geq k)_{1 \leq i \leq n}$ sont mutuellement indépendants donc :

$$\mathbb{P}(X \geq k) = \prod_{i=1}^{n} \mathbb{P}(B_i \geq k)$$

Il y a $N - k + 1$ numéros supérieurs ou égaux à k dans l'urne donc par équiprobabilité :

$$\forall i \in \{1, 2, \dots, n\},\ \mathbb{P}(B_i \geq k) = \frac{N - k + 1}{N}$$

Ainsi

$$\forall k \in \{1, 2, \dots, N\},\ \mathbb{P}(X \geq k) = \frac{(N - k + 1)^n}{N^n}$$

Et enfin :

$$\begin{aligned}\forall k \in \{1, 2, \dots, N\},\ \mathbb{P}(X = k) &= \mathbb{P}(X > k - 1) - \mathbb{P}(X > k) \\ &= \mathbb{P}(X \geq k) - \mathbb{P}(X \geq k + 1) \\ &= \frac{(N - k + 1)^n}{N^n} - \frac{(N - k)^n}{N^n}\end{aligned}$$

D'après la question 1 :

$$\mathbb{E}(X) = \sum_{k=1}^{n} \mathbb{P}(X \geq k) = \sum_{k=1}^{n} \frac{(N - k + 1)^n}{N^n} = \sum_{k=0}^{n-1} \frac{(N - k)^n}{N^n} = \sum_{k=0}^{n-1} \left(1 - \frac{k}{N}\right)^n$$

Exercice 7 –

1.
- Pour la loi de X_1, l'urne ne contenant que la boule ①, on l'obtient dès le premier tirage. Ainsi $X_1(\Omega) = \{1\}$ et $\mathbb{P}(X_1 = 1) = 1$. L'espérance est $\mathbb{E}(X_1) = 1$.
- Pour la loi de X_2, l'urne ne contient que les boules ① et ②.
  - ◇ Soit on tire la boule ① au premier tirage et alors $X_2 = 1$.
  - ◇ Soit on tire la boule ② au premier tirage et, celle-ci étant enlevée, on tirera la boule ① au second tirage et $X_2 = 2$.

  On a donc $X_2(\Omega) = \{1, 2\}$ et par équiprobabilité, $\mathbb{P}(X_2 = 1) = \mathbb{P}(Z_2 = 1) = 1/2$.
  Comme $X_2(\Omega) = \{1, 2\}$, $\mathbb{P}(X_2 = 2) = 1 - \mathbb{P}(X_2 = 1) = 1/2$.
  L'espérance est :

$$\mathbb{E}(X_2) = 1 \times \frac{1}{2} + 2 \times \frac{1}{2} = \frac{3}{2}$$

2. Il y a n boules dans l'urne. Les cas extrêmes sont :
- On tire la boule ① au premier tirage et dans ce cas $X_n = 1$.
- On tire le numéro n au premier tirage, puis $n - 1$ au deuxième tirage, puis $n - 2$ au troisième tirage, … et ainsi de suite jusqu'à tirer la boule ① au $n^{\text{ème}}$ tirage et dans ce cas $X_n = n$.

Soit $k \in \{1, 2, \dots, n\}$. Il est ensuite toujours possible de tirer la boule ① au $k^{\text{ème}}$ tirage donc $X_n(\Omega) = \{1, 2, \dots, n\}$.

3. L'événement $(X_n = 1)$ se réalise si et seulement si on obtient au premier tirage la boule numérotée 1, par équiprobabilité :

$$\mathbb{P}(X_n = 1) = \frac{1}{n}$$

L'événement $(X_n = n)$ se réalise si et seulement si on enlève une seule boule à chaque tirage c'est à dire si et seulement si on obtient dans cet ordre les boules numérotées $n, n-1, \dots, 2, 1$. En nommant, pour i allant de n, N_i la variable aléatoire égale au numéro de la $i^{\text{ème}}$ boule tirée, on a :

$$(X_n = 1) = \bigcap_{i=1}^{n}(N_i = n - i + 1)$$

La formule des probabilités composées avec $\mathbb{P}\left(\bigcap_{i=1}^{n-1}(N_i = n - i + 1)\right) \neq 0$ nous permet d'écrire :

$$\begin{aligned}
\mathbb{P}(X_n = 1) &= \mathbb{P}\left(\bigcap_{i=1}^{n-1}(N_i = n - i + 1)\right) \\
&= \mathbb{P}(N_1 = n)\mathbb{P}_{(N_1=n)}(N_2 = n-1)\dots\mathbb{P}_{(N_1=n)\cap(N_2=n-1)\cap\dots\cap(N_{n-1}=2)}(N_n = 1) \\
&= \frac{1}{n} \times \frac{1}{n-1} \times \cdots \times \frac{1}{1} \\
&= \frac{1}{n!}
\end{aligned}$$

4. Soit $n \geq 2$, Soit $j \in \mathbb{N}^*$ et $k \in \{2, 3, \dots, n\}$.
Sachant que $(Z_n = k)$ est réalisé, la première boule tirée est $k \geq 2$, alors :

- On a retiré tous les numéros supérieurs ou égaux à k, le deuxième tirage se fait donc dans une urne ne contenant que les boules numérotées de 1 à $k - 1$.
- Le premier tirage n'apportant pas la boule ①, l'événement $(X_n = j)$ se réalise si et seulement si on obtient la boule ① pour la première fois après $j - 1$ tirages.
  Le premier de ces $j - 1$ tirages se faisant dans une urne ne contenant que les boules numérotées de 1 à $k - 1$, cela se réalise avec une probabilité $\mathbb{P}(X_{k-1} = j - 1)$.

Ainsi :

$$\forall j \in \mathbb{N}^*,\ \forall k \in \{2, \dots, n\},\ \mathbb{P}_{(Z_n=k)}(X_n = j) = \mathbb{P}(X_{k-1} = j - 1)$$

5. Soit $n \geq 2$, $(Z_n = k)_{1\leq k\leq n}$ est un système complet d'événements de probabilité non nulle donc d'après la formule des probabilités totales pour $j \geq 2$:

$$\begin{aligned}
\mathbb{P}(X_n = j) &= \sum_{k=1}^{n} \underbrace{\mathbb{P}(Z_n = k)}_{1/n}\mathbb{P}_{(Z_n=k)}(X_n = j) \\
&= \frac{1}{n}\left(\underbrace{\mathbb{P}_{(Z_n=1)}(X_n = j)}_{=0 \text{ pour } j>1} + \sum_{k=2}^{n}\mathbb{P}_{Z_n=k}(X_n = j)\right) \\
&= \frac{1}{n}\sum_{k=2}^{n}\mathbb{P}(X_{k-1} = j - 1) \quad \text{d'après la question 4} \\
&= \frac{1}{n}\sum_{l=1}^{n-1}\mathbb{P}(X_l = j - 1) \quad \text{en posant } l = k - 1
\end{aligned}$$

Ainsi :

$$\forall n \geq 2,\ \forall j \geq 2,\ \mathbb{P}(X_n = j) = \frac{1}{n}\sum_{k=1}^{n-1}\mathbb{P}(X_k = j-1)$$

6. Soit $n \geq 3$ et $j \geq 2$:

- $n \geq 3$ et $j \geq 2$ donc : $n\mathbb{P}(X_n = j) = \dfrac{n}{n}\displaystyle\sum_{k=1}^{n-1}\mathbb{P}(X_k = j-1)$
- $n \geq 3$ donc $n-1 \geq 2$ et $j \geq 2$ donc : $(n-1)\mathbb{P}(X_{n-1} = j) = \dfrac{n-1}{n-1}\displaystyle\sum_{k=1}^{n-2}\mathbb{P}(X_k = j-1)$

Ainsi :

$$n\mathbb{P}(X_n = j) - (n-1)\mathbb{P}(X_{n-1} = j) = \sum_{k=1}^{n-1}\mathbb{P}(X_k = j-1) - \sum_{k=1}^{n-2}\mathbb{P}(X_k = j-1)$$

7.

- Pour $n \geq 3$ et $j \geq 2$: $n\mathbb{P}(X_n = j) = (n-1)\mathbb{P}(X_{n-1} = j) + \mathbb{P}(X_{n-1} = j-1)$
- Pour $n \geq 3$ et $j \geq 2$: $\mathbb{P}(X_n = j) = \dfrac{n-1}{n}\mathbb{P}(X_{n-1} = j) + \dfrac{1}{n}\mathbb{P}(X_{n-1} = j-1)$

Attention, nous devons établir le résultat pour $n \geq 2$ et $j \geq 1$

- Si $j = 1$ alors pour tout $n \geq 1$, $\mathbb{P}(X_n = 1) = 1/n$ et :

$$\frac{n-1}{n}\underbrace{\mathbb{P}(X_{n-1} = 1)}_{\frac{1}{n-1}} + \frac{1}{n}\underbrace{\mathbb{P}(X_{n-1} = 0)}_{0} = \frac{n-1}{n} \times \frac{1}{n-1} = \frac{1}{n} = \mathbb{P}(X_n = 1)$$

  Si $j = 1$ la propriété est donc toujours vraie.

- Supposons que $n = 2$, le cas $j = 1$ vient d'être traité. Si $j \geq 3$, alors la propriété est vraie puisque :

$$\mathbb{P}(X_2 = 3) = \mathbb{P}(X_1 = 3) = \mathbb{P}(X_1 = 2) = 0$$

  Il reste à traiter le cas $j = 2$:

$$\mathbb{P}(X_2 = 2) = 1/2,\ \mathbb{P}(X_1 = 2) = 0 \text{ et } \mathbb{P}(X_1 = 1) = 1$$

  Donc :

$$\frac{2-1}{2}\mathbb{P}(X_1 = 2) + \frac{1}{2}\mathbb{P}(X_1 = 1) = 1/2 = \mathbb{P}(X_2 = 2)$$

On a bien établi que :

$$\forall n \geq 2,\ \forall j \geq 1,\ \mathbb{P}(X_n = j) = \frac{n-1}{n}\mathbb{P}(X_{n-1} = j) + \frac{1}{n}\mathbb{P}(X_{n-1} = j-1)$$

8. Soit $n \geq 2$, comme $X_n(\Omega) = \{1, 2, \ldots, n\}$:

$$\begin{aligned}
\mathbb{E}(X_n) &= \sum_{j=1}^{n} j\mathbb{P}(X_n = j) \\
&= \sum_{j=1}^{n} j\left[\frac{n-1}{n}\mathbb{P}(X_{n-1} = j) + \frac{1}{n}\mathbb{P}(X_{n-1} = j-1)\right] \\
&= \frac{n-1}{n}\sum_{j=1}^{n} j\mathbb{P}(X_{n-1} = j) + \frac{1}{n}\sum_{j=1}^{n} j\mathbb{P}(X_{n-1} = j-1)
\end{aligned}$$

Comme $\mathbb{P}(X_{n-1} = n) = 0$, on peut retirer le terme correspondant à $j = n$ dans la première somme et, pour la seconde somme, on pose $i = j - 1$.

$$\mathbb{E}(X_n) = \frac{n-1}{n} \sum_{j=1}^{n-1} j\mathbb{P}(X_{n-1} = j) + \frac{1}{n} \sum_{i=0}^{n-1} (i+1)\mathbb{P}(X_{n-1} = i)$$

On enlève dans la seconde somme le terme correspondant à $i = 0$ qui est nul.

$$\begin{aligned}\mathbb{E}(X_n) &= \left(1 - \frac{1}{n}\right) \underbrace{\sum_{j=1}^{n-1} j\mathbb{P}(X_{n-1} = j)}_{\mathbb{E}(X_{n-1})} + \frac{1}{n} \underbrace{\sum_{j=1}^{n-1} j\mathbb{P}(X_{n-1} = j)}_{\mathbb{E}(X_{n-1})} + \frac{1}{n} \underbrace{\sum_{j=1}^{n-1} \mathbb{P}(X_{n-1} = j)}_{1} \\ &= \mathbb{E}(X_{n-1}) + \frac{1}{n} \quad \text{pour tout } n \geq 2\end{aligned}$$

9. Comme $\mathbb{E}(X_1) = 1$ et $\mathbb{E}(X_n) = \mathbb{E}(X_{n-1}) + \frac{1}{n}$ pour tout $n \geq 2$, on prouve par récurrence que :

$$\forall n \geq 1,\ \mathbb{E}(X_n) = 1 + \frac{1}{2} + \cdots + \frac{1}{n} = \sum_{k=1}^{n} \frac{1}{k}$$

Initialisation : Pour $n = 1$, $\mathbb{E}(X_1) = 1 = \sum_{k=1}^{1} \frac{1}{k}$.

Hérédité : On suppose que pour un certain entier $n \geq 1$:

$$\mathbb{E}(X_n) = \sum_{k=1}^{n} \frac{1}{k}$$

On a d'après la question 8 :

$$\begin{aligned}\mathbb{E}(X_{n+1}) &= \mathbb{E}(X_n) + \frac{1}{n+1} \\ &= \sum_{k=1}^{n} \frac{1}{k} + \frac{1}{n+1} \\ &= \sum_{k=1}^{n+1} \frac{1}{k}\end{aligned}$$

Conclusion : Par principe de récurrence :

$$\forall n \geq 1,\ \mathbb{E}(X_n) = 1 + \frac{1}{2} + \cdots + \frac{1}{n} = \sum_{k=1}^{n} \frac{1}{k}$$

Exercice 8 –

1. Vrai. Pour n'avoir aucun changement, il faut et il suffit de ne tirer que des piles ou que des faces. Ainsi $(X_n = 0) = \left(\bigcap_{i=1}^{n} P_i\right) \cup \left(\bigcap_{i=1}^{n} F_i\right)$ union d'événements deux à deux incompatibles. on a donc :

$$\mathbb{P}(X_n = 0) = \mathbb{P}\left(\bigcap_{i=1}^{n} P_i\right) + \mathbb{P}\left(\bigcap_{i=1}^{n} F_i\right)$$

Puis par indépendance des lancers :

$$\mathbb{P}(X_n = 0) = p^n + q^n$$

2. Faux. L'événement $(X_n = 1)$ se réalise si et seulement si il y a exactement un changement lors des n lancers. Ainsi :

$$(X_n = 1) = \bigcup_{k=1}^{n-1}\left(\bigcap_{i=1}^{k} P_i \cap \bigcap_{i=k+1}^{n} F_i\right) \cup \bigcup_{k=1}^{n-1}\left(\bigcap_{i=1}^{k} F_i \cap \bigcap_{i=k+1}^{n} P_i\right)$$

Par incompatibilité et par indépendance mutuelle des lancers on obtient :

$$\begin{aligned}
\mathbb{P}(X_n = 1) &= \sum_{k=1}^{n-1} p^k q^{n-k} + \sum_{k=1}^{n-1} q^k p^{n-k} \\
&= q^n \sum_{k=1}^{n-1} (p/q)^k + p^n \sum_{k=1}^{n-1} (q/p)^k \quad \text{or } \frac{p}{q} \neq 1 \text{ et } \frac{q}{p} \neq 1 \text{ donc :} \\
&= q^n \times \frac{p}{q} \times \frac{1-(p/q)^{n-1}}{1-(p/q)} + p^n \times \frac{q}{p} \times \frac{1-(q/p)^{n-1}}{1-(q/p)} \\
&= p \times \frac{q^{n-1} - p^{n-1}}{1-(p/q)} + q \times \frac{p^{n-1} - q^{n-1}}{1-(q/p)} \\
&= (q^{n-1} - p^{n-1})\left(\frac{p}{1-(p/q)} - \frac{q}{1-(q/p)}\right) \\
&= (q^{n-1} - p^{n-1})\left(\frac{pq}{q-p} - \frac{pq}{p-q}\right) \\
&= \frac{2pq}{q-p}(q^{n-1} - p^{n-1})
\end{aligned}$$

3. Vrai. Comme $Z_k(\Omega) = \{0, 1\}$, alors $\mathbb{E}(Z_k) = 0 \times \mathbb{P}(Z_k = 0) + 1 \times \mathbb{P}(Z_k = 1) = \mathbb{P}(Z_k = 1)$. Z_k est le nombre de changements au $k^{\text{ème}}$ lancer (0 ou 1), or, pour $n \geq 2$, X_n est le nombre total de changements entre le $2^{\text{ème}}$ et le $n^{\text{ème}}$ lancer inclus, par conséquent :

$$X_n = \sum_{k=2}^{n} Z_k$$

Par linéarité de l'espérance, on a donc;

$$\mathbb{E}(X_n) = \sum_{k=2}^{n} \mathbb{E}(Z_k) = \sum_{k=2}^{n} \mathbb{P}(Z_k = 1)$$

4. Vrai. La formule des probabilités totales avec le système complet (P_{k-1}, F_{k-1}) nous permet d'écrire :

$$\mathbb{P}(Z_k = 1) = \underbrace{\mathbb{P}(P_{k-1})}_{p}\mathbb{P}_{P_{k-1}}(Z_k = 1) + \underbrace{\mathbb{P}(F_{k-1})}_{q}\mathbb{P}_{F_{k-1}}(Z_k = 1)$$

- Sachant que la pièce est tombée sur pile au $(k-1)^{\text{ème}}$ lancer, l'événement $(Z_k = 1)$ se réalise si et seulement si la pièce tombe sur face au $k^{\text{ème}}$ lancer.
  Ainsi $\mathbb{P}_{P_{k-1}}(Z_k = 1) = \mathbb{P}(F_k) = q$.
- Sachant que la pièce est tombée sur face au $(k-1)^{\text{ème}}$ lancer, l'événement $(Z_k = 1)$ se réalise si et seulement si la pièce tombe sur pile au $k^{\text{ème}}$ lancer.
  Ainsi $\mathbb{P}_{F_{k-1}}(Z_k = 1) = \mathbb{P}(P_k) = p$ et ainsi $\mathbb{P}(Z_k = 1) = pq + qp = 2pq$

5. Faux. $\mathbb{E}(X_n) = \sum\limits_{k=2}^{n} \mathbb{P}(Z_k = 1) = \sum\limits_{k=2}^{n} 2pq = 2(n-1)pq$.

28 Lois discrètes finies usuelles

Maîtriser le cours

Exercice 1 – Le vrai/faux du début

Soit X, Y et S des variables aléatoires définies sur un espace probabilisé $(\Omega, \mathscr{P}(\Omega), \mathbb{P})$ d'images respectives $X(\Omega)$, $Y(\Omega)$ et $S(\Omega)$.

1. Si $X(\Omega) = \{1, 2\}$ et $\mathbb{P}(X = 1) \in]0, 1[$ alors : ☐ Vrai ☐ Faux

X suit une loi de Bernoulli.

2. Soit $A \in \mathscr{P}(\Omega)\backslash\{\Omega, \emptyset\}$, si $Y = \mathbb{1}_A$, fonction indicatrice de A, alors : ☐ Vrai ☐ Faux

Y suit une loi de Bernoulli.

3. On lance 10 fois un dé cubique équilibré et on note S la somme des résultats des lancers : ☐ Vrai ☐ Faux

$$\mathbb{E}(S) = 30$$

4. ☐ Vrai ☐ Faux

$$\sum_{k=1}^{9} k\binom{9}{k}\left(\frac{1}{3}\right)^k\left(\frac{2}{3}\right)^{9-k} = 3$$

Exercice 2 –

Soit X une variable aléatoire sur un espace probabilisé $(\Omega, \mathscr{P}(\Omega), \mathbb{P})$. Déterminer $X(\Omega)$, la loi de X, $\mathbb{E}(X)$ et $\mathbb{V}(X)$ dans chacune des situations suivantes :

1. Une urne contient 1 seule boule numérotée a. On tire une boule au hasard, X est la variable aléatoire égale au numéro de cette boule.
2. Soit un entier naturel non nul n. Une urne contient n boules indiscernables numérotées de 1 à n. On tire une boule au hasard, X est la variable aléatoire égale au numéro de cette boule.
3. Soit $p \in]0, 1[$. Une urne contient une proportion p de boules rouges. On tire une boule au hasard, $X = 1$ si la boule tirée est rouge, $X = 0$ sinon.
4. Soit $n \in \mathbb{N}^*$, $p \in]0, 1[$. Une urne contient une proportion p de boules rouges. On tire successivement avec remise n boules au hasard, X est la variable aléatoire égale au nombre de boules rouges obtenues.

Maîtriser les méthodes fondamentales

Exercice 3 –

Une pièce non forcément équilibrée a la probabilité $p \in]0,1[$ de tomber sur « pile ».
Les lancers sont mutuellement indépendants. On note X le nombre de « piles » obtenus.

1. Dans cette question, on lance 20 fois la pièce.

a) Quelle est la loi de X ? Préciser son espérance.

b) Quelle est la probabilité d'obtenir exactement 8 « piles » ?

c) Pour quelle valeur de p la valeur de $\mathbb{P}(X = 8)$ est-elle maximale ?

2. Dans cette question on a $p = 0,6$ et on lance la pièce n fois avec $n \in \mathbb{N}^*$.

a) Quelle est la valeur de $p_n = \mathbb{P}(X \geq 1)$?

b) Combien de fois faut-il lancer la pièce pour que la probabilité d'obtenir au moins un « pile » dépasse 99,9% ?

3. Dans l'expérience A, on lance quatre fois la pièce, dans l'expérience B, on lance deux fois la pièce. X_A (resp. X_B) est la variable aléatoire égale au nombre de « piles » obtenus au cours de l'expérience A (resp. B). On parie sur l'expérience qui a le plus de chance d'obtenir strictement plus de la moitié de « faces ».

a) Calculer la probabilité de gagner avec l'expérience A.

b) Sur quelle expérience faut-il parier ? Discuter en fonction des valeurs de p.

Exercice 4 –

Soit $N \in \mathbb{N}^*$, on considère $N+1$ urnes notées $\mathcal{U}_0, \mathcal{U}_1, \ldots, \mathcal{U}_N$. Chacune de ces urnes contient N boules indiscernables au toucher et, pour tout $i \in \{0, 1, \ldots, N\}$, l'urne $\mathcal{U}_i$ contient i boules blanches et $N - i$ boules noires.
Soit $n \in \mathbb{N}^*$. On choisit aléatoirement une urne dans laquelle on effectue n tirages avec remise d'une boule. On nomme X le numéro de l'urne choisie et Y le nombre de boules blanches obtenues.

1. Quelle est la loi de X ?

2. Prouver que :

$$\forall k \in \{0, 1, \ldots, N\},\ \mathbb{P}(Y = k) = \frac{1}{N+1} \sum_{i=0}^{N} \binom{n}{k} \left(\frac{i}{N}\right)^k \left(\frac{N-i}{N}\right)^{n-k}$$

3. Démontrer que :

$$\mathbb{E}(Y) = \frac{n}{2}$$

Exercice 5 –

On considère une urne contenant initialement une boule blanche et une boule noire.
On effectue des tirages successifs d'une boule de cette urne, chaque tirage d'une boule entraînant l'ajout d'une boule de la même couleur.
Soit $n \in \mathbb{N}^*$. X_n est la variable aléatoire égale au nombre de boules blanches obtenues au cours des n premiers tirages.

1. Montrer que X_1 et X_2 suivent toutes deux une loi uniforme.
2. On suppose que pour un certain entier naturel $n \geq 1$, $X_n \hookrightarrow \mathscr{U}(\{0, 1, \dots, n\})$.
Prouver que $X_{n+1} \hookrightarrow \mathscr{U}(\{0, 1, \dots, n+1\})$ et conclure.

Pour aller plus loin

Exercice 6 –

On considère deux urnes $\mathcal{U}_1$ et $\mathcal{U}_2$. L'urne $\mathcal{U}_1$ contient une proportion $p \in]0, 1[$ de boules rouges tandis que l'urne $\mathcal{U}_2$ contient une proportion $\alpha \in]0, 1[$ de boules vertes.
Soit $N \in \mathbb{N}^*$. L'expérience consiste à :

- Tirer N boules au hasard et avec remise dans l'urne $\mathcal{U}_1$.
X est la variable aléatoire égale au nombre de boules rouges obtenues lors de ces N tirages.
- Si on a tiré n boules rouges dans $\mathcal{U}_1$, alors on tire n boules au hasard et avec remise dans l'urne $\mathcal{U}_2$. Y est la variable aléatoire égale au nombre de boules vertes obtenues lors de ces n tirages.

1. Quelle est la loi de X ?
2. Quelle est l'image $Y(\Omega)$?
3. Soit $n \in X(\Omega)$ et $k \in Y(\Omega)$, déterminer $\mathbb{P}_{(X=n)}(Y = k)$.
4. Soit trois entiers naturels $0 \leq k \leq n \leq N$, établir que :

$$\binom{N}{n}\binom{n}{k} = \binom{N}{k}\binom{N-k}{n-k}$$

5. Déterminer la loi de Y.

Exercice 7 – Le vrai/faux de la fin

Soit $n \in \mathbb{N}$ et X une variable aléatoire définie sur $(\Omega, \mathscr{P}(\Omega), \mathbb{P})$ et à valeurs dans $X(\Omega) = \{0, 1, \dots, n\}$.
La fonction génératrice de X est la fonction définie par :

$$\forall t \in \mathbb{R},\ g_X(t) = \sum_{k=0}^{n} \mathbb{P}(X = k)t^k$$

1. $g_X(0) = 0$ et $g_X(1) = 1$. ☐ Vrai ☐ Faux
2. $\mathbb{E}(X) = g_X'(1)$. ☐ Vrai ☐ Faux
3. $g_X''(1) + g_X'(1) - (g_X'(1))^2 = \mathbb{V}(X)$. ☐ Vrai ☐ Faux
4. $\forall i \in \{0, 1, \dots, n\}$, $\mathbb{P}(X = i) = g_X^{(i)}(0)$. ☐ Vrai ☐ Faux
5. Si X suit la loi de Bernoulli de paramètre p alors : ☐ Vrai ☐ Faux

$$\forall t \in \mathbb{R}, \ g_X(t) = pt$$

6. Si X suit la loi binomiale de paramètres n et p alors : ☐ Vrai ☐ Faux

$$\forall t \in \mathbb{R}, \ g_X(t) = (pt + 1 - p)^n$$

Solution des exercices

Exercice 1 –

1. Si $X \hookrightarrow \mathscr{B}(p)$ alors $X(\Omega) \subset \{0, 1\}$. ☐ Vrai ☒ Faux
2. $\mathbb{1}_A : \Omega \to \{0, 1\}$ par $\mathbb{1}_A(\omega) = 1$ si $\omega \in A$ et $\mathbb{1}_A(\omega) = 0$ si $\omega \notin A$. ☒ Vrai ☐ Faux
3. Soit X la variable aléatoire égale au résultat d'un lancer de dé équilibré. $X \hookrightarrow \mathscr{U}(\{1, 2, \dots, 6\})$ et $\mathbb{E}(X) = \dfrac{1+6}{2} = 3,5$ donc : ☐ Vrai ☒ Faux

$$\mathbb{E}(S) = 10 \times 3,5 = 35$$

4. On reconnait l'espérance de $X \hookrightarrow \mathscr{B}(9, 1/3)$. ☒ Vrai ☐ Faux

Exercice 2 –

Cours

1. $X(\Omega) = \{a\}$, $\mathbb{P}(X = a) = 1$, $\mathbb{E}(X) = a$ et $\mathbb{V}(X) = 0$, X suit la loi certaine de paramètre a.
2. X suit la loi uniforme sur $X(\Omega) = \{1, 2, \dots, n\}$.

$$\forall k \in \{1, 2, \dots, n\},\ \mathbb{P}(X = k) = \frac{1}{n}$$

$$\mathbb{E}(X) = \frac{n+1}{2} \quad \text{et} \quad \mathbb{V}(X) = \frac{n^2 - 1}{12}$$

3. X suit la loi de Bernoulli de paramètre p, $X(\Omega) = \{0, 1\}$.

$$\mathbb{P}(X = 1) = p \quad \text{et} \quad \mathbb{P}(X = 0) = 1 - p$$
$$\mathbb{E}(X) = p \quad \text{et} \quad \mathbb{V}(X) = p(1 - p)$$

4. On répète n fois de façon indépendante la même épreuve de Bernoulli de paramètre p. Ainsi X, compteur de succès, suit la loi binomiale de paramètres n et p.

$$\forall k \in X(\Omega) = \{0, 1, \dots, n\},\ \mathbb{P}(X = k) = \binom{n}{k} p^k (1 - p)^{n-k}$$
$$\mathbb{E}(X) = np \quad \text{et} \quad \mathbb{V}(X) = np(1 - p)$$

Exercice 3 –

1. Dans cette question, on lance 20 fois la pièce de façon identique et indépendante.
   a) $X \hookrightarrow \mathscr{B}(20, p)$ et $\mathbb{E}(X) = 20p$.
   b) On a :

$$\mathbb{P}(X = 8) = \binom{20}{8} p^8 (1 - p)^{12}$$

   c) Pour tout $p \in]0, 1[$, on pose :

$$f(p) = \binom{20}{8} p^8 (1 - p)^{12}$$

   f est dérivable sur $]0, 1[$ et :

$$f'(p) = \binom{20}{8} \left[8p^7 (1 - p)^{12} - 12(1 - p)^{11} p^8 \right]$$

   On obtient après factorisation :

$$f'(p) = \binom{20}{8} p^7 (1 - p)^{11} \left(8(1 - p) - 12p\right)$$

$\binom{20}{8} p^7(1-p)^{11} > 0$ donc :

$$\begin{aligned} f'(p) \geq 0 &\iff 8(1-p) - 12p \geq 0 \\ &\iff 8 - 20p \geq 0 \\ &\iff p \leq 8/20 \end{aligned}$$

Le maximum est atteint pour $p = \dfrac{8}{20} = 40\%$.

2. Dans cette question on a $p = 0,6$, on lance la pièce n fois avec $n \in \mathbb{N}^*$.

a) $X \hookrightarrow \mathscr{B}(n; 0,6)$ donc :

$$p_n = \mathbb{P}(X \geq 1) = 1 - \mathbb{P}(X = 0) = 1 - 0,4^n$$

b) On résout :

$$\begin{aligned} p_n \geq 0,999 &\iff 1 - 0,4^n \geq 0,999 \\ &\iff 0,001 \geq 0,4^n \\ &\iff \ln(0,001) \geq \ln(0,4^n) \\ &\iff \ln(0,001) \geq n\ln(0,4) \\ &\iff \frac{\ln(0,001)}{\ln(0,4)} \leq n \quad \text{car } \ln(0,4) < 0 \end{aligned}$$

On obtient $n \geq 8$.

3. Dans l'expérience A, obtenir plus de la moitié de « faces » correspond à $X_A \in \{0, 1\}$.
Dans l'expérience B, obtenir plus de la moitié de « faces » correspond à $(X_B = 0)$.

a) $X_A \hookrightarrow \mathscr{B}(4, p)$, et, par incompatibilité :

$$\begin{aligned} \mathbb{P}\big(X_A \in \{0, 1\}\big) &= \mathbb{P}(X_A = 0) + \mathbb{P}(X_A = 1) \\ &= (1-p)^4 + \binom{4}{1} p(1-p)^3 \\ &= (1-p)^4 + 4p(1-p)^3 \end{aligned}$$

b) $X_B \hookrightarrow \mathscr{B}(2, p)$ et $\mathbb{P}(X_B = 0) = (1-p)^2$.
On résout :

$$\begin{aligned} \mathbb{P}(X_A \in \{0, 1\}) \geq \mathbb{P}(X_B = 0) &\iff (1-p)^4 + 4p(1-p)^3 \geq (1-p)^2 \\ &\iff (1-p)^2\left[(1-p)^2 + 4p(1-p) - 1\right] \geq 0 \\ &\iff (1-p)^2 + 4p - 4p^2 - 1 \geq 0 \quad \text{car } (1-p)^2 > 0 \\ &\iff (1-p)^2 - (2p-1)^2 \geq 0 \quad \text{car } 4p - 4p^2 - 1 = -(2p-1)^2 \\ &\iff (1 - p - 2p + 1)(1 - p + 2p - 1) \geq 0 \\ &\iff (2 - 3p) \times p \geq 0 \\ &\iff 2 - 3p \geq 0 \\ &\iff p \leq 2/3 \end{aligned}$$

Ainsi on a intérêt à parier sur l'expérience A si $p < 2/3$ et sur l'expérience B si $p > 2/3$.
Si $p = 2/3$, les deux expériences donnent la même probabilité de succès.

Exercice 4 –

1. L'urne est choisie au hasard donc X suit la loi uniforme sur $X(\Omega) = \{0, 1, \dots, N\}$, donc :

$$\forall i \in \{0, 1, \dots, N\},\ \mathbb{P}(X = i) = \frac{1}{N+1}$$

2. Soit $k \in \{0, 1, \dots, N\}$, la formule des probabilités totales avec le système complet d'événements de probabilité non nulle $(X = i)_{0 \le i \le N}$ nous permet d'écrire :

$$\mathbb{P}(Y = k) = \sum_{i=0}^{N} \mathbb{P}(X = i)\mathbb{P}_{(X=i)}(Y = k)$$

Soit $i \in \{0, 1, \dots, N\}$. Sachant que l'événement $(X = i)$ est réalisé, on tire avec remise n boules de U_i dans laquelle la proportion de boules blanches est $\frac{i}{N}$. La loi conditionnelle de Y sachant $(X = i)$ est donc la loi binomiale de paramètres $\left(n, \frac{i}{N}\right)$. Par conséquent on a :

$$\forall k \in \{0, 1, \dots, N\},\ \mathbb{P}(Y = k) = \frac{1}{N+1} \sum_{i=0}^{N} \binom{n}{k} \left(\frac{i}{N}\right)^k \left(\frac{N-i}{N}\right)^{n-k}$$

3. Comme $Y(\Omega) = \{0, 1, \dots, N\}$, l'espérance de Y est :

$$\begin{aligned}
\mathbb{E}(Y) &= \sum_{k=0}^{n} k\mathbb{P}(Y = k) \\
&= \sum_{k=0}^{n} k \frac{1}{N+1} \sum_{i=0}^{N} \binom{n}{k} \left(\frac{i}{N}\right)^k \left(\frac{N-i}{N}\right)^{n-k} \\
&= \frac{1}{N+1} \sum_{i=0}^{N} \underbrace{\sum_{k=0}^{n} k \binom{n}{k} \left(\frac{i}{N}\right)^k \left(\frac{N-i}{N}\right)^{n-k}}_{\frac{ni}{N}} \\
&= \frac{n}{N(N+1)} \underbrace{\sum_{i=0}^{N} i}_{\frac{N(N+1)}{2}} = \frac{n}{2}
\end{aligned}$$

> Les deux sommes étant finies avec des indices i et j indépendants, on peut intervertir les Σ. On reconnait l'espérance de la loi binomiale de paramètres $\left(n, \frac{i}{N}\right)$.

Exercice 5 –

1. Si $n = 1$, il y a un seul tirage qui a amené soit une boule blanche soit une boule noire avec la même probabilité $1/2$. On a donc $X_1(\Omega) = \{0, 1\}$, $\mathbb{P}(X = 0) = \mathbb{P}(X = 1) = \frac{1}{2}$ ainsi :

$$X_1 \hookrightarrow \mathcal{U}(\{0, 1\})$$

Pour $i \in \mathbb{N}^*$, on nomme :

- N_i : « le $i^{\text{ème}}$ tirage amène une boule noire »,
- B_i : « le $i^{\text{ème}}$ tirage amène une boule blanche ».

Si $n = 2$, il y a exactement deux tirages donc $X_2(\Omega) = \{0, 1, 2\}$.

$$\mathbb{P}(X_2 = 0) = \mathbb{P}(N_1 \cap N_2) = \mathbb{P}(N_1)\mathbb{P}_{N_1}(N_2) = \frac{1}{2} \times \frac{2}{3} = \frac{1}{3}$$
$$\mathbb{P}(X_2 = 2) = \mathbb{P}(B_1 \cap B_2) = \mathbb{P}(B_1)\mathbb{P}_{B_1}(B_2) = \frac{1}{2} \times \frac{2}{3} = \frac{1}{3}$$

Comme $X_2(\Omega) = \{0, 1, 2\}$;

$$\begin{aligned}\mathbb{P}(X_2 = 1) &= 1 - \mathbb{P}(X_2 = 0) - \mathbb{P}(X_2 = 2)\\ &= 1 - \frac{1}{3} - \frac{1}{3}\\ &= \frac{1}{3}\end{aligned}$$

On pouvait considérer $(X_2 = 1) = (N_1 \cap B_2) \cup (B_1 \cap N_2)$, union d'événements disjoints.

On a ainsi :

$$X_2 \hookrightarrow \mathscr{U}(\{0, 1, 2\})$$

2. On suppose que pour un certain entier naturel $n \geq 1$:

$$X_n \hookrightarrow \mathscr{U}(\{0, 1, \dots, n\})$$

Étudions la loi de X_{n+1}. Au cours des $n + 1$ premiers tirages on a tiré entre 0 et $n + 1$ boules blanches, ainsi $X_{n+1}(\Omega) = \{0, 1, \dots, n + 1\}$.
L'événement $(X_{n+1} = 0)$ se réalise si et seulement si on n'a tiré aucune boule blanche lors des n premiers tirages et si la $(n + 1)^{\text{ème}}$ boule tirée est noire. On a donc :

$$\begin{aligned}\mathbb{P}(X_{n+1} = 0) &= \mathbb{P}\big((X_n = 0) \cap N_{n+1}\big)\\ &= \mathbb{P}\big(X_n = 0\big)\, \mathbb{P}_{(X_n=0)}\big(N_{n+1}\big)\end{aligned}$$

Comme $X_n \hookrightarrow \mathscr{U}(\{0, 1, \dots, n\})$ alors $\mathbb{P}(X_n = 0) = \dfrac{1}{n+1}$.
Sachant que l'événement $\big(X_n = 0\big)$ est réalisé, on a ajouté n boules noires.
Avant le $(n + 1)^{\text{ème}}$ tirage, il y a donc une boule blanche et $(n + 1)$ boules noires dans l'urne. On a par équiprobabilité :

$$\begin{aligned}\mathbb{P}(X_{n+1} = 0) &= \frac{1}{n+1} \times \frac{n+1}{n+2}\\ &= \frac{1}{n+2}\end{aligned}$$

Soit maintenant un entier k, $1 \leq k \leq n + 1$. Pour avoir exactement k boules blanches en $n+1$ tirages, il faut et il suffit d'avoir k boules blanches après n tirages puis de tirer une boule noire au dernier tirage ou d'avoir $k - 1$ boules blanches après n tirages puis de tirer une boule blanche au dernier tirage, ainsi :

$$(X_{n+1} = k) = \big[(X_n = k) \cap N_{n+1}\big] \cup \big[(X_n = k - 1) \cap B_{n+1}\big]$$

Les événements formant cette union étant incompatibles, on a :

$$\begin{aligned}\mathbb{P}(X_{n+1} = k) &= \mathbb{P}((X_n = k) \cap N_{n+1}) + \mathbb{P}((X_n = k - 1) \cap B_{n+1}).\\ &= \mathbb{P}(X_n = k)\mathbb{P}_{(X_n=k)}(N_{n+1}) + \mathbb{P}(X_n = k - 1)\mathbb{P}_{(X_n=k-1)}(B_{n+1})\end{aligned}$$

Méthode

On peut aussi utiliser la formule des probabilités totales avec le système complet d'événements de probabilité non nulle $(X_n = i)_{0 \leq i \leq n}$. Cela donne pour $k \geq 1$:

$$\mathbb{P}(X_{n+1} = k) = \sum_{i=0}^{n} \mathbb{P}(X_n = i)\mathbb{P}_{(X_n=i)}(X_{n+1} = k)$$

Et, en remarquant que les seuls termes non nuls de cette somme sont pour $i = k - 1$ et $i = k$:

$$\mathbb{P}(X_{n+1} = k) = \mathbb{P}(X_n = k)\mathbb{P}_{(X_n=k)}(X_{n+1} = k) + \mathbb{P}(X_n = k-1)\mathbb{P}_{(X_n=k-1)}(X_{n+1} = k)$$

Comme $X_n \hookrightarrow \mathcal{U}(\{0, 1, \ldots, n\})$, $\mathbb{P}((X_n = k) = \mathbb{P}((X_n = k-1) = \dfrac{1}{n+1}$.

- Sachant que $(X_n = k)$ est réalisé, lors des n premiers tirages on a obtenu k boules blanches et $n - k$ boules noires. On a donc ajouté k boules blanches et $n - k$ boules noires dans l'urne qui contenait initialement une boule blanche et une boule noire. L'urne contient donc $k + 1$ boules blanches et $n - k + 1$ boules noires, soit $n + 2$ boules.
  Par équiprobabilité :
  $$\mathbb{P}_{(X_n=k)}(N_{n+1}) = \frac{n-k+1}{n+2}$$
- Sachant que $(X_n = k - 1)$ est réalisé, lors des n premiers tirages on a obtenu $k - 1$ boules blanches et $n - k + 1$ boules noires. On a donc ajouté $k - 1$ boules blanches et $n - k + 1$ boules noires dans l'urne qui contenait initialement une boule blanche et une boule noire. L'urne contient donc k boules blanches et $n - k + 2$ boules noires, soit $n + 2$ boules.
  Par équiprobabilité :
  $$\mathbb{P}_{(X_n=k-1)}(B_{n+1}) = \frac{k}{n+2}$$

Ainsi on a :

$$\begin{aligned}\mathbb{P}(X_{n+1} = k) &= \frac{1}{n+1} \times \frac{n-k+1}{n+2} + \frac{1}{n+1} \times \frac{k}{n+2}\\ &= \frac{n-k+1+k}{(n+1)(n+2)}\\ &= \frac{1}{n+2}\end{aligned}$$

Finalement on a $X_{n+1}(\Omega) = \{0, 1, \ldots, n+1\}$ et, pour tout entier k, $0 \leq k \leq n+1$, $\mathbb{P}(X_{n+1} = k) = \dfrac{1}{n+2}$ donc :

$$X_{n+1} \hookrightarrow \mathcal{U}(\{0, 1, \ldots, n+1\})$$

On a prouvé que $X_1 \hookrightarrow \mathcal{U}(\{0, 1\})$ puis que, si, pour un certain entier $n \geq 1$, $X_n \hookrightarrow \mathcal{U}(\{0, 1, \ldots, n\})$ alors $X_{n+1} \hookrightarrow \mathcal{U}(\{0, 1, \ldots, n+1\})$.
Par principe de récurrence, on peut conclure que :

$$\forall n \in \mathbb{N}^*, \; X_n \hookrightarrow \mathcal{U}(\{0, 1, \ldots, n\})$$

Exercice 6 –

1. On répète N fois la même épreuve de Bernoulli de paramètre $p \in]0,1[$, les tirages étant avec remise, ces épreuves sont indépendantes. Le compteur de succès X suit donc la loi binomiale de paramètres N et p.
2. Lors de la seconde partie de l'expérience, on peut ne tirer aucune boule verte mais aussi jusqu'à N boules vertes (il aura fallu préalablement obtenir N boules rouges). Tous les cas intermédiaires étant possibles, on a $Y(\Omega) = \{0, 1, \dots, N\}$.
3. Soit $n \in X(\Omega)$ et $k \in Y(\Omega)$. On répète n fois la même épreuve de Bernoulli de paramètre $\alpha \in]0,1[$, les tirages étant avec remise, ces épreuves sont indépendantes. La loi conditionnelle de Y sachant $(X = n)$ est donc la loi binomiale de paramètres n et α.

$$\mathbb{P}_{(X=n)}(Y = k) = \begin{cases} \binom{n}{k}\alpha^k(1-\alpha)^{n-k} & \text{si } k \leq n \\ 0 & \text{si } k > n \end{cases}$$

4. Soit $0 \leq k \leq n \leq N$. On a :

$$\begin{aligned}\binom{N}{n}\binom{n}{k} &= \frac{N!}{n!\,(N-n)!} \times \frac{n!}{k!\,(n-k)!} \\ &= \frac{N!}{(N-n)!} \times \frac{1}{k!\,(n-k)!} \\ &= \frac{N!}{k!\,(N-k)!} \times \frac{(N-k)!}{(n-k)!\,(N-n)!} \\ &= \binom{N}{k}\binom{N-k}{n-k}\end{aligned}$$

5. Soit $k \in \{0, 1, \dots, N\}$, $(X = n)_{0 \leq n \leq N}$ est un système complet d'événements de probabilité non nulle. D'après la formule des probabilités totales :

$$\begin{aligned}\mathbb{P}(Y = k) &= \sum_{n=0}^{N} \mathbb{P}(X = n)\mathbb{P}_{(X=n)}(Y = k) \\ &= \sum_{n=0}^{k-1} \mathbb{P}(X = n)\underbrace{\mathbb{P}_{(X=n)}(Y = k)}_{0} + \sum_{n=k}^{N} \mathbb{P}(X = n)\mathbb{P}_{(X=n)}(Y = k) \\ &= \sum_{n=k}^{N} \binom{N}{n} p^n(1-p)^{N-n}\binom{n}{k}\alpha^k(1-\alpha)^{n-k} \\ &= (\alpha p)^k \sum_{n=k}^{N} \underbrace{\binom{N}{n}\binom{n}{k}}_{\binom{N}{k}\binom{N-k}{n-k}}(p(1-\alpha))^{n-k}(1-p)^{N-n} \quad \text{on pose } m = n-k : \\ &= \binom{N}{k}(\alpha p)^k \sum_{m=0}^{N-k} \binom{N-k}{m} \left(p(1-\alpha)\right)^m (1-p)^{N-k-m} \quad \text{et avec le binôme de Newton} \\ &= \binom{N}{k}(\alpha p)^k \left(p(1-\alpha) + (1-p)\right)^{N-k} = \binom{N}{k}(\alpha p)^k(1-\alpha p)^{N-k}\end{aligned}$$

Ainsi $Y \hookrightarrow \mathscr{B}(N, \alpha p)$

Exercice 7 –

1. Faux. $g_X(0) = \mathbb{P}(X = 0)$ et $g_X(1) = \sum_{k=0}^{n} \mathbb{P}(X = k) = 1$ car $X(\Omega) = \{0, 1, \ldots, n\}$.

2. Vrai. Comme g_X est une fonction polynôme, alors g_X est dérivable sur $\mathbb{R}$ et pour tout réel t :

$$g_X'(t) = \sum_{k=1}^{n} \mathbb{P}(X = k)kt^{k-1}$$

De plus $X(\Omega) = \{0, 1, \ldots, n\}$, donc :

$$g_X'(1) = \sum_{k=1}^{n} k\mathbb{P}(X = k) = \mathbb{E}(X)$$

3. Vrai. $g_X''(t) = \sum_{k=2}^{n} \mathbb{P}(X = k)k(k-1)t^{k-2}$ et $g_X''(1) = \sum_{k=2}^{n} \mathbb{P}(X = k)k(k-1)$

Et, en rajoutant les termes nuls en $k = 0$ et $k = 1$:

$$\begin{aligned} g_X''(1) + g_X'(1) - (g_X'(1))^2 &= \sum_{k=0}^{n} \mathbb{P}(X = k)k(k-1) + \sum_{k=0}^{n} k\mathbb{P}(X = k) - (\mathbb{E}(X))^2 \\ &= \sum_{k=0}^{n} \mathbb{P}(X = k)k(k-1+1) - (\mathbb{E}(X))^2 \\ &= \sum_{k=0}^{n} k^2\mathbb{P}(X = k) - (\mathbb{E}(X))^2 \\ &= \mathbb{E}(X^2) - (\mathbb{E}(X))^2 \\ &= \mathbb{V}(X) \end{aligned}$$

4. Faux. Soit $i \in \{0, 1, \ldots, n\}$:

$$\begin{aligned} \forall t \in \mathbb{R},\ g_X^{(i)}(t) &= \sum_{k=i}^{n} \mathbb{P}(X = k)k(k-1)\cdots(k-i+1)t^{k-i} \\ &= \sum_{k=i}^{n} \mathbb{P}(X = k)\frac{k!}{(k-i)!}t^{k-i} \end{aligned}$$

Lorsque $t = 0$, tous les termes de la somme excepté celui correspondant à $k = i$ s'annulent. Il reste $g_X^{(i)}(0) = i!\,\mathbb{P}(X = i)$. On a donc :

$$\mathbb{P}(X = i) = \frac{1}{i!}\, g_X^{(i)}(0)$$

5. Faux. $X \hookrightarrow \mathscr{B}(p)$ donc pour tout réel t, $g_X(t) = \mathbb{P}(X = 0) + \mathbb{P}(X = 1)t = 1 - p + pt$.

6. Vrai. $X \hookrightarrow \mathscr{B}(n, p)$ donc pour tout réel t, $g_X(t) = \sum_{k=0}^{n} \binom{n}{k}(pt)^k(1-p)^{n-k} = (pt + 1 - p)^n$.

29 Espaces probabilisés quelconques

Maîtriser le cours

Exercice 1 – Le vrai/faux du début

On considère une expérience aléatoire $\mathcal{E}$ dont l'univers associé est un ensemble quelconque Ω.
On considère $\mathscr{A}$ l'ensemble des événements et une probabilité $\mathbb{P} : \mathscr{A} \to [0, 1]$.
Soit $(A_n)_{n\in\mathbb{N}}$ une suite d'événements :

$$\forall n \in \mathbb{N},\ A_n \in \mathscr{A}$$

1. $\bigcup_{n\in\mathbb{N}} A_n \in \mathscr{A}$ et $\bigcap_{n\in\mathbb{N}} A_n \in \mathscr{A}$. ☐ Vrai ☐ Faux
2. Soit $\omega \in \Omega$: $\left[\omega \in \bigcap_{n\in\mathbb{N}} A_n\right] \iff [\exists n \in \mathbb{N},\ \omega \in A_n]$. ☐ Vrai ☐ Faux
3. La série $\sum \mathbb{P}(A_n)$ converge. ☐ Vrai ☐ Faux
4. Si $(A_n)_{n\in\mathbb{N}}$ est un système complet d'événements, alors : ☐ Vrai ☐ Faux

$$\forall B \in \mathscr{A},\ \sum \mathbb{P}(A_n \cap B) \text{ converge.}$$

5. Si $(A_n)_{n\in\mathbb{N}}$ est un système complet d'événements tous de probabilité non nulle, alors : ☐ Vrai ☐ Faux

$$\forall B \in \mathscr{A},\ \sum \mathbb{P}_{A_n}(B) \text{ converge.}$$

Exercice 2 –

On considère une expérience dont l'univers est $\Omega = \mathbb{N}^*$. On considère l'application :

$$\mathbb{P} : \mathbb{N}^* \to \mathbb{R}$$
$$n \mapsto \mathbb{P}(n) = \frac{1}{2^n}$$

1. Prouver que $\mathbb{P}$ définit une probabilité sur $\mathbb{N}^*$.
2. Soit $k \in \mathbb{N}^*$. On considère l'événement $A_k = \{nk,\ n \in \mathbb{N}^*\}$.
   - **a)** Écrire A_k sous forme de réunion d'événements élémentaires.
   - **b)** En déduire que : $\mathbb{P}(A_k) = \dfrac{1}{2^k - 1}$.
   - **c)** Calculer $\mathbb{P}(A_2 \cup A_3)$.

Maîtriser les méthodes fondamentales

Exercice 3 –

On lance indéfiniment une pièce dont la probabilité de tomber sur pile est 1/3 et pour tout entier n non nul, on nomme A_n : « pile est apparu pour la première fois au $n^{\text{ème}}$ lancer ».

On dispose de deux urnes : $\mathcal{U}_1$ qui contient une boule blanche et une boule rouge et $\mathcal{U}_2$ qui contient une boule blanche et deux boules rouges. On considère le protocole suivant :

- Si le rang de l'apparition du premier « pile » est impair alors on tire une boule dans l'urne $\mathcal{U}_1$.
- Si le rang de l'apparition du premier « pile » est pair alors on tire une boule dans l'urne $\mathcal{U}_2$.

On s'intéresse à la probabilité de l'événement B : « la boule tirée est blanche ».

1. On suppose dans cette question que n est un entier impair.
   En écrivant $n = 2k + 1$ où $k \in \mathbb{N}$, déterminer $\mathbb{P}(B \cap A_n)$.
2. On suppose dans cette question que n est un entier pair non nul.
   En écrivant $n = 2k$ où $k \in \mathbb{N}^*$, déterminer $\mathbb{P}(B \cap A_n)$.
3. Donner un système complet infini d'événements adapté à cette expérience aléatoire.
4. Déterminer $\mathbb{P}(B)$ à l'aide de la formule des probabilités totales.
   On utilisera le fait que si la série à termes positifs $\sum u_n$ converge alors les séries $\sum u_{2n}$ et $\sum u_{2n+1}$ convergent et :

$$\sum_{n=1}^{+\infty} u_n = \sum_{n=1}^{+\infty} u_{2n} + \sum_{n=0}^{+\infty} u_{2n+1}$$

Pour aller plus loin

Exercice 4 –

Une urne $\mathcal{U}$ contient trois boules indiscernables au toucher. Il y a une boule rouge et deux boules blanches. On effectue une infinité de tirages aléatoires d'une boule avec remise après chaque tirage dans l'urne $\mathcal{U}$.

Soit un entier $n \geq 1$. On considère les événements :

- R_n : « la $n^{\text{ème}}$ boule tirée est rouge »,
- X_n : « obtenir au moins une boule rouge lors des n premiers tirages »,
- Y_n : « lors des n premiers tirages, on n'a jamais tiré de boule rouge »,
- R : « obtenir au moins une boule rouge »,
- S : « n'obtenir que des boules rouges à partir d'un certain tirage »,
- T : « obtenir une infinité de boules rouges ».

On admet que $(\Omega, \mathscr{A}, \mathbb{P})$ est un espace probabilisé modélisant l'expérience.

1. Prouver que la suite $(X_n)_{n\in\mathbb{N}^*}$ est croissante au sens de l'inclusion.
   Qu'en est-il de la suite $(Y_n)_{n\in\mathbb{N}^*}$?
2. Déterminer $\mathbb{P}(X_n)$ pour tout entier naturel non nul n.

3. Exprimer l'événement R en fonction des événements de la suite $(X_n)_{n\in\mathbb{N}^*}$.
4. Exprimer les événements S et T en fonction des événements de la suite $(R_n)_{n\in\mathbb{N}^*}$.
5. Déterminer $\mathbb{P}(R)$.
6. Déterminer $\mathbb{P}(S)$ en considérant pour tout entier naturel non nul n l'événement $A_n = \bigcap_{m=n}^{+\infty} R_m$.

Exercice 5 – Le vrai/faux de la fin

Le poème *Oceano nox* de Victor Hugo comporte 2313 caractères.
Un grand singe immortel tape de façon aléatoire 2313 caractères par jour sur un clavier de 40 touches suffisantes pour écrire le poème. On note pour tout entier non nul n :

A_n : « Le grand singe n'a pas réussi à taper le poème avant le jour n ».

1. La suite $(A_n)_{n\in\mathbb{N}^*}$ est croissante.	☐ Vrai	☐ Faux
2. Il est possible qu'un jour, ce grand singe ait tapé sans aucune faute de frappe *Oceano nox*.	☐ Vrai	☐ Faux

Solution des exercices

Exercice 1 –

1. $\mathscr{A}$ est stable par réunion et intersection dénombrable.	☒ Vrai	☐ Faux
2. En fait, on a : $[\omega \in \bigcap_{n\in\mathbb{N}} A_n] \iff [\forall n \in \mathbb{N},\ \omega \in A_n]$.	☐ Vrai	☒ Faux
3. Considérons la suite $(A_n)_{n\in\mathbb{N}}$ définie par : $$\forall n \in \mathbb{N},\ A_n = \Omega$$ La série $\sum \mathbb{P}(A_n)$ diverge. En revanche, si les termes de $(A_n)_{n\in\mathbb{N}}$ sont deux à deux incompatibles, alors la série converge.	☐ Vrai	☒ Faux
4. $(B \cap A_n)_{n\in\mathbb{N}}$ est une famille d'événements deux à deux incompatibles donc, par σ-additivité, la série $\sum \mathbb{P}(A_n \cap B)$ converge. De plus, la formule des probabilités totales avec le système complet d'événements $(A_n)_{n\in\mathbb{N}}$ donne : $$\sum_{n=0}^{+\infty} \mathbb{P}(A_n \cap B) = \mathbb{P}(B)$$	☒ Vrai	☐ Faux
5. Si $B = \Omega$, pour tout entier naturel n, $\mathbb{P}_{A_n}(B) = 1$ et la série diverge.	☐ Vrai	☒ Faux

Cours

Un ensemble $\mathscr{A} \subset \mathscr{P}(\Omega)$ est l'ensemble des événements si :

- $\Omega \in \mathscr{A}$
- $\forall A \in \mathscr{A},\ \overline{A} \in \mathscr{A}$
- Pour toute suite $(A_n)_{n\in\mathbb{N}}$ d'éléments de $\mathscr{A}$, on a :

$$\bigcup_{n\in\mathbb{N}} A_n \in \mathscr{A}$$

Cours

Si $\mathscr{A}$ est l'ensemble des événements alors :

- $\emptyset \in \mathscr{A}$
- Pour toute suite $(A_n)_{n\in\mathbb{N}}$ d'éléments de $\mathscr{A}$ on a :

$$\bigcap_{n\in\mathbb{N}} A_n \in \mathscr{A}$$

Cours

Soit un univers quelconque Ω et $\mathscr{A}$ l'ensemble des événements.
L'application $\mathbb{P} : \mathscr{A} \to [0, 1]$ est une probabilité si :

- Normalisation : $\mathbb{P}(\Omega) = 1$
- σ-additivité : Pour toute suite $(A_n)_{n\in\mathbb{N}}$ d'événements deux à deux incompatibles (*i.e.* $\forall (n,p) \in \mathbb{N}^2,\ n \neq p \Rightarrow A_n \cap A_p = \emptyset$) alors la série $\sum \mathbb{P}(A_n)$ converge et :

$$\mathbb{P}\left(\bigcup_{n\in\mathbb{N}} A_n\right) = \sum_{n=0}^{+\infty} \mathbb{P}(A_n)$$

Exercice 2 –

1. Pour tout entier $n \geq 1$, on pose $p_n = \dfrac{1}{2^n}$.

À retenir

La suite $(p_n)_{n\geq 1}$ définit une probabilité sur $\mathbb{N}^*$ si et seulement si :

- $\forall n \in \mathbb{N}^*,\ p_n \geq 0$
- La série $\sum p_n$ converge et :

$$\sum_{n=1}^{+\infty} p_n = 1$$

- $\forall n \in \mathbb{N}^*, \; p_n = \dfrac{1}{2^n} > 0$
- $\dfrac{1}{2} \in]-1, 1[$ donc la série $\sum \dfrac{1}{2^n}$ converge et :

$$\sum_{n=1}^{+\infty} \frac{1}{2^n} = \sum_{n=0}^{+\infty} \frac{1}{2^n} - 1 = \frac{1}{1-\frac{1}{2}} - 1 = 1$$

Ainsi, la suite $(p_n)_{n\geq 1}$ définit une probabilité sur $\mathbb{N}^*$

2. Soit $k \in \mathbb{N}^*$:

a) Soit $\omega \in \Omega$: $\omega \in A_k = \{nk, \; n \in \mathbb{N}^*\} \iff \exists n \in \mathbb{N}^*, \; \omega = nk$. On a donc :

$$A_k = \bigcup_{n\in\mathbb{N}^*} \{nk\}$$

b) $A_k = \bigcup_{n\in\mathbb{N}^*} \{nk\}$ union d'événements deux à deux incompatibles.

Par σ-additivité on obtient :

La convergence de la série est acquise par σ-additivité.

$$\begin{aligned}\mathbb{P}(A_k) &= \sum_{n=1}^{+\infty} \mathbb{P}(nk)\\ &= \sum_{n=1}^{+\infty} \frac{1}{2^{nk}}\\ &= \sum_{n=1}^{+\infty} \left(\frac{1}{2^k}\right)^n \quad \text{avec } \frac{1}{2^k} \in]-1, 1[\\ &= \frac{1}{2^k} \times \frac{1}{1-\frac{1}{2^k}}\\ &= \frac{1}{2^k - 1}\end{aligned}$$

À retenir

Si $|x| < 1$ alors les séries $\sum x^n$, $\sum nx^{n-1}$ et $\sum n(n-1)x^{n-2}$ convergent et :

$$\sum_{n=0}^{+\infty} x^n = \frac{1}{1-x}$$

$$\sum_{n=1}^{+\infty} nx^{n-1} = \frac{1}{(1-x)^2}$$

$$\sum_{n=2}^{+\infty} n(n-1)x^{n-2} = \frac{2}{(1-x)^3}$$

c) On a $\mathbb{P}(A_2) = \dfrac{1}{2^2-1} = \dfrac{1}{3}$ et $\mathbb{P}(A_3) = \dfrac{1}{2^3-1} = \dfrac{1}{7}$ et :

$$\mathbb{P}(A_2 \cup A_3) = \mathbb{P}(A_2) + \mathbb{P}(A_3) - \mathbb{P}(A_2 \cap A_3)$$

L'ensemble $(A_2 \cap A_3)$ est composé de tous les multiples communs à 2 et à 3 c'est à dire les multiples de 6. On a donc :

$$\begin{aligned}\mathbb{P}(A_2 \cap A_3) &= \mathbb{P}(A_6)\\ &= \frac{1}{2^6 - 1}\\ &= \frac{1}{63}\end{aligned}$$

On conclut que :

$$\mathbb{P}(A_2 \cup A_3) = \frac{1}{3} + \frac{1}{7} - \frac{1}{63} = \frac{29}{63}$$

Exercice 3 –

1. n est un entier impair donc il existe $k \in \mathbb{N}$ tel que $n = 2k + 1$.
   En notant pour tout entier naturel non nul i, P_i (resp. F_i) l'événement « le $i^{\text{ème}}$ lancer donne pile (resp. face) », on a :

   $$A_{2k+1} = \bigcap_{i=1}^{2k} F_i \cap P_{2k+1}$$

   Et, par indépendance des lancers :

   $$\begin{aligned}\mathbb{P}(A_{2k+1}) &= \prod_{i=1}^{2k} \tfrac{2}{3} \times \frac{1}{3}\\ &= \left(\frac{2}{3}\right)^{2k} \times \frac{1}{3}\end{aligned}$$

   On a $\mathbb{P}(A_{2k+1}) \neq 0$ et :

   $$\mathbb{P}(B \cap A_{2k+1}) = \mathbb{P}(A_{2k+1})\mathbb{P}_{A_{2k+1}}(B)$$

   Sachant que l'événement A_{2k+1} est réalisé, on tire une boule dans l'urne $\mathcal{U}_1$.
   On a donc $\mathbb{P}_{A_{2k+1}}(B) = \dfrac{1}{2}$ et finalement :

   $$\mathbb{P}(B \cap A_{2k+1}) = \left(\frac{2}{3}\right)^{2k} \times \frac{1}{3} \times \frac{1}{2} = \left(\frac{2}{3}\right)^{2k} \times \frac{1}{6}$$

2. n est un entier pair non nul donc il existe $k \in \mathbb{N}^*$ tel que $n = 2k$.
   On a :

   $$\bigcap_{i=1}^{2k-1} F_i \cap P_{2k}$$

   Et, par indépendance des lancers :

   $$\begin{aligned}\mathbb{P}(A_{2k}) &= \prod_{i=1}^{2k-1} \tfrac{2}{3} \times \frac{1}{3}\\ &= \left(\frac{2}{3}\right)^{2k-1} \times \frac{1}{3}\end{aligned}$$

On a $\mathbb{P}(A_{2k}) \neq 0$ et :

$$\mathbb{P}(B \cap A_{2k}) = \mathbb{P}(A_{2k})\mathbb{P}_{A_{2k}}(B)$$

Sachant que l'événement A_{2k} est réalisé, on tire une boule dans l'urne $\mathcal{U}_2$.

On a donc $\mathbb{P}_{A_{2k+1}}(B) = \dfrac{1}{3}$ et finalement :

$$\mathbb{P}(B \cap A_{2k}) = \left(\frac{2}{3}\right)^{2k-1} \times \frac{1}{3} \times \frac{1}{3} = \left(\frac{2}{3}\right)^{2k-1} \times \frac{1}{9}$$

3. $(A_n)_{n\in\mathbb{N}^*}$ est un système complet d'événements.

Cours

$(A_n)_{n\in\mathbb{N}^*}$ est un système complet d'événements si :

- $\forall n \in \mathbb{N}^*,\ A_n \in \mathscr{A}$
- $\forall (n,p) \in \mathbb{N}^* \times \mathbb{N}^*,\ n \neq p \Rightarrow A_n \cap A_p = \emptyset$
- $\displaystyle\bigcup_{n\in\mathbb{N}^*} A_n = \Omega$

4. La formule des probabilités totales avec le système complet d'événements $(A_n)_{n\in\mathbb{N}^*}$ nous permet d'écrire :

$$\mathbb{P}(B) = \sum_{n=1}^{+\infty} \mathbb{P}(B \cap A_n)$$

Cours – Formule des probabilités totales.

Soit $(A_n)_{n\in\mathbb{N}^*}$ un système complet d'événements et $B \in \mathscr{A}$, alors la série $\sum \mathbb{P}(B \cap A_n)$ converge et :

$$\mathbb{P}(B) = \sum_{n=1}^{+\infty} \mathbb{P}(B \cap A_n)$$

Si, de plus, tous les termes de la suite $(A_n)_{n\in\mathbb{N}^*}$ sont de probabilité non nulle :

$$\mathbb{P}(B) = \sum_{n=1}^{+\infty} \mathbb{P}(A_n)\mathbb{P}_{A_n}(B)$$

Comme il est admis dans l'énoncé, séparons les termes impairs et pairs :

$$\begin{aligned}
\mathbb{P}(B) &= \sum_{k=0}^{+\infty} \mathbb{P}(B \cap A_{2k+1}) + \sum_{k=1}^{+\infty} \mathbb{P}(B \cap A_{2k}) \\
&= \frac{1}{6}\sum_{k=0}^{+\infty}\left(\frac{2}{3}\right)^{2k} + \frac{1}{9}\sum_{k=1}^{+\infty}\left(\frac{2}{3}\right)^{2k-1} \\
&= \frac{1}{6} + \frac{1}{6}\sum_{k=1}^{+\infty}\left(\frac{4}{9}\right)^{k} + \frac{1}{9} \times \frac{3}{2}\sum_{k=1}^{+\infty}\left(\frac{2}{3}\right)^{2k} \\
&= \frac{1}{6} + \frac{1}{6}\sum_{k=1}^{+\infty}\left(\frac{4}{9}\right)^{k} + \frac{1}{6}\sum_{k=1}^{+\infty}\left(\frac{4}{9}\right)^{k} \\
&= \frac{1}{6} + 2 \times \frac{1}{6}\sum_{k=1}^{+\infty}\left(\frac{4}{9}\right)^{k} \\
&= \frac{1}{6} + \frac{1}{3} \times \frac{4}{9} \times \frac{1}{1-\frac{4}{9}} \\
&= \frac{13}{30}
\end{aligned}$$

Exercice 4 –

1. Soit n un entier naturel non nul. Si on a obtenu au moins une boule rouge lors des n premiers tirages, alors il en est de même lors des $n+1$ premiers tirages.
Ainsi $X_n \subset X_{n+1}$ et la suite $(X_n)_{n\in\mathbb{N}^*}$ est croissante au sens de l'inclusion.

L'inclusion $X_n \subset X_{n+1}$ équivaut à : $\forall \omega \in \Omega,\ \omega \in X_n \Rightarrow \omega \in X_{n+1}$.

Comme $Y_n = \overline{X_n}$ alors la suite $(Y_n)_{n\in\mathbb{N}^*}$ est décroissante au sens de l'inclusion.

2. Soit n entier naturel non nul. On a $X_n = \overline{Y_n}$ avec :

$$Y_n = \bigcap_{k=1}^{n} \overline{R_k} \quad \text{et} \quad \forall k \in \{1, 2, \dots, n\},\ \mathbb{P}(R_k) = \frac{2}{3}$$

Par indépendance des tirages :

$$\begin{aligned}
\mathbb{P}(Y_n) &= \mathbb{P}\left(\bigcap_{k=1}^{n} \overline{R_k}\right) \\
&= \prod_{k=1}^{n} \mathbb{P}\left(\overline{R_k}\right) \\
&= \prod_{k=1}^{n} \tfrac{2}{3} \\
&= \left(\frac{2}{3}\right)^{n}
\end{aligned}$$

On a donc :

$$\begin{aligned}\mathbb{P}(X_n) &= \mathbb{P}\left(\overline{Y_n}\right)\\ &= 1 - \mathbb{P}(Y_n)\\ &= 1 - \left(\frac{2}{3}\right)^n\end{aligned}$$

3. L'événement R se réalise si et seulement si un des événements de la suite $(X_n)_{n\in\mathbb{N}^*}$ se réalise. Ainsi on a :

$$R = \bigcup_{n\in\mathbb{N}^*} X_n$$

On a aussi $R = \bigcup_{n\in\mathbb{N}^*} R_n$.

4. Formalisons pour $\omega \in \Omega$:

$$\omega \in S \iff \exists n \in \mathbb{N}^*,\ \forall m \geq n,\ \omega \in R_n$$

Donc $S = \bigcup_{n=1}^{+\infty} \bigcap_{m=n}^{+\infty} R_m$.

$$\omega \in T \iff \forall n \in \mathbb{N}^*\ \exists m \geq n\ \omega \in R_n$$

Donc $T = \bigcap_{n=1}^{+\infty} \bigcup_{m=n}^{+\infty} R_m$.

5. Pour déterminer $\mathbb{P}(R)$, nous allons utiliser le théorème suivant :

Cours – Théorème de la limite monotone.

Soit $(\Omega, \mathscr{A}, \mathbb{P})$ un espace probabilisé :

- Pour toute suite $(A_n)_{n\in\mathbb{N}}$ d'éléments de $\mathscr{A}$ croissante au sens de l'inclusion :

$$\mathbb{P}\left(\bigcup_{n\in\mathbb{N}} A_n\right) = \lim_{n\to+\infty} \mathbb{P}(A_n)$$

- Pour toute suite $(A_n)_{n\in\mathbb{N}}$ d'éléments de $\mathscr{A}$ décroissante au sens de l'inclusion :

$$\mathbb{P}\left(\bigcap_{n\in\mathbb{N}} A_n\right) = \lim_{n\to+\infty} \mathbb{P}(A_n)$$

La suite d'événements $(X_n)_{n\in\mathbb{N}^*}$ est croissante au sens de l'inclusion donc :

$$\begin{aligned}\mathbb{P}(R) &= \mathbb{P}\left(\bigcup_{n\in\mathbb{N}^*} X_n\right)\\ &= \lim_{n\to+\infty} \mathbb{P}(X_n)\\ &= \lim_{n\to+\infty} \left[1 - \left(\frac{2}{3}\right)^n\right]\\ &= 1\end{aligned}$$

6. $S = \bigcup_{n=1}^{+\infty} A_n$ où pour tout entier $n \geq 1$, $A_n = \bigcap_{m=n}^{+\infty} R_m$.

> A_n est l'événement : « toutes les boules tirées à partir du $n^{\text{ème}}$ tirage sont rouges ».

Soit $n \in \mathbb{N}^*$. On a :

$$\begin{aligned} A_n &= \bigcap_{m=n}^{+\infty} R_m \\ &= R_n \cap \left(\bigcap_{m=n+1}^{+\infty} R_m \right) \\ &= R_n \cap A_{n+1} \\ &\subset A_{n+1} \end{aligned}$$

La suite $(A_n)_{n\in\mathbb{N}^*}$ est donc croissante au sens de l'inclusion, appliquons le théorème de la limite monotone :

$$\mathbb{P}(S) = \mathbb{P}\left(\bigcup_{n\in\mathbb{N}^*} A_n \right) = \lim_{n\to+\infty} \mathbb{P}(A_n)$$

À retenir

Soit $(A_n)_{n\in\mathbb{N}}$ une suite d'éléments de $\mathscr{A}$:

- Les suites $\left(\bigcup_{k=0}^{n} A_k \right)_{n\in\mathbb{N}}$ et $\left(\bigcap_{k=n}^{+\infty} A_k \right)_{n\in\mathbb{N}}$ sont croissantes.
- Les suites $\left(\bigcap_{k=0}^{n} A_k \right)_{n\in\mathbb{N}}$ et $\left(\bigcup_{k=n}^{+\infty} A_k \right)_{n\in\mathbb{N}}$ sont décroissantes.

Il nous reste à déterminer $\lim_{n\to+\infty} \mathbb{P}(A_n)$, pour cela on utilise la proposition suivante :

Cours – Corollaire de la limite monotone.

Pour toute suite $(A_n)_{n\in\mathbb{N}}$ d'éléments de $\mathscr{A}$:

- $\mathbb{P}\left(\bigcup_{n=0}^{+\infty} A_k \right) = \lim_{n\to+\infty} \mathbb{P}\left(\bigcup_{k=0}^{n} A_k \right)$
- $\mathbb{P}\left(\bigcap_{n=0}^{++\infty} A_k \right) = \lim_{n\to+\infty} \mathbb{P}\left(\bigcap_{k=0}^{n} A_k \right)$

Soit $n \geq 1$. On a :

$$\mathbb{P}(A_n) = \mathbb{P}\left(\bigcap_{m=n}^{+\infty} R_m \right) = \lim_{M\to+\infty} \mathbb{P}\left(\bigcap_{m=n}^{M} R_m \right)$$

Or par indépendance des tirages :

$$\begin{aligned} \mathbb{P}\left(\bigcap_{m=n}^{M} R_m \right) &= \prod_{m=n}^{M} \mathbb{P}(R_m) \\ &= \left(\frac{1}{3} \right)^{M-n+1} \\ &\underset{M\to+\infty}{\longrightarrow} 0 \end{aligned}$$

Donc $\lim_{n\to+\infty} \mathbb{P}(A_n) = 0$ et ainsi $\mathbb{P}(S) = 0$.

Un raisonnement analogue aboutirait à $\mathbb{P}(T) = 1$.

À retenir

- $\mathbb{P}(R) = 1$: R est un événement presque sûr.
- $\mathbb{P}(S) = 0$: S est un événement négligeable.

Exercice 5 –

1. Faux. Soit $n \geq 1$.Si le grand singe n'a pas réussi avant le jour $n + 1$, alors il n'a pas réussi avant le jour n donc $A_{n+1} \subset A_n$. La suite $(A_n)_{n\in\mathbb{N}^*}$ est donc décroissante.
2. Vrai. On note $A = \bigcap_{n\in\mathbb{N}^*} A_n$ l'événement « le grand singe n'arrive jamais à taper *Oceano nox* ».

   La probabilité du succès pour le singe un jour est : $p = \dfrac{1}{40^{2313}} \in]0, 1[$.
   Soit $n \geq 1$, $\mathbb{P}(A_n) = (1 - p)^n$ (échec le jour 1 et le jour 2 et … et le jour n).
   Comme $(1 - p) \in]0, 1[$, alors $\lim_{n\to+\infty} \mathbb{P}(A_n) = \lim_{n\to+\infty} (1 - p)^n = 0$.
   Et d'après le théorème de la limite monotone avec la suite décroissante $(A_n)_{n\in\mathbb{N}^*}$:

   $$\mathbb{P}(A) = \mathbb{P}\left(\bigcap_{n\in\mathbb{N}^*} A_n\right) = \lim_{n\to+\infty} \mathbb{P}(A_n) = 0 \iff \mathbb{P}(\overline{A}) = 1$$

   Le grand singe y arrivera donc presque sûrement un beau jour …

30 Variables aléatoires réelles discrètes infinies

Maîtriser le cours

Exercice 1 – Le vrai/faux du début

Soit X une variable aléatoire réelle définie sur un espace probabilisé $(\Omega, \mathscr{A}, \mathbb{P})$ d'image :

$$X(\Omega) = \{x_n,\ n \in \mathbb{N}\}$$

1. La série $\sum \mathbb{P}(X = x_n)$ converge et :

$$\sum_{n=1}^{+\infty} \mathbb{P}(X = x_n) = 1$$

☐ Vrai ☐ Faux

2. Pour tout $A \in \mathscr{A}$, la série $\sum \mathbb{P}((X = x_n) \cap A)$ converge et :

$$\sum_{n=0}^{+\infty} \mathbb{P}((X = x_n) \cap A) = \mathbb{P}(A)$$

☐ Vrai ☐ Faux

3. Si la série $\sum x_n \mathbb{P}(X = x_n)$ converge alors on a :

$$\sum_{n=0}^{+\infty} x_n \mathbb{P}(X = x_n) = \mathbb{E}(X)$$

☐ Vrai ☐ Faux

Exercice 2 –

Soit deux réels $p \in]0, 1[$ et $\lambda > 0$. On définit les suites $(\mu_n)_{n\in\mathbb{N}^*}$ et $(\nu_n)_{n\in\mathbb{N}}$ par :

$$\forall n \in \mathbb{N}^*,\ \mu_n = (1-p)^{n-1}p \qquad \forall n \in \mathbb{N},\ \nu_n = \frac{e^{-\lambda}\lambda^n}{n!}$$

1. Montrer que les suites $(\mu_n)_{n\in\mathbb{N}^*}$ et $(\nu_n)_{n\in\mathbb{N}}$ définissent des lois de probabilités que l'on notera respectivement μ et ν.

2. Soit deux variables aléatoires réelles X à valeurs dans $\mathbb{N}^*$ et Y à valeurs dans $\mathbb{N}$ suivant respectivement la loi μ et la loi ν.

a) Montrer que X et Y admettent une espérance et les calculer.

b) Montrer que X et Y admettent une variance et les calculer.

Maîtriser les méthodes fondamentales

Exercice 3 –

Soit X une variable aléatoire réelle sur l'espace probabilisé $(\Omega, \mathscr{A}, \mathbb{P})$ dont l'image est $X(\Omega) = \mathbb{N}^*$. La loi de X est donnée par :

$$\forall n \in \mathbb{N}^*,\ \mathbb{P}(X = n) = x^n - y^n \quad \text{où} \quad x = \frac{3}{5} \quad \text{et} \quad y = \frac{1}{3}$$

1. Vérifier que $\sum_{n=1}^{+\infty} \mathbb{P}(X = n) = 1$.
2. Étudier l'existence de l'espérance $\mathbb{E}(X)$ de X.
3. Montrer que, pour tout réel x tel que $|x| < 1$, la série $\sum n^2 x^n$ converge et :

$$\forall x \in \mathbb{R},\ |x| < 1,\ \sum_{n=1}^{+\infty} n^2 x^n = \frac{x(x+1)}{(1-x)^3}$$

4. Étudier l'existence de la variance $\mathbb{V}(X)$ de X.

Exercice 4 –

Une urne $\mathscr{U}$ contient une boule blanche et deux boules rouges. On tire successivement avec remise des boules de l'urne $\mathscr{U}$ et l'on s'intéresse à l'apparition de la deuxième boule blanche.
Soit un entier $n \geq 1$, on considère les événements :

- B_n : « la $n^{\text{ème}}$ boule tirée est blanche »,
- R_n : « la $n^{\text{ème}}$ boule tirée est rouge ».

On admet que $(\Omega, \mathscr{A}, \mathbb{P})$ est un espace probabilisé modélisant l'expérience.
On considère les variables aléatoires suivantes définies sur $(\Omega, \mathscr{A}, \mathbb{P})$:

- N est la variable aléatoire égale au nombre de boules blanches obtenues lors des $(n+1)$ premiers tirages,
- X est la variable aléatoire égale au nombre total de boules rouges tirées une fois que la deuxième boule blanche a été tirée.

1. Donner l'image $X(\Omega)$ de X.
2. Exprimer l'événement $(X = 0)$ en fonction d'événements nommés ci-dessus puis en donner la probabilité.
3. Quelle est la loi de N ? Calculer $\mathbb{P}(N = 1)$.
4. Soit un entier $n \geq 1$. Exprimer l'événement $(X = n)$ à l'aide de N et de B_{n+2} puis en donner sa probabilité. Cette formule est-elle valable pour $n = 0$?
5. Démontrer que X admet une espérance et la calculer.
6. L'expérience se poursuit ainsi : si $X = n$, on choisit aléatoirement un nombre entier compris entre 0 et n, et l'on note Y la variable aléatoire égale à ce nombre.
   a) On considère deux entiers naturels n et k, déterminer $\mathbb{P}_{(X=n)}(Y = k)$.
   b) En déduire la loi de Y.

7. On considère la variable aléatoire $Z = X - Y$.

   a) Soit un entier naturel k, exprimer l'événement $(Z = k)$ comme réunion dénombrable d'événements $(Y = a) \cap (X = b)$ où a et b sont des entiers naturels.

   b) En déduire la loi de Z.

   c) Les variables Z et Y sont-elles indépendantes ?

Pour aller plus loin

Exercice 5 –

Soit X une variable aléatoire réelle d'image $X(\Omega) = \mathbb{N}$.

1. a) Prouver que $\mathbb{P}(X = k) = \mathbb{P}(X > k - 1) - \mathbb{P}(X > k)$ pour tout entier $k \geq 1$.

   b) En déduire que pour tout entier $n \geq 1$:

$$\sum_{k=0}^{n} k\mathbb{P}(X = k) = \sum_{k=0}^{n-1} \mathbb{P}(X > k) - n\mathbb{P}(X > n)$$

2. On suppose dans cette question que la série $\sum \mathbb{P}(X > n)$ converge.
   Prouver que X admet une espérance.

3. On suppose dans cette question que X admet une espérance. Soit $n \in \mathbb{N}$.

   a) i. Montrer que :

$$n\mathbb{P}(X > n) \leq \sum_{k=n+1}^{+\infty} k\mathbb{P}(X = k)$$

   ii. En déduire que $\lim\limits_{n \to +\infty} n\mathbb{P}(X > n) = 0$.

   b) Conclure en justifiant l'équivalence entre les deux propositions suivantes :

   - X admet une espérance.
   - La série $\sum\limits_{n \in \mathbb{N}} \mathbb{P}(X > n)$ converge et $\mathbb{E}(X) = \sum\limits_{n=0}^{+\infty} \mathbb{P}(X > n)$.

4. Un joueur de basket cherche à mettre un panier depuis le milieu du terrain.
   Soit un entier naturel non nul n. On suppose que les résultats des différentes tentatives sont indépendants entre eux et que la probabilité qu'il marque à sa $n^{\text{ème}}$ tentative est égale à $\dfrac{n}{n+1}$.
   X est la variable aléatoire égale au nombre de lancers nécessaires pour marquer son panier (on suppose qu'il y arrivera bien un jour).

   a) Calculer pour tout entier naturel non nul k, $\mathbb{P}(X > k)$.
   On notera pour tout un entier naturel $i \geq 1$, E_i : « Le basketteur échoue à sa $i^{\text{ème}}$ tentative ».

   b) En déduire $\mathbb{P}(X = k)$ pour tout entier naturel non nul k, puis vérifier que :

$$\sum_{n=0}^{+\infty} \mathbb{P}(X = n) = 1$$

   c) Calculer le nombre moyen de lancers pour que le basketteur marque son panier.

Exercice 6 – Le vrai/faux de la fin

Pour tout entier naturel non nul n, l'urne $\mathcal{U}_n$ contient $n+1$ boules numérotées de 0 à n.
L'expérience consiste en une succession d'étapes, la première étape consistant à tirer aléatoirement une boule dans $\mathcal{U}_1$, la deuxième consistant à tirer aléatoirement une boule dans $\mathcal{U}_2$, ...et plus généralement, pour tout entier naturel $n \geq 1$, la $n^{\text{ème}}$ étape consiste à tirer une boule dans l'urne $\mathcal{U}_n$.
On nomme :

- pour tout entier naturel non nul n, X_n le numéro de la boule tirée dans l'urne $\mathcal{U}_n$ à la $n^{\text{ème}}$ étape,
- Y le numéro du tirage où l'on obtient pour la première fois la boule numérotée 0.
  $Y = 0$ si cela n'arrive jamais.

1. $\forall n \in \mathbb{N}^*,\ \mathbb{V}(X_n) = \dfrac{n(n+2)}{12}$ ☐ Vrai ☐ Faux
2. $\forall n \in \mathbb{N}^*,\ (Y = n) = \left(\bigcap_{i=1}^{n-1} (X_i > 0)\right) \cap (X_n = 0)$ ☐ Vrai ☐ Faux
3. Y est une variable aléatoire discrète. ☐ Vrai ☐ Faux
4. Y admet une espérance. ☐ Vrai ☐ Faux

Solution des exercices

Exercice 1 –

1. $(X = x_n)_{n\in\mathbb{N}}$ est un système complet infini d'événements.
   La série $\sum \mathbb{P}(X = x_n)$ converge mais : ☐ Vrai ☒ Faux
   $$\sum_{n=1}^{+\infty} \mathbb{P}(X = x_n) = 1 - \mathbb{P}(X = x_0)$$
2. C'est la formule des probabilités totales appliquée au système complet infini d'événements $\{x_n,\ n \in \mathbb{N}\}$. ☒ Vrai ☐ Faux
3. Pour que X admette une espérance, il faut que la série $\sum x_n \mathbb{P}(X = x_n)$ converge absolument. ☐ Vrai ☒ Faux

À retenir

Soit $A \in \mathscr{A}$ et X une variable aléatoire réelle définie sur un espace probabilisé $(\Omega, \mathscr{A}, \mathbb{P})$ d'image $X(\Omega) = \{x_n,\ n \in \mathbb{N}\}$. On a alors :

- $(X = x_n)_{n\in\mathbb{N}}$ forme un système complet infini d'événements, la série $\sum \mathbb{P}(X = x_n)$ converge et :

$$\sum_{n=0}^{+\infty} \mathbb{P}(X = x_n) = 1$$

- D'après la formule des probabilités totales, la série $\sum \mathbb{P}((X = x_n) \cap A)$ converge et :

$$\sum_{n=0}^{+\infty} \mathbb{P}((X = x_n) \cap A) = \sum_{n=0}^{+\infty} \mathbb{P}(X = x_n)\,\mathbb{P}_{(X=x_n)}(A) = \mathbb{P}(A)$$

Exercice 2 –

1. • La série géométrique $\sum (1-p)^{n-1}$ où $1 - p \in \,]0,1[$ converge et sa somme est :

$$\sum_{n=1}^{+\infty} (1-p)^{n-1} = \sum_{m=0}^{+\infty} (1-p)^m \quad \text{en posant } m = n-1$$
$$= \frac{1}{1-(1-p)}$$
$$= \frac{1}{p}$$

Ainsi la série $\sum \mu_n$ converge et sa somme est :

$$\sum_{n=1}^{+\infty} \mu_n = p\sum_{n=1}^{+\infty} (1-p)^{n-1} = p \times \frac{1}{p} = 1$$

On a de plus pour tout entier naturel non nul n, $\mu_n > 0$, on peut donc conclure que la suite $(\mu_n)_{n\in\mathbb{N}^*}$ définit une loi de probabilités notée μ.

Il s'agit de la loi géométrique de paramètre p.

• La série exponentielle $\sum \frac{\lambda^n}{n!}$ converge et sa somme est :

$$\sum_{n=0}^{+\infty} \frac{\lambda^n}{n!} = e^{\lambda}$$

Ainsi la série $\sum \nu_n$ converge et sa somme est :

$$\sum_{n=0}^{+\infty} \nu_n = e^{-\lambda} \sum_{n=0}^{+\infty} \frac{\lambda^n}{n!} = e^{-\lambda} \times e^{\lambda} = 1$$

On a de plus pour tout entier naturel n, $\nu_n > 0$, on peut donc conclure que la suite $(\nu_n)_{n\in\mathbb{N}}$ définit une loi de probabilités notée ν.

Il s'agit de la loi de Poisson de paramètre λ.

2. Soit X et Y deux variables aléatoires réelles suivant respectivement la loi μ et la loi ν.

a) • La série géométrique dérivée $\sum n(1-p)^{n-1}$ où $1-p \in]0,1[$ converge de somme :

$$\sum_{n=1}^{+\infty} n(1-p)^{n-1} = \frac{1}{(1-(1-p))^2} = \frac{1}{p^2}$$

Ainsi la série $\sum n\mathbb{P}(X=n)$ à termes positifs converge absolument.
La variable X admet donc une espérance égale à :

$$\begin{aligned}\mathbb{E}(X) &= \sum_{n=1}^{+\infty} n\mathbb{P}(X=n)\\ &= p\sum_{n=1}^{+\infty} n(1-p)^{n-1}\\ &= p \times \frac{1}{p^2}\\ &= \frac{1}{p}\end{aligned}$$

Pour une série à termes positifs, la convergence équivaut à la convergence absolue

• On s'intéresse à la convergence absolue de la série $\sum n\mathbb{P}(Y=n)$.
Soit $n \in \mathbb{N}^*$:

$$\begin{aligned}\sum_{k=0}^{n} k\mathbb{P}(Y=k) &= \sum_{k=1}^{n} k\mathrm{e}^{-\lambda}\frac{\lambda^k}{k!}\\ &= \mathrm{e}^{-\lambda}\sum_{k=1}^{n}\frac{\lambda^k}{(k-1)!}\\ &= \mathrm{e}^{-\lambda}\sum_{l=0}^{n-1}\frac{\lambda^{l+1}}{l!} \quad \text{avec le changement d'indice } l=k-1\\ &= \lambda\mathrm{e}^{-\lambda}\sum_{k=0}^{n-1}\frac{\lambda^k}{k!} \underset{n\to+\infty}{\longrightarrow} \lambda\mathrm{e}^{-\lambda}\mathrm{e}^{\lambda} = \lambda\end{aligned}$$

La variable aléatoire Y admet donc une espérance égale à :

$$\mathbb{E}(Y) = \sum_{n=0}^{+\infty} n\mathbb{P}(Y=n) = \lambda$$

Cours

La variable aléatoire réelle X d'image $X(\Omega) = \{x_n,\ n \in \mathbb{N}\}$ admet une espérance si la série $\sum x_n\mathbb{P}(X=x_n)$ converge absolument et alors :

$$\mathbb{E}(X) = \sum_{n=0}^{+\infty} x_n\mathbb{P}(X=x_n)$$

Cours – Formule de transfert.

Soit X une variable aléatoire réelle d'image $X(\Omega) = \{x_n,\ n \in \mathbb{N}\}$ et une application $\varphi : \mathbb{R} \to \mathbb{R}$.

$\mathbb{E}(\varphi(X))$ existe si et seulement si la série $\sum \varphi(x_n)\mathbb{P}(X = x_n)$ converge absolument et dans ce cas :

$$\mathbb{E}(\varphi(X)) = \sum_{n=0}^{+\infty} \varphi(x_n)\,\mathbb{P}(X = x_n)$$

b) • La série géométrique dérivée $\sum n(n-1)(1-p)^{n-2}$ où $1 - p \in]0, 1[$ converge de somme :

$$\sum_{n=2}^{+\infty} n(n-1)(1-p)^{n-2} = \frac{2}{(1-(1-p))^3} = \frac{2}{p^3}$$

On s'intéresse à la convergence absolue de la série $\sum n^2\mathbb{P}(X = n)$.
Soit $n \geq 2$:

$$\begin{aligned}
\sum_{k=1}^{n} k^2\mathbb{P}(X = k) &= \sum_{k=1}^{n} (k(k-1) + k)\mathbb{P}(X = k) \\
&= \sum_{k=2}^{n} k(k-1)\mathbb{P}(X = k) + \sum_{k=1}^{n} k\mathbb{P}(X = k) \\
&= \sum_{k=2}^{n} k(k-1)(1-p)^{k-1}p + \sum_{k=1}^{n} k\mathbb{P}(X = k) \\
&= p(1-p)\underbrace{\sum_{k=2}^{n} k(k-1)(1-p)^{k-2}}_{\underset{n\to+\infty}{\longrightarrow} 2/p^3} + \underbrace{\sum_{k=1}^{n} k\mathbb{P}(X = k)}_{\underset{n\to+\infty}{\longrightarrow} \mathbb{E}(X)} \\
&\underset{n\to+\infty}{\longrightarrow} \frac{2(1-p)}{p^2} + \mathbb{E}(X)
\end{aligned}$$

Ainsi $\mathbb{E}\left(X^2\right)$ existe et :

$$\mathbb{E}\left(X^2\right) = \frac{2(1-p)}{p^2} + \mathbb{E}(X)$$

La variable aléatoire X admet donc une variance égale à :

$$\begin{aligned}
\mathbb{V}(X) &= \mathbb{E}\left(X^2\right) - [\mathbb{E}(X)]^2 \\
&= \frac{2(1-p)}{p^2} + \frac{1}{p} - \frac{1}{p^2} \\
&= \frac{1-p}{p^2}
\end{aligned}$$

- On s'intéresse à la convergence absolue de la série $\sum n^2\mathbb{P}(Y = n)$.
  Soit $n \geq 2$:

$$\begin{aligned}
\sum_{k=0}^{n} k^2\mathbb{P}(Y = k) &= \sum_{k=0}^{n}(k(k-1)+k)\mathbb{P}(Y = k)\\
&= \sum_{k=2}^{n} k(k-1)\mathbb{P}(Y = k) + \sum_{k=0}^{n} k\mathbb{P}(Y = k)\\
&= \mathrm{e}^{-\lambda}\sum_{k=2}^{n} k(k-1)\frac{\lambda^k}{k!} + \sum_{k=0}^{n} k\mathbb{P}(Y = k)\\
&= \mathrm{e}^{-\lambda}\sum_{k=2}^{n} \frac{\lambda^k}{(k-2)!} + \sum_{k=0}^{n} k\mathbb{P}(Y = k)\\
&= \mathrm{e}^{-\lambda}\sum_{k=2}^{n} \frac{\lambda^k}{(k-2)!} + \sum_{k=0}^{n} k\mathbb{P}(Y = k)\\
&= \mathrm{e}^{-\lambda}\sum_{l=0}^{n-2} \frac{\lambda^{l+2}}{l!} + \sum_{k=0}^{n} k\mathbb{P}(Y = k) \quad \text{en posant } l = k-2\\
&= \mathrm{e}^{-\lambda}\lambda^2\underbrace{\sum_{k=0}^{n-2} \frac{\lambda^k}{k!}}_{\underset{n\to+\infty}{\longrightarrow}\mathrm{e}^{\lambda}} + \underbrace{\sum_{k=0}^{n} k\mathbb{P}(Y = k)}_{\underset{n\to+\infty}{\longrightarrow}\mathbb{E}(Y)}\\
&\underset{n\to+\infty}{\longrightarrow} \lambda^2 + \mathbb{E}(Y)
\end{aligned}$$

  Ainsi $\mathbb{E}\left(Y^2\right)$ existe et :

$$\mathbb{E}\left(Y^2\right) = \lambda^2 + \mathbb{E}(Y)$$

  Y admet donc une variance égale à :

$$\mathbb{V}(Y) = \mathbb{E}\left(Y^2\right) - [\mathbb{E}(Y)]^2 = \lambda^2 + \lambda - \lambda^2 = \lambda$$

Méthode

La variable aléatoire réelle X d'image $X(\Omega) = \{x_n,\ n \in \mathbb{N}\}$ admet une variance si et seulement si la série $\sum x_n{}^2\mathbb{P}(X = x_n)$ converge absolument et alors :

$$\mathbb{E}\left(X^2\right) = \sum_{n=0}^{+\infty} x_n{}^2\mathbb{P}(X = x_n) \quad \text{et} \quad \mathbb{V}(X) = \mathbb{E}(X^2) - [\mathbb{E}(X)]^2$$

Exercice 3 –

> Garder x et y pour simplifier les calculs !

1. Soit un entier $n \geq 1$. Considérons la somme partielle :

$$\sum_{k=1}^{n} \mathbb{P}(X = k) = \sum_{k=0}^{n} (x^k - y^k) \text{ par nullité du terme } k = 0$$
$$= \sum_{k=0}^{n} x^k - \sum_{k=0}^{n} y^k$$
$$\underset{n \to +\infty}{\longrightarrow} \frac{1}{1-x} - \frac{1}{1-y} \text{ car } |x| = \frac{3}{5} < 1 \text{ et } |y| = \frac{1}{3} < 1$$

La série $\sum \mathbb{P}(X = n)$ converge donc et :

$$\sum_{n=1}^{+\infty} \mathbb{P}(X = n) = \frac{1}{1 - 3/5} - \frac{1}{1 - 1/3} = \frac{5}{2} - \frac{3}{2} = 1$$

> Il faut reconnaître les séries géométriques dérivées.

2. Soit un entier $n \geq 1$. Considérons la somme partielle :

$$\sum_{k=1}^{n} k\mathbb{P}(X = k) = \sum_{k=1}^{n} k(x^k - y^k)$$
$$= \sum_{k=1}^{n} kx^k - \sum_{k=1}^{n} ky^k$$
$$= x\sum_{k=1}^{n} kx^{k-1} - y\sum_{k=1}^{n} ky^{k-1}$$
$$\underset{n \to +\infty}{\longrightarrow} \frac{x}{(1-x)^2} - \frac{y}{(1-y)^2} \text{ car } |x| = \frac{3}{5} < 1 \text{ et } |y| = \frac{1}{3} < 1$$

La série $\sum n\mathbb{P}(X = n)$ converge absolument donc X admet une espérance :

> L'absolue convergence est acquise car la série est à termes positifs puisque $x \geq y$.

$$\mathbb{E}(X) = \sum_{n=1}^{+\infty} n\mathbb{P}(X = n) = \frac{3/5}{(1 - 3/5)^2} - \frac{1/3}{(1 - 1/3)^2} = \frac{15}{4} - \frac{3}{4} = 3$$

> $k^2 = k(k-1) + k$

3. Soit $x \in \mathbb{R}$, $|x| < 1$ et un entier $n \geq 1$, considérons la somme partielle :

$$\sum_{k=1}^{n} k^2x^k = \sum_{k=1}^{n} (k(k-1) + k)x^k$$
$$= \sum_{k=2}^{n} k(k-1)x^k + \sum_{k=1}^{n} kx^k$$
$$= x^2 \underbrace{\sum_{k=2}^{n} k(k-1)x^{k-2}}_{\underset{n\to+\infty}{\longrightarrow} \frac{2}{(1-x)^3}} + x \underbrace{\sum_{k=1}^{n} kx^{k-1}}_{\underset{n\to+\infty}{\longrightarrow} \frac{1}{(1-x)^2}} \text{ avec } |x| < 1$$
$$\underset{n \to +\infty}{\longrightarrow} \frac{2x^2}{(1-x)^3} + \frac{x}{(1-x)^2} = \frac{x(x+1)}{(1-x)^3}$$

Pour tout réel x, $|x| < 1$, la série $\sum n^2 x^n$ converge donc et $\sum_{n=1}^{+\infty} n^2 x^n = \frac{x(x+1)}{(1-x)^3}$.

4. Soit un entier $n \geq 1$, considérons la somme partielle :

$$\begin{aligned}\sum_{k=1}^{n} k^2 \mathbb{P}(X = k) &= \sum_{k=1}^{n} k^2 (x^k - y^k) \\ &= \sum_{k=1}^{n} k^2 x^k - \sum_{k=1}^{n} k^2 y^k \\ &\underset{n \to +\infty}{\longrightarrow} \frac{x(x+1)}{(1-x)^3} - \frac{y(y+1)}{(1-y)^3} \quad \text{car } |x| = \frac{3}{5} < 1 \text{ et } |y| = \frac{1}{3} < 1\end{aligned}$$

La série $\sum n^2 \mathbb{P}(X = n)$ converge absolument donc X^2 admet une espérance :

$$\mathbb{E}(X^2) = \sum_{n=1}^{+\infty} n^2 \mathbb{P}(X = n) = \frac{3}{5} \times \frac{8}{5} \times \frac{5^3}{2^3} - \frac{1}{3} \times \frac{4}{3} \times \frac{3^3}{2^3} = \frac{27}{2}$$

Ainsi X admet une variance égale à :

$$\mathbb{V}(X) = \mathbb{E}(X^2) - [\mathbb{E}(X)]^2 = \frac{27}{2} - 3^2 = \frac{9}{2}$$

Exercice 4 –

1. L'image de X est $X(\Omega) = \mathbb{N}$.

2. $(X = 0) = B_1 \cap B_2$, par indépendance des tirages on a :

$$\mathbb{P}(X = 0) = \mathbb{P}(B_1 \cap B_2) = \mathbb{P}(B_1)\,\mathbb{P}(B_2) = \left(\frac{1}{3}\right)^2 = \frac{1}{9}$$

3. On répète de façon indépendante $(n+1)$ fois la même épreuve de Bernoulli de paramètre $1/3$. Le compteur de succès N suit la loi binomiale $\mathscr{B}(n+1, 1/3)$. On en déduit que :

$$\begin{aligned}\mathbb{P}(N = 1) &= \binom{n+1}{1} \times \frac{1}{3} \times \left(\frac{2}{3}\right)^{n+1-1} \\ &= \frac{(n+1)2^n}{3^{n+1}}\end{aligned}$$

4. Soit un entier $n \geq 1$. L'événement $(X = n)$ se réalise si et seulement si on a eu une seule boule blanche lors des $n+1$ premiers tirages et une boule blanche au $(n+2)^{\text{ème}}$ tirage.
On a donc :

$$(X = n) = (N = 1) \cap B_{n+2}$$

Par indépendance des tirages, le résultat du $(n+2)^{\text{ème}}$ tirage est indépendant des résultats des $(n+1)$ premiers tirages.

On a donc :

$$\begin{aligned}\mathbb{P}(X = n) &= \mathbb{P}\big((N = 1) \cap B_{n+2}\big)\\ &= \mathbb{P}(N = 1)\mathbb{P}\big(B_{n+2}\big)\\ &= \frac{(n+1)2^n}{3^{n+1}} \times \frac{1}{3}\\ &= \frac{(n+1)2^n}{3^{n+2}}\end{aligned}$$

Pour $n = 0$ on a bien $\mathbb{P}(X = 0) = \dfrac{(0+1)2^0}{3^{0+2}} = \dfrac{1}{9}$.

On a donc :

$$\forall n \in \mathbb{N},\ \mathbb{P}(X = n) = \frac{(n+1)2^n}{3^{n+2}}$$

5. Soit un entier $n \geq 1$. Considérons la somme partielle :

$$\begin{aligned}\sum_{k=0}^{n} k\mathbb{P}(X = k) &= \sum_{k=1}^{n} k \times \frac{(k+1)2^k}{3^{k+2}}\\ &= \frac{2}{3^3}\sum_{k=1}^{n} k(k+1)\left(\frac{2}{3}\right)^{k-1} \qquad \text{on pose } l = k+1 :\\ &= \frac{2}{3^3}\sum_{l=2}^{n+1} l(l-1)\left(\frac{2}{3}\right)^{l-2}\\ &\underset{n\to+\infty}{\longrightarrow} \frac{2}{3^3} \times \frac{2}{(1-2/3)^3} = 4 \quad \text{car } 0 < \frac{2}{3} < 1\end{aligned}$$

La série $\sum_{n\in\mathbb{N}} n\mathbb{P}(X = n)$ converge absolument donc X admet une espérance $\mathbb{E}(X) = 4$.

6. **a)** On considère deux entiers naturels n et k.

Sachant $(X = n)$, on choisit un nombre au hasard dans $\{0, 1, \ldots, n\}$:

- Si $k > n$, il est impossible de choisir le nombre k donc $\mathbb{P}_{(X=n)}(Y = k) = 0$.
- Si $k \leq n$, la loi conditionnelle de Y sachant que l'événement $(X = n)$ est réalisé est la loi uniforme sur $\{0, 1, \ldots, n\}$ donc $\mathbb{P}_{(X=n)}(Y = k) = \dfrac{1}{n+1}$.

b) • Pour $(Y = 0)$, on utilise la formule des probabilités totales avec le système complet d'événements de probabilité non nulle $(X = n)_{n\in\mathbb{N}}$:

$$\begin{aligned}
\mathbb{P}(Y=0) &= \sum_{n=0}^{+\infty} \mathbb{P}(X=n)\mathbb{P}_{(X=n)}(Y=0)\\
&= \sum_{n=0}^{+\infty} \mathbb{P}(X=n)\mathbb{P}_{(X=n)}(Y=0)\\
&= \sum_{n=0}^{+\infty} \frac{(n+1)2^n}{3^{n+2}} \times \frac{1}{n+1}\\
&= \frac{1}{9}\sum_{n=0}^{+\infty}\left(\frac{2}{3}\right)^n\\
&= \frac{1}{9} \times \frac{1}{1-2/3}\\
&= \frac{1}{3}
\end{aligned}$$

• Soit $k \geq 1$, on utilise la formule des probabilités totales avec le système complet d'événements de probabilité non nulle $(X = n)_{n\in\mathbb{N}}$:

$$\begin{aligned}
\mathbb{P}(Y=k) &= \sum_{n=0}^{+\infty} \mathbb{P}(X=n)\mathbb{P}_{(X=n)}(Y=k)\\
&= \sum_{n=0}^{k-1} \mathbb{P}(X=n)\underbrace{\mathbb{P}_{(X=n)}(Y=k)}_{0} + \sum_{n=k}^{+\infty} \mathbb{P}(X=n)\mathbb{P}_{(X=n)}(Y=k)\\
&= \sum_{n=k}^{+\infty} \frac{(n+1)2^n}{3^{n+2}} \times \frac{1}{n+1}\\
&= \frac{1}{9}\sum_{n=k}^{+\infty}\left(\frac{2}{3}\right)^n\\
&= \frac{1}{9} \times \left(\frac{2}{3}\right)^k \times \frac{1}{1-2/3}\\
&= \frac{1}{3} \times \left(\frac{2}{3}\right)^k
\end{aligned}$$

On a donc $Y(\Omega) = \mathbb{N}$ et la loi de Y est donnée par :

$$\forall k \in \mathbb{N},\ \mathbb{P}(Y=k) = \frac{1}{3} \times \left(\frac{2}{3}\right)^k$$

À retenir

Ne pas oublier le premier terme de la série géométrique !

$$\forall k \in \mathbb{N}, \forall x \in]-1,1[,\ \sum_{n=k}^{+\infty} x^n = x^k \times \frac{1}{1-x}$$

7. On considère la variable aléatoire $Z = X - Y$.

a) Signalons déjà que $Y \leq X$, Z est donc à valeurs dans $\mathbb{N}$. Soit $k \in \mathbb{N}$. L'événement $(Z = k)$ peut s'écrire comme réunion dénombrable d'événements deux à deux incompatibles :

$$(Z = k) = \bigcup_{i=0}^{+\infty} (Y = i) \cap (X = k + i)$$

b) Soit $k \in \mathbb{N}$. On a :

$$\begin{aligned}
\mathbb{P}(Z = k) &= \mathbb{P}\left(\bigcup_{i=0}^{+\infty} (Y = i) \cap (X = k + i)\right) \\
&= \sum_{i=0}^{+\infty} \mathbb{P}\big((Y = i) \cap (X = k + i)\big) \quad \text{par incompatibilité} \\
&= \sum_{i=0}^{+\infty} \mathbb{P}\big(X = k + i\big)\, \mathbb{P}_{(X=k+i)}(Y = i) \\
&= \sum_{i=0}^{+\infty} \frac{(k + i + 1)2^{k+i}}{3^{k+i+2}} \times \frac{1}{k + i + 1} \\
&= \frac{1}{9} \times \left(\frac{2}{3}\right)^k \sum_{i=0}^{+\infty} \left(\frac{2}{3}\right)^i \\
&= \frac{1}{9} \times \left(\frac{2}{3}\right)^k \times \frac{1}{1 - 2/3} \\
&= \frac{1}{3} \times \left(\frac{2}{3}\right)^k
\end{aligned}$$

c) Soit deux entiers naturels k et l.

$$\begin{aligned}
\mathbb{P}\big((Z = k) \cap (Y = l)\big) &= \mathbb{P}\big((X - Y = k) \cap (Y = l)\big) \\
&= \mathbb{P}\big((X = k + l) \cap (Y = l)\big) \\
&= \mathbb{P}\big(X = k + l\big)\, \mathbb{P}_{(X=k+l)}(Y = l) \\
&= \frac{(k + l + 1)2^{k+l}}{3^{k+l+2}} \times \frac{1}{k + l + 1} \\
&= \frac{1}{3} \times \left(\frac{2}{3}\right)^k \times \frac{1}{3} \times \left(\frac{2}{3}\right)^k \\
&= \mathbb{P}(Z = k)\mathbb{P}(Y = l)
\end{aligned}$$

Les variables Z et Y sont donc indépendantes.

Exercice 5 –

1. **a)** Soit $k \in \mathbb{N}^*$. $X(\Omega) = \mathbb{N}$ donc $(X > k-1) = (X > k) \cup (X = k)$ qui est l'union de deux événements incompatibles.

Il s'ensuit que $\mathbb{P}(X > k-1) = \mathbb{P}(X > k) + \mathbb{P}(X = k)$.

On a donc $\mathbb{P}(X = k) = \mathbb{P}(X > k-1) - \mathbb{P}(X > k)$ pour tout entier $k \geq 1$.

b) $X(\Omega) = \mathbb{N}$ donc on s'intéresse à la convergence de la série à termes positifs $\sum n\mathbb{P}(X = n)$.

Soit $n \in \mathbb{N}$.

Le terme en $k = 0$ est nul : $\sum_{k=0}^{n} k\mathbb{P}(X = k) = \sum_{k=1}^{n} k\mathbb{P}(X = k)$.

Le résultat est donc inchangé si $X(\Omega) = \mathbb{N}^*$.

$$\begin{aligned}
\sum_{k=1}^{n} k\mathbb{P}(X = k) &= \sum_{k=1}^{n} k(\mathbb{P}(X > k-1) - \mathbb{P}(X > k)) \\
&= \sum_{k=1}^{n} k\mathbb{P}(X > k-1) - \sum_{k=1}^{n} k\mathbb{P}(X > k) \\
&= \sum_{l=0}^{n-1} (l+1)\mathbb{P}(X > l) - \sum_{k=1}^{n} k\mathbb{P}(X > k) \quad \text{en posant } l = k-1 \\
&= \sum_{k=0}^{n-1} (k+1)\mathbb{P}(X > k) - \sum_{k=0}^{n-1} k\mathbb{P}(X > k) - n\mathbb{P}(X > n) \\
&= \sum_{k=0}^{n-1} (k+1-k)\mathbb{P}(X > k) - n\mathbb{P}(X > n) \\
&= \sum_{k=0}^{n-1} \mathbb{P}(X > k) - n\mathbb{P}(X > n)
\end{aligned}$$

2. On suppose dans cette question que la série $\sum \mathbb{P}(X > n)$ converge. Comme cette série est à termes positifs, alors pour tout entier naturel $n \geq 1$:

$$\sum_{k=0}^{n-1} \mathbb{P}(X > k) \leq \sum_{k=0}^{+\infty} \mathbb{P}(X > k)$$

Soit $n \in \mathbb{N}^*$.

$$\begin{aligned}
\sum_{k=0}^{n} k\mathbb{P}(X = k) &= \sum_{k=0}^{n-1} \mathbb{P}(X > k) - \underbrace{n\mathbb{P}(X > n)}_{\geq 0} \\
&\leq \sum_{k=0}^{n-1} \mathbb{P}(X > k) \\
&\leq \sum_{k=0}^{+\infty} \mathbb{P}(X > k)
\end{aligned}$$

La suite des sommes partielles $\left(\sum_{k=0}^{n} k\mathbb{P}(X = k)\right)_{n \in \mathbb{N}^*}$ est croissante (termes positifs) et majorée donc elle converge. La série $\sum n\mathbb{P}(X = n)$ converge absolument donc X admet une espérance.

3. **a)** i. X admet une espérance donc la série $\sum n\mathbb{P}(X = n)$ converge. Par conséquent, la suite des restes $(R_n)_{n\in\mathbb{N}}$ définie par :

$$\forall n \in \mathbb{N},\ R_n = \sum_{k=n+1}^{+\infty} k\mathbb{P}(X = k), \text{ converge vers } 0.$$

Soit $n \in \mathbb{N}$. $(X > n) = \bigcup_{k=n+1}^{+\infty} (X = k)$ et par incompatibilité on a :

$$\mathbb{P}(X > n) = \sum_{k=n+1}^{+\infty} \mathbb{P}(X = k)$$

$$\text{d'où } n\mathbb{P}(X > n) = \sum_{k=n+1}^{+\infty} n\mathbb{P}(X = k)$$

Or $\forall k \geq n+1,\ n\mathbb{P}(X = k) \leq k\mathbb{P}(X = k)$. Donc :

$$n\mathbb{P}(X > n) \leq \underbrace{\sum_{k=n+1}^{+\infty} k\mathbb{P}(X = k)}_{R_n \in \mathbb{R}}$$

ii. On a prouvé que :

- $\forall n \in \mathbb{N},\ 0 \leq n\mathbb{P}(X > n) \leq R_n$
- $\lim_{n\to+\infty} R_n = 0$

Le théorème d'encadrement permet de conclure que :

$$\lim_{n\to+\infty} n\mathbb{P}(X > n) = 0$$

b)

- On a prouvé à la question 2. que si la série $\sum \mathbb{P}(X > n)$ converge alors X admet une espérance.
- De plus, si X admet une espérance alors $\lim_{n\to+\infty} n\mathbb{P}(X > n) = 0$. Soit $n \in \mathbb{N}^*$:

$$\sum_{k=0}^{n} k\mathbb{P}(X = k) = \sum_{k=0}^{n-1} k\mathbb{P}(X > k) - n\mathbb{P}(X > n) \text{ d'où :}$$

$$\sum_{k=0}^{n-1} k\mathbb{P}(X > k) = \underbrace{\sum_{k=0}^{n} k\mathbb{P}(X = k)}_{\underset{n\to+\infty}{\longrightarrow} \mathbb{E}(X)} + \underbrace{n\mathbb{P}(X > n)}_{\underset{n\to+\infty}{\longrightarrow} 0} \underset{n\to+\infty}{\longrightarrow} \mathbb{E}(X)$$

La série $\sum \mathbb{P}(X > n)$ converge donc et $\mathbb{E}(X) = \sum_{n=0}^{+\infty} \mathbb{P}(X > n)$.

4. **a)** Pour tout entier naturel $i \geq 1$, on a :

$$\mathbb{P}(E_i) = 1 - \frac{i}{i+1} = \frac{1}{i+1}$$

Soit $k \in \mathbb{N}^*$. Les résultats des différentes tentatives sont indépendants entre eux, les événements $E_1, E_2, \dots, E_k$ sont mutuellement indépendants et :

$$\begin{aligned}\mathbb{P}(X > k) &= \mathbb{P}(E_1 \cap E_2 \cap \dots \cap E_k)\\ &= \mathbb{P}(E_1)\mathbb{P}(E_2)\dots\mathbb{P}(E_k)\\ &= \frac{1}{2} \times \frac{1}{3} \times \dots \times \frac{1}{k+1}\\ &= \frac{1}{(k+1)!}\end{aligned}$$

b) On a :

$$\forall k \geq 1,\ \mathbb{P}(X = k) = \mathbb{P}(X > k-1) - \mathbb{P}(X > k) = \frac{1}{k!} - \frac{1}{(k+1)!}$$

Soit $n \in \mathbb{N}^*$.

$$\begin{aligned}\sum_{k=1}^{n} \mathbb{P}(X = k) &= \sum_{k=1}^{n} \left(\frac{1}{k!} - \frac{1}{(k+1)!}\right) \quad \text{et par télescopage :}\\ &= 1 - \frac{1}{(n+1)!}\\ &\underset{n\to+\infty}{\longrightarrow} 1\end{aligned}$$

c) Étudions la convergence de la série $\sum \mathbb{P}(X > n)$. Soit $n \in \mathbb{N}$.

$$\begin{aligned}\sum_{k=0}^{n} \mathbb{P}(X > k) &= \sum_{k=0}^{n} \frac{1}{(k+1)!}\\ &= \sum_{l=1}^{n+1} \frac{1}{l!} \quad \text{en posant } l = k+1\\ &= \sum_{k=0}^{n+1} \frac{1}{k!} - 1\\ &\underset{n\to+\infty}{\longrightarrow} \mathrm{e} - 1\end{aligned}$$

La série $\sum \mathbb{P}(X > n)$ converge et, d'après la question 3, $\mathbb{E}(X)$ existe et :

$$\mathbb{E}(X) = \mathrm{e} - 1$$

Le nombre moyen de lancers pour que le basketteur marque son panier est donc $\mathrm{e} - 1$.

Exercice 6 –

1. Soit $n \in \mathbb{N}^*$. $X_n \hookrightarrow \mathcal{U}(\{0, 1, \dots, n\})$

$$\mathbb{V}(X_n) = \frac{(n+1)^2 - 1}{12} = \frac{n(n+2)}{12}$$

☒ Vrai ☐ Faux

2. Soit $n \in \mathbb{N}^*$.

$$(Y = n) = \bigcap_{i=1}^{n-1} (X_i > 0) \cap (X_n = 0)$$

☒ Vrai ☐ Faux

3. Soit $n \in \mathbb{N}^*$. Par mutuelle indépendance des événements $\left((X_i > 0)_{1 \leq i \leq n-1}, (X_n = 0)\right)$:

$$\mathbb{P}(Y = n) = \mathbb{P}(X_n = 0) \prod_{i=1}^{n-1} \mathbb{P}(X_i > 0) = \frac{1}{n+1} \prod_{i=1}^{n-1} \frac{i}{i+1} = \frac{1}{n(n+1)}$$

☒ Vrai ☐ Faux

On a donc :

$$\sum_{k=1}^{n} \mathbb{P}(Y = k) = \sum_{k=1}^{n} \underbrace{\left(\frac{1}{k} - \frac{1}{k+1}\right)}_{\frac{1}{k(k+1)}} = 1 - \frac{1}{n+1} \underset{n \to +\infty}{\longrightarrow} 1$$

Y est bien une variable aléatoire discrète .

4. La série $\sum n\mathbb{P}(Y = n)$ diverge puisque son terme général est $\frac{1}{n+1} \sim \frac{1}{n} \geq 0$. Y n'admet pas d'espérance.

☐ Vrai ☒ Faux

31 Lois discrètes infinies usuelle

Maîtriser le cours

Exercice 1 – Le vrai/faux du début

Soit X et Y deux variables aléatoires réelles définies sur un espace probabilisé $(\Omega, \mathscr{A}, \mathbb{P})$.
X suit la loi géométrique de paramètre $p \in]0,1[$ et Y suit la loi de Poisson de paramètre $\lambda > 0$.

1. $\mathbb{P}(X > 0) = \mathbb{P}(Y > 0) = 1$ ☐ Vrai ☐ Faux
2. ☐ Vrai ☐ Faux
$$\forall n \in \mathbb{N}^*,\ \mathbb{P}(X = n) = (1-p)^n p$$
3. ☐ Vrai ☐ Faux
$$\forall n \in \mathbb{N},\ \mathbb{P}(Y = n) = \frac{e^{\lambda}\lambda^n}{n!}$$
4. L'espérance et la variance de Y sont égales. ☐ Vrai ☐ Faux
5. La série $\sum \frac{n^2 e^{-\lambda}\lambda^n}{n!}$ converge et $\sum_{n=0}^{+\infty} \frac{n^2 e^{-\lambda}\lambda^n}{n!} = \lambda(\lambda+1)$. ☐ Vrai ☐ Faux

Exercice 2 –

Soit $a \in \mathbb{R}$. On considère deux variables aléatoires X et Y à valeurs dans $\mathbb{N}^*$ dont la loi conjointe est donnée par :

$$\forall (i,j) \in (\mathbb{N}^*)^2,\ \mathbb{P}((X = i) \cap (Y = j)) = \frac{a}{2^{i+j}}$$

1. Déterminer la valeur de a.
2. Déterminer les lois marginales.
3. Les variables aléatoires X et Y sont-elles indépendantes ?

Exercice 3 –

Soit $a \in \mathbb{R}$. On considère deux variables aléatoires X et Y à valeurs dans $\mathbb{N}$ dont la loi conjointe est donnée par :

$$\forall (i,j) \in \mathbb{N}^2,\ \mathbb{P}((X = i) \cap (Y = j)) = \frac{a}{i!\,j!}$$

1. Déterminer la valeur de a.
2. Déterminer les lois marginales.
3. Les variables aléatoires X et Y sont-elles indépendantes ?

Exercice 4 –

Lors d'un jeu télévisé, chaque jour Morgane affronte trois nouveaux candidats. Si elle gagne, elle a le droit de tourner la roue de la chance afin de gagner le pactole du jour et de poursuivre son aventure le jour suivant. Si elle perd, elle ne tourne pas la roue et ne revient pas le lendemain. On considère :

- $p \in]0, 1[$ la probabilité que Morgane sorte victorieuse de sa confrontation quotidienne avec les trois autres candidats,
- $\alpha \in]0, 1[$ la probabilité de gagner le pactole du jour à la roue de la chance,
- N la variable aléatoire égale au nombre de jours durant lesquels Morgane a joué,
- X la variable aléatoire égale au nombre de fois où Morgane a gagné le pactole du jour.
  On suppose que les gains aux différents tours de roue sont mutuellement indépendants.

1. Quelle est la loi de N ?
2. Soit $n \in \mathbb{N}$. Déterminer la loi conditionnelle de X sachant $(N = n + 1)$.
   Préciser la valeur de $\mathbb{P}_{(N=n+1)}(X = k)$ pour tout entier naturel k.
3. Prouver que :
$$\forall k \in \mathbb{N},\ \mathbb{P}(X = k) = (1 - p)(\alpha p)^k \sum_{n=k}^{+\infty} \binom{n}{k} [p(1 - \alpha)]^{n-k}$$
4. En déduire la loi de X. On admettra la formule du binôme négatif :
$$\forall x \in]-1, 1[,\ \sum_{n=k}^{+\infty} \binom{n}{k} x^{n-k} = \frac{1}{(1 - x)^{k+1}}$$
5. Démontrer que la variable aléatoire réelle $Y = X + 1$ suit la loi géométrique de paramètre $r = 1 - \dfrac{\alpha p}{1 - p + \alpha p}$.
6. En déduire $\mathbb{E}(X)$.

Exercice 5 –

Deux professeurs proposent, lors d'une matinée, des khôlles à leurs étudiants.
On note N le nombre d'élèves se présentant à cette matinée. On suppose que $N \hookrightarrow \mathscr{P}(\lambda)$ avec $\lambda > 0$.
À leur arrivée, les étudiants choisissent le premier professeur avec la probabilité p et le second professeur avec la probabilité $q = 1 - p$ où $p \in]0, 1[$. Les étudiants choisissent le professeur de façon indépendante.
On nomme X la variable aléatoire égale au nombre d'étudiants qui ont choisi le premier professeur et Y la variable aléatoire égale au nombre d'étudiants qui ont choisi le second professeur.

1. Soit $n \in \mathbb{N}$. Déterminer la loi conditionnelle de X sachant $(N = n)$.
2. En déduire la loi de X.
3. Déterminer la loi de Y.
4. Les variables X et Y sont-elles indépendantes ?

Exercice 6 –

Soit deux réels λ et μ strictement positifs et deux variables aléatoires réelles indépendantes $X \hookrightarrow \mathscr{P}(\lambda)$ et $Y \hookrightarrow \mathscr{P}(\mu)$. Prouver que :

$$Z = X + Y \hookrightarrow \mathscr{P}(\lambda + \mu)$$

Pour aller plus loin

Exercice 7 –

On dit qu'une variable aléatoire X à valeurs dans $\mathbb{N}$ suit une loi sans mémoire si :

$$\forall n \in \mathbb{N},\ \mathbb{P}(X > n) > 0 \quad \text{et} \quad \forall (n, m) \in \mathbb{N}^2,\ \mathbb{P}_{(X>n)}(X > n + m) = \mathbb{P}(X > m)$$

1. Soit X une variable aléatoire à valeurs dans $\mathbb{N}$.
Montrer que « X suit une loi sans mémoire » équivaut à :

$$\forall n \in \mathbb{N},\ \mathbb{P}(X > n) > 0 \quad \text{et} \quad \forall (n, p) \in \mathbb{N}^2,\ \mathbb{P}(X > n + m) = \mathbb{P}(X > n)\mathbb{P}(X > m)$$

2. Montrer que la loi géométrique est une loi sans mémoire.

3. Réciproquement soit X une variable aléatoire à valeurs dans $\mathbb{N}$ suivant une loi sans mémoire.

a) Démontrer que $\mathbb{P}(X > 0) = 1$.

b) On considère $p = \mathbb{P}(X = 1) \in]0, 1[$. Pour tout entier naturel n, on pose $u_n = \mathbb{P}(X > n)$.
Montrer que la suite $(u_n)_{n\in\mathbb{N}}$ est géométrique de raison $1 - p$.

c) En déduire que X suit une loi géométrique dont on précisera le paramètre.

Exercice 8 –

On dit qu'une variable aléatoire N à valeurs dans $\mathbb{N}$ vérifie une relation de Panjer s'il existe un réel $a < 1$ et un réel b tels que :

$$\mathbb{P}(N = 0) \neq 1 \quad \text{et} \quad \forall k \in \mathbb{N}^*,\ \mathbb{P}(N = k) = \left(a + \frac{b}{k}\right)\mathbb{P}(N = k - 1)$$

1. On suppose dans cette question que $a = 0$.

a) Montrer que :

$$\forall k \in \mathbb{N},\ \mathbb{P}(N = k) = \frac{b^k}{k!}\mathbb{P}(N = 0)$$

b) Montrer que $\mathbb{P}(N = 0) = \mathrm{e}^{-b}$ puis que b est un réel strictement positif.

c) Identifier la loi suivie par la variable N.

2. On suppose dans cette question que Z suit la loi binomiale de paramètres $n \in \mathbb{N}^*$ et $p \in]0, 1[$.

a) Montrer que :

$$\forall k \in \{1, 2, \dots, n\},\ \mathbb{P}(Z = k) = \frac{p}{1 - p} \times \frac{n - k + 1}{k} \times \mathbb{P}(Z = k - 1)$$

b) En déduire que Z vérifie une relation de Panjer en précisant les valeurs de a et b correspondantes en fonction de n et p.

Exercice 9 – Le vrai/faux de la fin

Soit X une variable aléatoire réelle définie sur $(\Omega, \mathscr{A}, \mathbb{P})$ et à valeurs dans $\mathbb{N}$.
On pose : $\forall n \in \mathbb{N},\ p_n = \mathbb{P}(X = n)$.

1. Pour tout réel $t \in [-1, 1]$, la série $\sum p_n t^n$ converge de somme :

$$g_X(t) = \sum_{n=0}^{+\infty} p_n t^n$$ ☐ Vrai ☐ Faux

g_X est appelée fonction génératrice de X.

2. Soit $p \in]0, 1[$ et $X \hookrightarrow \mathscr{G}(p)$: ☐ Vrai ☐ Faux

$$\forall t \in [-1, 1],\ g_X(t) = \frac{pt}{pt - t + 1}$$

3. Soit $\lambda > 0$ et $Y \hookrightarrow \mathscr{P}(\lambda)$: ☐ Vrai ☐ Faux

$$\forall t \in \mathbb{R},\ g_Y(t) = \mathrm{e}^{\lambda t}$$

Solution des exercices

Exercice 1 –

Cours – Loi géométrique.

Soit $p \in]0, 1[$. On dit qu'une variable aléatoire réelle X suit la loi géométrique de paramètre p (on note $X \hookrightarrow \mathscr{G}(p)$) si :

- X est presque sûrement à valeurs dans $\mathbb{N}^*$ *i.e.* $\mathbb{P}(X \in \mathbb{N}^*) = 1$.
- $\forall n \in \mathbb{N}^*,\ \mathbb{P}(X = n) = p(1-p)^{n-1}$

X admet alors une espérance $\mathbb{E}(X) = \dfrac{1}{p}$ et une variance $\mathbb{V}(X) = \dfrac{1-p}{p^2}$.

Cours – Loi de Poisson.

Soit un réel $\lambda > 0$. On dit qu'une variable aléatoire réelle Y suit la loi de Poisson de paramètre λ (on note $X \hookrightarrow \mathscr{P}(\lambda)$) si :

- Y est à valeurs dans $\mathbb{N}$.
- $\forall n \in \mathbb{N},\ \mathbb{P}(Y = n) = \dfrac{\mathrm{e}^{-\lambda}\lambda^n}{n!}$

X admet alors une espérance $\mathbb{E}(X) = \lambda$ et une variance $\mathbb{V}(X) = \lambda$.

1. Attention aux images, $X(\Omega) = \mathbb{N}^*$ donc $\mathbb{P}(X > 0) = 1$ mais $Y(\Omega) = \mathbb{N}$ et $\mathbb{P}(Y > 0) = 1 - e^{-\lambda} < 1$. ☐ Vrai ☒ Faux
2. $\mathbb{P}(X = n) = (1-p)^{n-1}p$ ☐ Vrai ☒ Faux
3. $\mathbb{P}(Y = n) = \dfrac{e^{-\lambda}\lambda^n}{n!}$ ☐ Vrai ☒ Faux
4. $\mathbb{E}(X) = \mathbb{V}(X) = \lambda$ ☒ Vrai ☐ Faux
5. Il s'agit de $\mathbb{E}\left(Y^2\right) = \mathbb{V}(Y) + [\mathbb{E}(Y)]^2 = \lambda + \lambda^2$. ☒ Vrai ☐ Faux

Exercice 2 –

1. Une probabilité est toujours positive donc a est nécessairement un réel positif.
La famille $((X = i) \cap (Y = j))_{(i,j)\in(\mathbb{N}^*)^2}$ est un système complet d'événements donc la série $\sum\limits_{(i,j)\in(\mathbb{N}^*)^2} \mathbb{P}((X = i) \cap (Y = j))$ converge, de somme égale à 1.

$$\sum_{i=1}^{+\infty}\sum_{j=1}^{+\infty} \mathbb{P}((X = i) \cap (Y = j)) = 1 \iff \sum_{i=1}^{+\infty}\sum_{j=1}^{+\infty} \frac{a}{2^{i+j}} = 1$$
$$\iff a \underbrace{\left(\sum_{i=1}^{+\infty} \frac{1}{2^i}\right)}_{1} \underbrace{\left(\sum_{j=1}^{+\infty} \frac{1}{2^j}\right)}_{1} = 1$$
$$\iff a = 1$$

$-1 < 1/2 < 1$ donc $\sum\limits_{i=1}^{+\infty} \frac{1}{2^i} = \frac{1}{2} \times \frac{1}{1 - 1/2}$

$1 \geq 0$ donc $a = 1$ convient.

2. Soit $i \in \mathbb{N}^*$. $\left(Y = j\right)_{j\in\mathbb{N}^*}$ est un système complet d'événements donc, d'après la formule des probabilités totales :

$$\begin{aligned}\mathbb{P}(X = i) &= \sum_{j=1}^{+\infty} \mathbb{P}((X = i) \cap (Y = j)) \\ &= \sum_{j=1}^{+\infty} \frac{1}{2^{i+j}} \\ &= \frac{1}{2^i}\sum_{j=1}^{+\infty} \frac{1}{2^j} \\ &= \frac{1}{2^i}\end{aligned}$$

X est donc à valeurs dans $\mathbb{N}^*$ et :

$$\forall i \in \mathbb{N}^*,\ \mathbb{P}(X = i) = \frac{1}{2}\left(\frac{1}{2}\right)^{i-1}$$

Ainsi $X \hookrightarrow \mathscr{G}\left(\frac{1}{2}\right)$ et, par symétrie, on a aussi $Y \hookrightarrow \mathscr{G}\left(\frac{1}{2}\right)$.

3. Soit $(i,j) \in (\mathbb{N}^*)^2$:

$$\begin{aligned}\mathbb{P}((X=i)\cap(Y=j)) &= \frac{1}{2^{i+j}}\\ &= \frac{1}{2^i}\times\frac{1}{2^j}\\ &= \mathbb{P}(X=i)\mathbb{P}(Y=j)\end{aligned}$$

Les variables X et Y sont donc indépendantes.

Exercice 3 –

1. Une probabilité est toujours positive donc a est nécessairement un réel positif.
La famille $((X=i)\cap(Y=j))_{(i,j)\in\mathbb{N}^2}$ étant un système complet d'événements, la série $\sum_{(i,j)\in\mathbb{N}^2} \mathbb{P}((X=i)\cap(Y=j))$ converge, de somme égale à 1.

$$\begin{aligned}\sum_{i=0}^{+\infty}\sum_{j=0}^{+\infty}\mathbb{P}((X=i)\cap(Y=j)) = 1 &\iff \sum_{i=0}^{+\infty}\sum_{j=0}^{+\infty}\frac{a}{i!\,j!} = 1\\ &\iff a\underbrace{\left(\sum_{i=0}^{+\infty}\frac{1}{i!}\right)}_{\mathrm{e}}\underbrace{\left(\sum_{j=0}^{+\infty}\frac{1}{j!}\right)}_{\mathrm{e}} = 1\\ &\iff a = \mathrm{e}^{-2}\end{aligned}$$

$\sum_{i=0}^{+\infty}\frac{1}{i!} = \mathrm{e}$

$\mathrm{e}^{-2} \geq 0$ donc $a = \mathrm{e}^{-2}$ convient.

2. Soit $i \in \mathbb{N}^*$. $(Y=j)_{j\in\mathbb{N}}$ est un système complet d'événements donc, d'après la formule des probabilités totales :

$$\begin{aligned}\mathbb{P}(X=i) &= \sum_{j=0}^{+\infty}\mathbb{P}((X=i)\cap(Y=j))\\ &= \sum_{j=0}^{+\infty}\frac{\mathrm{e}^{-2}}{i!\,j!}\\ &= \frac{\mathrm{e}^{-2}}{i!}\underbrace{\sum_{j=0}^{+\infty}\frac{1}{j!}}_{\mathrm{e}}\\ &= \frac{\mathrm{e}^{-1}}{i!}\end{aligned}$$

X est donc à valeurs dans $\mathbb{N}$ et :

$$\forall i \in \mathbb{N},\ \mathbb{P}(X=i) = \frac{\mathrm{e}^{-1}}{i!} = \frac{\mathrm{e}^{-1}1^i}{i!}$$

Ainsi $X \hookrightarrow \mathscr{P}(1)$ et, par symétrie, on a aussi $Y \hookrightarrow \mathscr{P}(1)$.

3. Soit $(i, j) \in \mathbb{N}^2$:

$$\begin{aligned}\mathbb{P}((X = i) \cap (Y = j)) &= \frac{e^{-2}}{i!\,j!} \\ &= \frac{e^{-1}}{i!} \times \frac{e^{-1}}{j!} \\ &= \mathbb{P}(X = i)\mathbb{P}(Y = j)\end{aligned}$$

Les variables X et Y sont donc indépendantes.

Exercice 4 –

1. Morgane joue tant qu'elle est victorieuse et la série de jours où elle participe au jeu s'arrête à sa première défaite. L'image de N est $N(\Omega) = \mathbb{N}^*$.
Pour tout entier naturel non nul n, on nomme G_n l'événement « Morgane gagne le $n^{\text{ème}}$ jour ».
$\mathbb{P}(N = 1) = \mathbb{P}(G_1) = p$ et, pour tout $n \geq 2$:

$$\begin{aligned}\mathbb{P}(N = n) &= \mathbb{P}(G_1 \cap G_2 \cap \ldots \cap G_{n-1} \cap \overline{G_n}) \\ &= \mathbb{P}(G_1)\mathbb{P}_{G_1}(G_2) \ldots \mathbb{P}_{(G_1 \cap G_2 \cap \ldots \cap G_{n-1} \cap G_{n-1})}(\overline{G_n}) \quad \text{avec } \mathbb{P}(G_1 \cap G_2 \cap \ldots \cap G_{n-1}) \neq 0 \\ &= p^{n-1}q\end{aligned}$$

On a ainsi :

$$N \hookrightarrow \mathcal{G}(q)$$

Il n'y a ici pas d'indépendance car $\mathbb{P}\left(\overline{G_n} \cap G_{n+1}\right) = 0$.

À retenir

- La loi de la variable aléatoire égale au nombre X d'épreuves indépendantes de Bernoulli de paramètre p nécessaires pour obtenir le premier succès est la loi géométrique $\mathcal{G}(p)$. On peut toutefois (comme ici) avoir une loi géométrique sans avoir l'indépendance des épreuves.
- $Y = X - 1$ est la variable aléatoire égale au nombre d'échecs avant le premier succès.

Dans cette expérience, N est le rang du premier échec, la probabilité de l'échec étant $q = 1 - p$.

Dans cette situation, on mesure le rang du premier échec, on échange donc les rôles de p et q.

2. Soit un entier naturel n. Sachant que l'événement $(N = n+1)$ de probabilité non nulle est réalisé, Morgane s'est fait éliminer le $(n+1)^{\text{ème}}$ jour, elle a donc fait tourner la roue de la chance n jours d'affilée de façon indépendante avec α comme probabilité de succès. La loi conditionnelle de X sachant que l'événement $(N = n + 1)$ est réalisé est donc la loi binomiale $\mathcal{B}(n, \alpha)$:

$$\forall k \in \mathbb{N},\ \mathbb{P}_{(N=n+1)}(X = k) = \begin{cases} \binom{n}{k}\alpha^k(1-\alpha)^{n-k} & \text{si } k \leq n \\ 0 & \text{si } k > n \end{cases}$$

3. Soit k un entier naturel. La formule des probabilités totales avec le système complet d'événements de probabilité non nulle $(N = n+1)_{n\in\mathbb{N}}$ nous permet d'écrire :

$$\begin{aligned}
\mathbb{P}(X=k) &= \sum_{n=0}^{+\infty} \mathbb{P}(N=n+1)\mathbb{P}_{(N=n+1)}(X=k)\\
&= \sum_{n=0}^{k-1} \mathbb{P}(N=n+1)\underbrace{\mathbb{P}_{(N=n+1)}(X=k)}_{0} + \sum_{n=k}^{+\infty} \mathbb{P}(N=n+1)\mathbb{P}_{(N=n+1)}(X=k)\\
&= \sum_{n=k}^{+\infty} qp^n \binom{n}{k} \alpha^k (1-\alpha)^{n-k}\\
&= q\alpha^k \sum_{n=k}^{+\infty} p^{n-k} p^k \binom{n}{k} (1-\alpha)^{n-k}\\
&= (1-p)(\alpha p)^k \sum_{n=k}^{+\infty} \binom{n}{k} [p(1-\alpha)]^{n-k}
\end{aligned}$$

4. $X(\Omega) = \mathbb{N}$, de plus $|p(1-\alpha)| < 1$ donc la formule du binôme négatif s'applique et :

$$\sum_{n=k}^{+\infty} \binom{n}{k} [p(1-\alpha)]^{n-k} = \frac{1}{(1-p(1-\alpha))^{k+1}}$$

On a ainsi :

$$\forall k \in \mathbb{N},\ \mathbb{P}(X=k) = \frac{(1-p)(\alpha p)^k}{(1-p(1-\alpha))^{k+1}}$$

5. X est à valeurs dans $\mathbb{N}$ donc $Y = X+1$ est à valeurs dans $\mathbb{N}^*$.
Soit $k \in \mathbb{N}^*$. On a :

$$\begin{aligned}
\mathbb{P}(Y=k) &= \mathbb{P}(X+1=k)\\
&= \mathbb{P}(X=k-1)\\
&= \frac{(1-p)(\alpha p)^{k-1}}{(1-p(1-\alpha))^k}\\
&= \left(\frac{\alpha p}{1-p+\alpha p}\right)^{k-1} \times \frac{1-p+\alpha p-\alpha p}{1-p+\alpha p}\\
&= \left(\frac{\alpha p}{1-p+\alpha p}\right)^{k-1} \times \left(1 - \frac{\alpha p}{1-p+\alpha p}\right)
\end{aligned}$$

En posant $r = 1 - \dfrac{\alpha p}{1-p+\alpha p} = \dfrac{1-p}{1-p+\alpha p}$, on obtient :

$$\forall k \in \mathbb{N}^*,\ \mathbb{P}(Y=k) = r(1-r)^{k-1}$$

Comme $\alpha p > 0$ alors $0 < 1-p < 1-p+\alpha p$, on a donc $r \in]0,1[$ et ainsi :

$$Y \hookrightarrow \mathcal{G}(r)$$

6. $Y \hookrightarrow \mathscr{G}(r)$ donc $\mathbb{E}(Y) = \dfrac{1}{r}$.
On a donc :

$$\begin{aligned}\mathbb{E}(X) &= \mathbb{E}(Y-1)\\ &= \mathbb{E}(Y)-1\\ &= \frac{1}{r}-1\\ &= \frac{1-p+\alpha p}{1-p}-1\\ &= \frac{\alpha p}{1-p}\end{aligned}$$

Exercice 5 –

1. Soit $n \in \mathbb{N}$. Sachant que l'événement $(N = n)$ de probabilité non nulle est réalisé, il y a n étudiants qui choisissent de façon indépendante un professeur et comme la probabilité de choisir le premier professeur est p, alors la loi conditionnelle de X sachant $(N = n)$ est la loi binomiale $\mathscr{B}(n, p)$:

$$\forall k \in \mathbb{N},\ \mathbb{P}_{(N=n)}(X = k) = \begin{cases} \dbinom{n}{k} p^k (1-p)^{n-k} & \text{si } k \leq n \\ 0 & \text{si } k > n \end{cases}$$

2. Comme le premier professeur peut être choisi soit par aucun étudiant, soit par un étudiant,..., soit par tous les étudiants présents à cette matinée alors on a $X(\Omega) = \mathbb{N}$.
Soit k un entier naturel. La formule des probabilités totales avec le système complet d'événements de probabilité non nulle $(N = n)_{n\in\mathbb{N}}$ nous permet d'écrire :

$$\begin{aligned}\mathbb{P}(X = k) &= \sum_{n=0}^{+\infty} \mathbb{P}(N = n)\mathbb{P}_{(N=n)}(X = k)\\ &= \sum_{n=0}^{k-1} \mathbb{P}(N = n)\underbrace{\mathbb{P}_{(N=n)}(X = k)}_{0} + \sum_{n=k}^{+\infty} \mathbb{P}(N = n)\mathbb{P}_{(N=n)}(X = k)\\ &= \sum_{n=k}^{+\infty} \frac{\mathrm{e}^{-\lambda}\lambda^n}{n!}\binom{n}{k} p^k(1-p)^{n-k}\\ &= \mathrm{e}^{-\lambda}p^k \sum_{n=k}^{+\infty} \frac{\lambda^{n-k}\lambda^k}{n!} \times \frac{n!}{k!(n-k)!}(1-p)^{n-k}\\ &= \frac{\mathrm{e}^{-\lambda}(\lambda p)^k}{k!} \sum_{n=k}^{+\infty} \frac{[\lambda(1-p)]^{n-k}}{(n-k)!} \quad \text{on pose } m = n-k :\\ &= \frac{\mathrm{e}^{-\lambda}(\lambda p)^k}{k!} \underbrace{\sum_{m=0}^{+\infty} \frac{[\lambda(1-p)]^m}{m!}}_{\mathrm{e}^{\lambda(1-p)}} = \frac{\mathrm{e}^{-\lambda p}(\lambda p)^k}{k!}\end{aligned}$$

Comme $\lambda p > 0$, on a :

$$X \hookrightarrow \mathscr{P}(\lambda p)$$

3. Par symétrie, on a $Y \hookrightarrow \mathscr{P}(\lambda q)$ où $q = 1 - p$.

4. Soit $(i, j) \in \mathbb{N}^2$. Comme $N = X + Y$, on a :

$$(X = i) \cap (Y = j) = (X = i) \cap (N = i + j)$$

Méthode

Comme on connaît la loi conditionnelle de X sachant $(N = n)$, il faut penser à exprimer Y en fonction de N.

Comme $\mathbb{P}(N = i + j) \neq 0$, on a :

$$\begin{aligned}
\mathbb{P}((X = i) \cap (Y = j)) &= \mathbb{P}((X = i) \cap (N = i + j)) \\
&= \mathbb{P}(N = i + j)\mathbb{P}_{(N=i+j)}(X = i) \\
&= \frac{e^{-\lambda}\lambda^{i+j}}{(i+j)!}\binom{i+j}{i}p^i(1-p)^{i+j-i} \\
&= \frac{e^{-\lambda}\lambda^{i+j}}{(i+j)!} \times \frac{(i+j)!}{i!j!}p^i q^j \\
&= e^{-\lambda} \times \frac{(\lambda p)^i}{i!} \times \frac{(\lambda q)^j}{j!} \\
&= \frac{e^{-\lambda p}(\lambda p)^i}{i!} \times \frac{e^{-\lambda q}(\lambda q)^j}{j!} \quad \text{car } e^{-\lambda} = e^{-\lambda \overbrace{(p+q)}^{1}} = e^{-\lambda p}e^{-\lambda q} \\
&= \mathbb{P}(X = i)\mathbb{P}(Y = j)
\end{aligned}$$

Les variables X et Y sont donc indépendantes.

Exercice 6 –

$X \hookrightarrow \mathscr{P}(\lambda)$ donc :

$$\forall i \in X(\Omega) = \mathbb{N}, \ \mathbb{P}(X = i) = \frac{e^{-\lambda}\lambda^i}{i!}$$

$Y \hookrightarrow \mathscr{P}(\mu)$ donc :

$$\forall j \in Y(\Omega) = \mathbb{N}, \ \mathbb{P}(Y = j) = \frac{e^{-\mu}\mu^j}{j!}$$

$Z = X + Y$ est une variable aléatoire à valeurs dans $Z(\Omega) = \mathbb{N}$ car X et Y sont indépendantes.
Soit $k \in \mathbb{N}$.

Méthode

Si X et Y sont des variables aléatoires à valeurs dans $\mathbb{N}$:

$$(Z = k) = (X + Y = k) = \bigcup_{i=0}^{k}((X = i) \cap (Y = k - i))$$

Union d'événements deux à deux incompatibles. Si de plus X et Y sont indépendantes :

$$\mathbb{P}(Z = k) = \underbrace{\sum_{i=0}^{k} \mathbb{P}((X = i) \cap (Y = k - i))}_{\text{incompatibilité}} = \underbrace{\sum_{i=0}^{k} \mathbb{P}(X = i)\mathbb{P}(Y = k - i)}_{\text{indépendance}}$$

On a donc :

$$\begin{aligned}
\mathbb{P}(Z = k) &= \mathbb{P}\left(\bigcup_{i=0}^{k}((X = i) \cap (Y = k - i))\right) \quad \text{et par incompatibilité :} \\
&= \sum_{i=0}^{k} \mathbb{P}((X = i) \cap (Y = k - i)) \quad \text{et par indépendance de } X \text{ et } Y : \\
&= \sum_{i=0}^{k} \mathbb{P}(X = i)\mathbb{P}(Y = k - i) \\
&= \sum_{i=0}^{k} \frac{e^{-\lambda}\lambda^i}{i!} \times \frac{e^{-\mu}\mu^{k-i}}{(k-i)!} \\
&= \frac{e^{-(\lambda+\mu)}}{k!} \sum_{i=0}^{k} \frac{k!}{i!(k-i)!}\lambda^i\mu^{k-i} \\
&= \frac{e^{-(\lambda+\mu)}}{k!} \sum_{i=0}^{k} \binom{k}{i}\lambda^i\mu^{k-i} \quad \text{on reconnaît le binôme de Newton :} \\
&= \frac{e^{-(\lambda+\mu)}(\lambda + \mu)^k}{k!}
\end{aligned}$$

On a bien $Z \hookrightarrow \mathscr{P}(\lambda + \mu)$.

Cours – Stabilité de la loi de Poisson par l'addition.

Si X et Y sont deux variables aléatoires indépendantes qui suivent des lois de Poisson de paramètres respectifs λ et μ, alors $Z = X + Y$ est une variable aléatoire qui suit la loi de Poisson de paramètre $\lambda + \mu$.

Exercice 7 –

1. Soit X une variable aléatoire à valeurs dans $\mathbb{N}$.
Soit $(n, m) \in \mathbb{N}^2$:

$$\mathbb{P}_{(X>n)}(X > n + m) = \frac{\mathbb{P}((X > n) \cap (X > n + m))}{\mathbb{P}(X > n)}$$

$\forall n \in \mathbb{N}$, $\mathbb{P}(X > n) > 0$, cette condition permet de définir la probabilité conditionnelle.

Comme $n + m \geq n$ alors $(X > n + m) \subset (X > n)$ et donc :

$$\mathbb{P}_{(X>n)}(X > n + m) = \frac{\mathbb{P}(X > n + m)}{\mathbb{P}(X > n)}$$

Ainsi on a pour tout entier naturel n :

$$\begin{aligned}\mathbb{P}_{(X>n)}(X > n + m) = \mathbb{P}(X > m) &\iff \frac{\mathbb{P}(X > n + m)}{\mathbb{P}(X > n)} = \mathbb{P}(X > m)\\ &\iff \mathbb{P}(X > n + m) = \mathbb{P}(X > m)\mathbb{P}(X > n)\end{aligned}$$

2. On considère $p \in]0, 1[$ et $X \hookrightarrow \mathcal{G}(p)$:

$$\forall k \in \mathbb{N}^*, \ \mathbb{P}(X = k) = p(1 - p)^{k-1}$$

Soit $n \in \mathbb{N}^*$. On a :

$$\begin{aligned}(X > n) &= \bigcup_{k=n+1}^{+\infty} (X = k) \text{ réunion d'événements 2 à 2 incompatibles}\\ \mathbb{P}(X > n) &= \sum_{k=n+1}^{+\infty} \mathbb{P}(X = k)\\ &= \sum_{k=n+1}^{+\infty} p(1 - p)^{k-1}\\ &= \underbrace{p(1 - p)^n}_{1^{\text{er}} \text{ terme}} \times \frac{1}{1 - (1 - p)} \quad \text{car } |1 - p| < 1\\ &= (1 - p)^n\end{aligned}$$

Et pour $n = 0$, comme $X(\Omega) = \mathbb{N}^*$ alors on a $\mathbb{P}(X > 0) = 1 = (1 - p)^0$. Ainsi :

$$\forall n \in \mathbb{N}, \ \mathbb{P}(X > n) = (1 - p)^n$$

Soit $(n, m) \in \mathbb{N}^2$. On a donc :

$$\begin{aligned}\mathbb{P}(X > n + m) &= (1 - p)^{n+m}\\ &= (1 - p)^n(1 - p)^m\\ &= \mathbb{P}(X > n)\mathbb{P}(X > m)\end{aligned}$$

Ainsi X suit une loi sans mémoire donc la loi géométrique est une loi sans mémoire.

3. Soit X une variable aléatoire à valeurs dans $\mathbb{N}$ suivant une loi sans mémoire.
D'après la question 1 :

$$\forall (n, p) \in \mathbb{N}^2, \ \mathbb{P}(X > n + m) = \mathbb{P}(X > n)\mathbb{P}(X > m) \quad (\star)$$

a) En particulier pour $n = m = 0$, on a :

$$\mathbb{P}(X > 0) = (\mathbb{P}(X > 0))^2 \quad \text{donc} \quad \mathbb{P}(X > 0)(1 - \mathbb{P}(X > 0)) = 0$$

Ainsi, soit $\mathbb{P}(X > 0) = 0$, ce qui est exclu car X suit une loi sans mémoire, soit $\mathbb{P}(X > 0) = 1$.
On peut donc conclure que $\mathbb{P}(X > 0) = 1$.

b) Soit $n \in \mathbb{N}$ et $m = 1$, la propriété caractéristique d'une loi sans mémoire ($\star$) s'écrit dans ce cas :

$$\mathbb{P}(X > n + 1) = \mathbb{P}(X > n)\mathbb{P}(X > 1)$$

X est à valeurs dans $\mathbb{N}$ et $\mathbb{P}(X > 0) = 1$ donc $\mathbb{P}(X > 1) = 1 - \mathbb{P}(X = 1) = 1 - p$.
Ainsi :

$$\forall n \in \mathbb{N},\ u_{n+1} = (1 - p)u_n$$

La suite $(u_n)_{n\in\mathbb{N}}$ est donc une suite géométrique de raison $1 - p$.

c) La suite $(u_n)_{n\in\mathbb{N}}$ est une suite géométrique de raison $1 - p$ et de premier terme $u_0 = \mathbb{P}(X > 0) = 1$ donc :

$$\forall n \in \mathbb{N},\ \mathbb{P}(X > n) = (1 - p)^n$$

X est à valeurs dans $\mathbb{N}$ et $\mathbb{P}(X > 0) = 1$ donc $\mathbb{P}(X = 0) = 0$.
De plus :

$$\begin{aligned}\forall n \in \mathbb{N}^*,\ \mathbb{P}(X = n) &= \mathbb{P}(X > n - 1) - \mathbb{P}(X > n)\\ &= (1 - p)^{n-1} - (1 - p)^n\\ &= (1 - p)^{n-1}(1 - (1 - p))\\ &= p(1 - p)^{n-1}\end{aligned}$$

> $(X > n) = (X > n - 1) \cup (X = n)$ réunion disjointe.

Donc $X \hookrightarrow \mathcal{G}(p)$.

Exercice 8 –

1. On suppose dans cette question que $a = 0$.

a) La relation de Panjer avec $a = 0$ donne la relation :

$$\forall k \in \mathbb{N}^*,\ \mathbb{P}(N = k) = \frac{b}{k}\mathbb{P}(N = k - 1)$$

À l'aide de cette relation, prouvons par récurrence que :

$$\forall k \in \mathbb{N},\ \mathbb{P}(N = k) = \frac{b^k}{k!}\mathbb{P}(N = 0)$$

<u>Initialisation :</u> Pour $k = 0$, on a bien $\mathbb{P}(N = 0) = \dfrac{b^0}{0!}\mathbb{P}(N = 0)$.

<u>Hérédité :</u> On suppose que pour un certain entier naturel k : $\mathbb{P}(N = k) = \dfrac{b^k}{k!}\mathbb{P}(N = 0)$.

$$\begin{aligned}\mathbb{P}(N = k + 1) &= \frac{b}{k + 1}\mathbb{P}(N = k)\\ &= \frac{b}{k + 1} \times \frac{b^k}{k!}\mathbb{P}(N = 0)\\ &= \frac{b^{k+1}}{(k + 1)!}\mathbb{P}(N = 0)\end{aligned}$$

La propriété est héréditaire.

Conclusion : Par principe de récurrence, on a :

$$\forall k \in \mathbb{N}^*,\ \mathbb{P}(N = k) = \frac{b^k}{k!}\,\mathbb{P}(N = 0)$$

b) Comme $N(\Omega) = \mathbb{N}$, on a $\sum_{k=0}^{+\infty} \mathbb{P}(N = k) = 1$. De plus :

$$\begin{aligned}
\sum_{n=0}^{+\infty} \mathbb{P}(N = k) = 1 &\iff \sum_{n=0}^{+\infty} \frac{b^k}{k!}\,\mathbb{P}(N = 0) = 1 \\
&\iff \mathbb{P}(N = 0) \sum_{n=0}^{+\infty} \frac{b^k}{k!} = 1 \\
&\iff \mathbb{P}(N = 0)\,\mathrm{e}^b = 1 \\
&\iff \mathbb{P}(N = 0) = \mathrm{e}^{-b}
\end{aligned}$$

$\sum_{n=0}^{+\infty} \frac{b^k}{k!} = \mathrm{e}^b$

On sait par hypothèse que $\mathbb{P}(N = 0) < 1$, ainsi :

$$\mathrm{e}^{-b} < 1 \iff -b < 0 \iff b > 0$$

c) L'image de N est $N(\Omega) = \mathbb{N}$ et :

$$\forall k \in \mathbb{N},\ \mathbb{P}(N = k) = \frac{b^k}{k!}\,\mathbb{P}(N = 0) = \frac{\mathrm{e}^{-b} b^k}{k!}$$

Ainsi $N \hookrightarrow \mathscr{P}(b)$.

2. **a)** Soit $k \in \{1, 2, \ldots, n\}$, $Z \hookrightarrow \mathscr{B}(n, p)$ donc :

$$\mathbb{P}(Z = k) = \binom{n}{k} p^k (1 - p)^{n-k}$$

De plus :

$$\begin{aligned}
\binom{n}{k} &= \frac{n!}{k!\,(n-k)!} \\
&= \frac{n!\,k}{k!(n-k)!\,(n-k+1)} \times \frac{n-k+1}{k} \\
&= \frac{n!}{(k-1)!\,(n-(k-1))!} \times \frac{n-k+1}{k} \\
&= \binom{n}{k-1} \times \frac{n-k+1}{k}
\end{aligned}$$

Ainsi :

$$\begin{aligned}\mathbb{P}(Z=k) &= \overbrace{\binom{n}{k-1} \times \frac{n-k+1}{k}}^{\binom{n}{k}} \times \frac{p}{1-p} \times p^{k-1}(1-p)^{n-k+1} \\ &= \frac{p}{1-p} \times \frac{n-k+1}{k} \times \binom{n}{k-1} p^{k-1}(1-p)^{n-(k-1)} \\ &= \frac{p}{1-p} \times \frac{n-k+1}{k} \times \mathbb{P}(Z=k-1)\end{aligned}$$

b) La variable Z suivant la loi binomiale de paramètres $n \in \mathbb{N}^*$ et $p \in]0,1[$:

$$\mathbb{P}(Z=0) = (1-p)^n \neq 1$$

Soit $k \in \{1, 2, \dots, n\}$:

$$\mathbb{P}(Z=k) = \frac{p}{1-p} \times \frac{n-k+1}{k} \times \mathbb{P}(Z=k-1)$$

En remarquant que :

$$\frac{p}{1-p} \times \frac{n-k+1}{k} = \frac{p}{1-p} \times \left(\frac{n+1}{k} - 1\right) = \frac{-p}{1-p} + \frac{\frac{p(n+1)}{1-p}}{k}$$

Et en posant :

$$a = \frac{-p}{1-p} < 0 < 1 \quad \text{et} \quad b = \frac{p(n+1)}{1-p}$$

on a bien :

$$\mathbb{P}(Z=k) = \left(a + \frac{b}{k}\right)\mathbb{P}(Z=k-1)$$

- Si $k = n+1$, alors $\frac{p}{1-p} \times \frac{n-k+1}{k} = 0$ et $\mathbb{P}(Z=n+1) = 0$ car $Z \hookrightarrow \mathscr{B}(n,p)$. La relation reste vraie pour $k = n+1$.
- Si $k > n+1$ on a toujours $Z(\Omega) = \{0, 1, \dots, n\}$ donc $\mathbb{P}(Z=k) = \mathbb{P}(Z=k-1) = 0$. La relation reste vraie pour $k > n+1$.

Avec $a = \frac{-p}{1-p} < 0 < 1$ et $b = \frac{p(n+1)}{1-p}$ on a donc :

$$\mathbb{P}(Z=0) \neq 1 \quad \text{et} \quad \forall k \in \mathbb{N}^*,\ \mathbb{P}(N=k) = \left(a + \frac{b}{k}\right)\mathbb{P}(N=k-1)$$

Z vérifie donc une relation de Panjer.

Exercice 9 –

1. Vrai. Soit $n \in \mathbb{N}$ et $t \in [-1, 1]$: $0 \leq |p_n t^n| \leq p_n$ car $-1 \leq t \leq 1$.

De plus, comme $X(\Omega) = \mathbb{N}$, la série de terme général p_n converge de somme $\sum_{k=0}^{+\infty} p_k = 1$.

Aisni, pour tout réel $t \in [0, 1]$, la série $\sum p_n t^n$ converge absolument donc converge et :

$$g_X(t) = \sum_{n=0}^{+\infty} p_n t^n$$

2. Vrai. Soit $t \in [-1, 1]$.

$$\begin{aligned} g_X(t) &= \sum_{n=1}^{+\infty} \mathbb{P}(X = n) t^n \\ &= \sum_{n=1}^{+\infty} p(1-p)^{n-1} t^n \\ &= \frac{p}{1-p} \sum_{n=1}^{+\infty} [(1-p)t]^n \end{aligned}$$

La convergence est acquise pour tout $t \in [-1, 1]$.

Or $|(1-p)t| < 1$ car $|1-p| < 1$ et $|t| \leq 1$, on a donc une série géométrique convergente.
On conclut que :

$$\begin{aligned} \forall t \in [-1, 1],\ g_X(t) &= \frac{p}{1-p} \times (1-p)t \times \frac{1}{1-(1-p)t} \\ &= \frac{pt}{pt - t + 1} \end{aligned}$$

3. Faux. Soit $t \in \mathbb{R}$ et $n \in \mathbb{N}^*$. Considérons la somme partielle :

$$\begin{aligned} S_n(t) &= \sum_{k=0}^{n} \mathbb{P}(Y = k) t^k \\ &= \sum_{k=0}^{n} \frac{e^{-\lambda} \lambda^k}{k!} t^k \\ &= e^{-\lambda} \sum_{k=0}^{n} \frac{(\lambda t)^k}{k!} \\ &\underset{n \to +\infty}{\longrightarrow} e^{-\lambda} e^{\lambda t} \end{aligned}$$

On conclut :

$$\forall t \in \mathbb{R},\ g_Y(t) = e^{\lambda(t-1)}$$

Made in United States
Orlando, FL
04 November 2026

90202662R10181